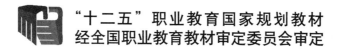

"十二五"职业教育国家规划教材

经全国职业教育教材审定委员会审定

国家示范性高等职业院校建设项目

管 线 探 测

Pipelines and Cables Survey

（第二版）

高绍伟　刘博文　主编

测绘出版社

·北京·

内容简介

　　本书是国家示范性高等职业院校建设项目教材,也是经全国职业教育教材审定委员会审定并入选的第一批"十二五"职业教育国家规化教材。本书以工学结合、任务驱动、情境导入为教学理念,融入物探和测量技术编写而成。主要内容包括地下管线调查和探测、管线测量的外业工作、管线数据处理与图形编绘、地下管线探测工程的风险管理与质量控制四个学习情境。本书编写的原则是以学生的专业技能培养为核心,具有指导性、实用性和可操作性等特点。

　　本书可作为高等职业技术院校测绘工程等专业的项目化教学教材使用,也可供城市地下管线设计、施工、监理和管理工程技术人员参考使用。

图书在版编目(CIP)数据

　　管线探测 / 高绍伟,刘博文主编. — 2版. — 北京:测绘出版社,2014.10 (2015.12重印)
　　"十二五"职业教育国家规划教材　国家示范性高等职业院校建设项目
　　ISBN 978-7-5030-3544-9

　　Ⅰ. ①管…　Ⅱ. ①高… ②刘… 　Ⅲ. ①市政工程—地下管道—探测—高等职业教育—教材　Ⅳ. ①TU990.3

　　中国版本图书馆 CIP 数据核字(2014)第 177942 号

责任编辑	余易举	封面设计	李　伟	责任校对	董玉珍	责任印制	喻　迅

出版发行	测绘出版社	电　话	010－83543956(发行部)
地　址	北京市西城区三里河路 50 号		010－68531609(门市部)
邮政编码	100045		010－68531363(编辑部)
电子邮箱	smp@sinomaps.com	网　址	www.chinasmp.com
印　刷	三河市世纪兴源印刷有限公司	经　销	新华书店
成品规格	184mm×260mm		
印　张	13.25	字　数	323 千字
版　次	2011 年 7 月第 1 版　2014 年 10 月第 2 版	印　次	2015 年 12 月第 4 次印刷
印　数	5001－7000	定　价	32.00 元

书　号　ISBN 978-7-5030-3544-9/P・740
本书如有印装质量问题,请与我社门市部联系调换。

编写说明

《管线探测》学习领域是工程测量技术专业的一个重要的专业扩展方向之一,管线探测本质上是属于物探的范畴,但是管线探测的结果经常需要测量其空间位置,绘制地下管线图,因此管线探测自然而然地就成为工程测量人员的主要工作任务。

本课程实施项目教学,根据课程教学和技能培养的需要,结合课程的实际情况,在走访和广泛调研测绘企业的基础上,选择了具有典型任务特征的工程项目作为课程教学的载体。

地下管线是城市基础设施建设的重要组成部分,是城市规划、开发、管理不可或缺的部分。它就像是人体的"神经"和"血管"日夜担负着传输信息、输送能源物质、排放废物的工作,被称为城市的生命线。地下管线是城市赖以生存和发展的物质基础,是现代城市高质量、高效率运转的保证。随着城市的高速发展,地下管线将起到越来越重要的作用,它的完整、正确与否,直接影响城市规划、建设和管理,也影响着每个城市居民的生活质量。由于管线资料与现状不符,缺乏相关数据或精确度不高,往往直接影响城市规划的科学性、合理性,各种媒体上经常报道一些施工中损坏地下管线的严重事件,例如,某某城市因地铁、道路工程施工打爆、挖爆供水管网,造成大面积停水,给居民带来生活的不便,给政府和企业带来巨大的经济损失。因此,地下管线资料的准确性、完整性对城市的规划和管线业主的日常维护管理都非常重要,而管线探测就是一种帮助人们掌握地下管线资料准确性的积极方法。

地下管线探测是一门对实际操作能力和探测经验要求高,并且有广泛应用的的实用技术。为此,不仅要求理论与实践相结合,还需要培养不怕吃苦的作风和实事求是的职业精神。总体来讲,理论并不复杂,掌握并不困难。在学习时要抓住要点,理解专业术语,掌握探测的基本方法、探测仪器的工作原理和操作方法,同时还要结合已学过的测量学知识来理解相应的概念。

根据生产单位调研结果,整个项目教学引入的项目载体是以地铁工程线路穿越城市主干道范围内地下管线的探测作为项目载体。设计出《管线探测》学习情境总体框架,再根据项目的设计要求,分解为若干个子学习情境来实施项目教学。主要包括地下管线调查和探测、管线测量的外业工作、管线数据处理与图形编绘、地下管线探测工程的风险管理与质量控制四个子学习情境的学习内容。

学习情境 1 讲述地下管线在城市规划建设和管理中的作用与地位、地下管线探测的目的和要求。由于城市地下管线的种类繁多、结构复杂,为了做好地下管线探测和普查工作,必须先弄清地下管线的种类及结构,才能采用相应的探测技术方法。为此,学习情境 1 详细介绍各种地下管线的种类与结构;重点介绍地下管线探测坐标系统和地下管线图比例尺的选择、管线探测的精度、地下管线探测的工作模式;讲述频率域电磁法的工作原理、应用条件、适用范围、工作方法与技术要求;在介绍频率域电磁法探查地下管线的应用的基础上,讲述电磁波法的基本原理、时域探地雷达的观测方式、探地雷达法探查地下管线的应用、国产 BK-6A 型地下金属管线探管的使用,以及 SIR-3000 型地质雷达的使用和图像解译。共 6 个子学习情境。

学习情境 2 在围绕项目载体技术要求的基础上,主要讲述地下管线测量的工作内容与特点、平面控制测量和高程控制测量的作业方法;重点介绍对已有管线测量时管线特征点位置的确定、管线点测量的基本精度规格以及平面位置的测量方法与要求；讲述新建地下管线施工测量时管线点测设的各种方法、地下管线点测量成果的整理和验收；讲述地下管线图测绘的工作内容与要求、地下管线图测绘的内业成图与整理。共 4 个子学习情境。

学习情境 3　讲述管线数据处理与建库、管线属性数据和管线图形文件的生成等内容；介绍地下管线图的编制原则、编绘和编绘的质量检验等内容；重点以北京九州宏图技术有限公司开发的地下管线录入系统为例，说明地下管线数据处理和图形编绘的全过程。共 3 个子学习情境。

学习情境 4　主要讲述地下管线探测的风险管理、风险预防的特征、风险识别的方法和风险预防的基本工作原理等内容；介绍地下管线质量控制的目标、质量控制的方法、探测作业过程分析、探测作业过程和测量作业过程质量控制等内容。共 2 个子学习情境。

在项目教学过程中，根据"四步法"的要求开展教学，始终贯彻"认识、体验、领悟、历练"的实践教学体制，实现教学与实践一体的工学结合教学模式。在不断完善并实施"工程实践不断线"的工学结合人才培养模式基础上，在专业实训教学环节中，继续加强校企合作，建立项目导向、任务驱动、顶岗实习等有利于增强学生实践能力的教学模式。

前　言

　　为满足工程测量技术专业教育教学改革发展的需要,满足目前工学结合技能型人才培养模式的需要,加速技能型人才的培养,提高人才培养的质量,促进工程测量技术,尤其是高新技术在工程建设中的应用和技术进步,编写了本书,主要包括地下管线调查和探测、管线测量的外业工作、管线数据处理与图形编绘、地下管线探测工程的风险管理与质量控制四个学习情境的学习内容。经全国职业教育教材审定委员会审定,本书入选第一批"十二五"职业教育国家规划教材。

　　地下管线是现代化城市和企业的主要传导设备,是重要的基础设施。其空间配置的合理与否不仅直接关系到工程造价、系统本身以及用户的运营状况和安全,还影响到城市和企业地下空间范围内其他工程设施的配置和运营。由于地下管线属于隐蔽性工程,因而对地下管线从规划设计、施工,到建成投入运营进行全面、系统和有效的管理,以及获取及时、全面、系统、准确和有效的管理信息,就成为当前现代化城市和工业企业面临的重大管理和技术问题。

　　本书由北京工业职业技术学院高绍伟和北京测绘设计研究院刘博文任主编。参编人员及分工如下:子学习情境1.6由北京工业职业技术学院占文峰编写;学习情境4由刘博文编写;子学习情境1.5由中兵勘察设计院刘洪臣、姜全、姚培军编写;其余内容由高绍伟编写。全书由高绍伟负责统稿工作。

　　在本书的编写过程中,参阅了大量的文献资料,引用了同类书刊中的部分内容,在此谨向有关作者表示衷心的感谢。

　　随着高等职业技术教育教学改革的逐步深入,编者对教改理论的学习是一个渐进的过程,书中所述的内容不一定全面,同时,由于编者水平有限,加之时间匆忙,书中难免存在缺点、错误、疏漏,恳请读者批评指正。

编者

2014 年 6 月

目　录

引　例

一、概述

某市地铁工程线路穿越城市主干道,线路全长 23.106 km,设车站 15 个,其中,地下 8 个。

依据要求,需查明测区范围内地下管线的种类、平面位置、埋深、高程、管径(或电缆孔数、根数)、材质、权属单位等要素,并将探测结果绘制在 1∶500 地形图上,形成地下综合管线探测成果图,并提交电子文档。探测范围宽度为线路两侧 50 m;车站探测范围长度为站心两侧各150 m,宽度为线路两侧 70 m;道路交叉口探测至路缘线切线外侧 50 m。

测区地下埋设有给排水、电力、电信和燃气等金属管线,以及雨水、污水等非金属管道。路面以下为第四系素填土、块石、土、淤泥、中粗砂等。地下管线的电磁性质与周围介质有明显的电性差异,具备开展地球物理探测的前提条件,采用综合物探方法探测能取得良好效果。

二、地下管线探测工作方法

1. 地下金属管线探测工作方法

(1)探测工作基本方法。

全方位有源扫描,初步发现并标定地下金属管线的平面位置。

依据探测信号由强到弱的顺序,逐条管线追踪,精确定位、定深,并探测其相邻信号电流较弱的平行管线。

有条件时尽可能采用充电法或夹钳法对目标管线进行追踪定位、定深。

探测工作的管线定深主要采用下述办法:对于埋深大于 0.5 m 的地下金属管线,用 70% 法测定管线中心埋深;当管线埋深小于 0.5 m 时,用直读法测定。

对于集束敷设的电话、通信电缆、电力电缆等,探测深度往往大于管线实际埋深,而对于管径较大、埋深大于 1.5 m 的管线,往往探测深度小于实际埋深。本次工作中为解决上述问题采用实地调查,打开区内所有管线检查井、闸门井、阀门井,直接量取管线顶部埋深与仪器探测值比较,求得修正系数(经验系数),用以确定隐蔽管线的探测深度。

(2)探测仪观测参数选取。

观测参数选取包括二次场水平分量的垂直梯度(ΔH_X)、二次场垂直分量的垂直梯度(ΔH_Z)、管顶埋深值(H)。

(3)仪器设备选用。

选用英国 RD4000 系列精密地下管线探测仪或美国 SUBSITE 系列地下管线探测仪。英国RD4000 系列地下管线仪具有性能稳定、发射功率大、分辨率高等优点,工作选定的工作频率为32.8 kHz 和 8.19 kHz;美国 SUBSITE 系列地下管线仪具有探测深度大,追踪距离远,可分别观测 ΔH_X 和 ΔH_Z 异常,POWER 档灵敏度高的特点,选定的工作频率为 29 kHz 和 8 kHz。

这些地下管线仪器均通过国际标准协会(ISO)标准认证,是目前国内外同行首选使用的仪器。

(4)探测点标志设定和记录。

现场以钢钉或喷漆标定探测点位并编号,详细记录管线探测点的位置、埋深、类型、管径、材质等,并绘制管线点位置示意图,以便测量。

2．地下非金属管道探测工作方法

非金属管道的探测采用实地调查与探地雷达探测相结合的方法,探测的主要内容包括给水、雨水、污水等地下非金属管道的走向、管道的管径、管顶的埋深以及各管道之间的连接关系等。

选用一台加拿大生产的 PULSE EKK0 100 型探地雷达,配备 IBM-PⅢ便携式微机现场采集数据。根据电磁波理论:雷达的垂向分辨率约等于电磁波长的 1/4,亦即当地层厚度大于电磁波长 1/4 时,就能为雷达图像识别;而水平分辨率则取决于测量时的点距,雷达探测深度则取决于地层对电磁波的吸收大小。鉴于精度及深度的要求,通过现场试验,选用中心频率为 100 MHz 的天线,点距为 0.2~0.5 m,采样间隔 800 ps,采用 128 次垂向叠加平均,电线间隔 0.6 m。

3．地下管线测量工作方法

地下管线探测点测量使用经鉴定的 TOPCON GTS-6 型、GTS-710 型,以及 Leica TC905 型全站仪,采用极坐标和解析法测量管线探测点的三维坐标。

三、管线成果图的编绘

1．成图要求

依据"某市地铁工程地下综合管线探测"物探方案管线探测执行标准,制定成果图编绘要求。

(1)以总体组提供的数字化地形图为底图绘制成果图,最终提交 1∶500 地下综合管线探测成果图及电子文档。

(2)数字化地下综合管线探测成果图格式要求:①不同类型的管线按表 0-1 分别设层,并对应特定的颜色;②与管线相关的标注和说明,其属性与对应管线相同;③管线标注文字的字型为 hztxt,标注杆文字高度为 3.5 mm,管线标注文字高度为3.0 mm;④图中线路位置、线路里程及车站范围颜色为黄色,其余地形颜色全部为淡灰色,以达到突出管线的目的;⑤测区内探测点统一编号,探测点编号由管线代码和后缀阿拉伯数字组成,如 JS123,表示给水 123 号点。

表 0-1　管线代码及分层表

管线类型	代码	层名	色别	色号
燃气	RQ	RQ	粉红色	6
给水	JS	JS	蓝色	5
雨水	YS	YW	褐色	16
污水	WS	YW	青色	4
电信	DX	DX	绿色	3
电力	DL	DL	红色	1
路灯	LD	DL	红色	1
工业管道	GY	GY	黑色	7
不明管线	BM	BM	黄色	2

2．成图方法

(1)以委托方提供的 1∶500 数字化地形图为底图,采用 AutoCAD 平台,依照管线探测成图要求,绘制综合管线探测成果图。

（2）管线探测成果图中,探测点编号绘在探测点位附近,尽量避免压制管线线迹。

（3）为标明管线属性,沿管线线迹在适当位置加标注,遇道路交叉口或管线复杂密集处加注标注杆。标注顺序为:管线类型、管径(或管块尺寸)、电缆根数(或孔数)、管顶埋深、材质和权属单位,其中,管径单位为毫米,管顶埋深(或标高)单位为米。管顶埋深指地下管线的管顶到地面的垂直距离;标高为绝对标高。

四、地下管线探测成果说明

经过详细探测,测区内共分布有给水(原水)、电力、电信、路灯、燃气、雨水、污水等多种管线,分别埋设在地面下 $0\sim10.0$ m 范围内。

地下管线探测成果绘制成 $1:500$ 彩色成果图,成果图按线路里程由小到大依次编号。管线埋设情况详见成果图(略)。

五、地下管线探测工作质量

1. 地下管线探查工作质量

根据规范要求,在不同的时间,由不同操作员对测区内的管线探测点随机抽取探测点进行重复探测。依重复探测结果,根据定位、定深中误差公式计算。

定位中误差公式为

$$m_{ts} = \pm \sqrt{\frac{\sum_{i=1}^{n} \Delta S_{ti}^2}{2n}} \tag{0-1}$$

定深中误差公式为

$$m_{th} = \pm \sqrt{\frac{\sum_{i=1}^{n} \Delta h_{ti}^2}{2n}} \tag{0-2}$$

式中, ΔS_{ti} 和 Δh_{ti} 分别为管线探测点的水平位置偏差和埋深偏差(单位为 cm), n 为重复探测点数。

地下管线水平位置限差公式为

$$\delta_{ts} = \frac{0.10}{n} \sum_{i=1}^{n} h_i \tag{0-3}$$

地下管线中心埋深限差公式为

$$\delta_{th} = \frac{0.15}{n} \sum_{i=1}^{n} h_i \tag{0-4}$$

根据探测结果算得水平位置限差 δ_{ts} 和中心埋深限差 δ_{th} 。

检查结果均满足 $m_{ts} \leqslant 0.5\delta_{ts}$ 和 $2m_{th} \leqslant 0.5\delta_{th}$ 。

2. 地下管线测量工作质量

按照 CJJ 61—2003《城市地下管线探测技术规程》中有关地下管线测量工作的要求,检查定位、高程中误差。

定位中误差公式为

$$m_{cs} = \pm \sqrt{\frac{\sum_{i=1}^{n_c} \Delta S_{ci}^2}{2n_c}} \tag{0-5}$$

高程中误差公式为

$$m_{ch} = \pm \sqrt{\frac{\sum_{i=1}^{n_c} \Delta h_{ci}^2}{2n_c}} \qquad (0\text{-}6)$$

式中，ΔS_{ci} 和 Δh_{ci} 分别为重复测量的点位平面位置较差和高程较差，n_c 为重复测量的点数。

　　随机抽取探测点进行重复观测，将检查点的检查结果进行统计，按上述公式计算测量点位中误差 m_{cs} 和高程中误差 m_{ch}。

　　检查结果满足 CJJ 61—2003《城市地下管线探测技术规程》中有关管线点测量的质量要求，测量工作质量可靠。

学习情境 1　　地下管线调查和探测

知识的预备和技能的要求

本学习情境所包含的内容为地下管线调查和探测,它是管线探测的重要内容。学生应熟悉电磁法探测原理,熟练使用各种类型的探管仪。

(1)能根据任务书对管线探测的精度要求选择探测方法。

(2)能进行管线的实地调查。

(3)能完成探测仪的检验。

(4)能灵活使用各种类型的探管仪。

(5)能对探测的质量进行检验。

教学组织

本学习情境的教学为 20 学时,分为 6 个相对独立又紧密联系的子学习情境,教学过程中以小组为单位,每组根据典型工作任务完成相应的学习目标。在学习过程中,教师全程参与指导,对涉及实训的子学习情境,要求尽量在规定时间内完成外业作业任务,个别作业组在规定时间内没有完成的,可以利用业余时间继续完成任务。在整个教学和实训过程中,教师除进行教学指导外,还要实时进行考评并做好记录,作为成绩评定的重要依据。

教学内容

地下管线探测包括地下管线探查和地下管线测绘两个基本内容。地下管线探查是通过现场调查,运用各种探测手段探寻地下管线的埋设位置、埋设深度和相关属性,并在地面上设立表述管线空间特征的管线点。地下管线测绘是对所设管线点的平面位置和高程进行测量,并编绘地下管线图。

本情境围绕项目载体——地铁工程线路穿越城市主干道范围内地下管线探测的技术要求,分解为管线的种类和编号、管线的探测精度、电磁波法探测原理、国产 BK-6A 型地下金属管线探管仪的使用和 SIR-3000 型地质雷达的使用和图像解译 6 个子学习情境。

子学习情境 1.1　　介绍地下管线在城市规划建设和管理中的作用与地位、地下管线探测的目的和要求;详细地介绍各种地下管线的种类与结构(地下管线探测的管线点包括线路特征点和附属设施(附属物)中心点,可分为明显管线点和隐蔽管线点两类)。

子学习情境 1.2　　重点介绍地下管线探测坐标系统和地下管线图比例尺的选择、管线探测的精度、地下管线探测的工作模式。

子学习情境 1.3　　主要讲述频率域电磁法的工作原理、应用条件、适用范围、工作方法与技术要求;介绍频率域电磁法在探查地下管线中的应用。

子学习情境 1.4　　主要讲述电磁波法的基本原理、时域探地雷达的观测方式、探地雷达法在探查地下管线中的应用。

子学习情境 1.5　　主要讲述国产 BK-6A 型地下金属管线探测仪的基本使用方法(根据管线探测的现场条件,有目标探测和盲测两种方法);介绍探测的常规经验和信号判断的原则。

子学习情境 1.6　　主要介绍美国 SIR-3000 型地质雷达的使用(仪器参数的选择),结合各种管线雷达图像进行分析和判读。

子学习情境 1.1　管线的种类和编号

教学要求：重点掌握地下管线探测的意义和地下管线的种类与结构。

1.1.1　地下管线在城市规划建设和管理中的作用与地位

地下管线是城市基础设施的重要组成部分，是城市规划建设管理的重要基础信息。城市地下管线包括给水、排水（雨水、污水）、燃气（煤气、天然气、液化石油气）、电信、电力、热力、工业管道等几大类。它就像人体内的"神经"和"血管"，日夜担负着传送信息和输送能量的工作，是城市赖以生存和发展的物质基础，被称为城市的"生命线"。城市地下管线的管理也是城市基础设施建设管理工作中最重要的一环。

新中国成立以来，尤其是改革开放以来，我国城市建设取得了巨大成绩。随着经济的迅猛发展，城市功能的重要性日益呈现出来。良好的基础设施和完善的城市功能所形成的良好投资环境，是加快经济发展，加速现代化进程的保障。城市发展越来越快，负载也越来越重，对地下管线的依赖性也越来越强。由于历史和现实的各种原因，我国城市地下管线管理滞后于城市的发展和国际同行业水平，其混乱无序的状况，已成为我国城市建设和国民经济发展的瓶颈。具体表现在以下几方面：一是地下管线现状普遍不详，绝大多数城市没有对地下管线进行普查和建档工作，与我国城市的高速发展形成强烈的反差；二是由于管线不详，在建设施工中被压埋和破坏的情况经常发生，停水、停电、停气、通信中断，甚至火灾和爆炸的事故频繁发生，每年给国家造成直接经济损失以亿元计；三是由于各类管线的所属单位不同、实施时间不同，造成埋设混乱，给城市发展埋下祸患。如把电力线与煤气管道同位近距埋设，煤气泄漏引起电缆沟爆炸；有的把居民楼和厂房压盖在煤气管道上，因煤气管道爆炸而造成楼塌人亡；还有的把自来水管道与输油管道交叉埋设，造成水污染等，给国家和人民的财产造成严重损失，甚至在政治上产生不良影响。

我国城市地下管线管理混乱、落后的状况由来已久且情况复杂。其主要原因有三方面：其一，历史上欠账太多，特别是老城市的管线铺设历史悠久且构成复杂，过去只凭人记忆，代代相传，有失准确，即便有一些档案记载的也因流失而残缺不全，给后埋管线带来很大的盲目性，再加之老管道年久老化，给城市建设和管理带来严重后果。其二，新建城市只重视地上建设，忽视地下管线的系统管理，由于各自为政、条块分割、多头管理，造成管线埋设标准不一、布局混乱、资料不详；其三，地下管线的设计、施工、探测等部门协调管理不够，造成地下管线资料现势性不强，设计部门对已废除旧管道不能及时通知测绘部门更改图纸，施工部门只进行管线施工，不重视管线竣工测量，测绘部门不能及时了解管线施工状况，及时进行管线竣工测量和展绘管线图，使管线资料失去现势性和可利用的价值。

地下管线的图纸、资料是城市建设和发展的基础信息，在进行城市规划设计、施工和管理的工作中，如果没有完整准确的地下管线信息，就会变成"瞎子"，到处碰壁，寸步难行。所以，地下管线探测是城市建设管理中一项重要的基础工作。

随着社会经济的发展和人口的城市化，城市灾害的危害日益突出，尤其是迅速膨胀发展的大城市和特大城市，自然灾害、环境灾害和人为灾害都十分严重。一个现代化城市的可持续发展，必须是具有安全保障，特别是面对突发事件和灾害，能够作出快速的正确决策和有效的救援响应。所以我们要从城市发展战略高度来认识地下管线在城市规划建设和管理中的作用与地位。掌握和摸清城市地下管线的现状,是城市自身经济发展的需要,是城市规划建设管理的需要,是抗震防灾和应付突发性重大事故的需要。对维护城市"生命线"的正常运行,保证城市人民的正常生产、生活和社会发展都具有重大的现实意义。

1.1.2 地下管线探测的目的和要求

地下管线探测是指为确定地下管线属性和空间位置而实施的全部作业过程,包括地下管线探查和地下管线测绘两个基本内容。地下管线探查是通过现场调查和运用各种探测手段探寻地下管线的埋设位置、埋设深度和相关属性,并在地面上设立表述管线空间特征的管线点。地下管线测绘是对所设管线点的平面位置和高程进行测量,并编绘地下管线图,有时还需按照任务要求建立地下管线信息管理系统。因此给地下管线探测(underground pipelines and cables survey)一个不完整的定义:获取地下管线走向、空间位置、附属设施及其有关属性信息,编绘地下管线图,建立地下管线数据库和信息管理系统的过程,包括地下管线资料调绘、探查、测量、数据处理与管线图编绘、信息系统建立等。

地下管线探测的一般规定:地下管线探测应查明地下管线的平面位置、走向、埋深(或高程)、规格、性质、材料等,编绘地下管线图,并根据需要建立地下管线信息管理系统。

地下管线探测按探测任务可分为城市地下管线普查、厂区或住宅小区管线探测、施工场地管线探测和专用管线探测四类。各类探测的要求和范围应符合下列规定。

(1)城市地下管线普查的主要目的是为城市规划、设计、建设和管理提供可靠的基础信息。城市地下管线普查工作应根据城市规划管理部门或公用设施建设部门的要求,依据CJJ 61—2013《城市地下管线探测技术规程》进行,其探测范围应包括道路、广场等主干管线通过的区域。

(2)厂区或住宅小区管线探测是指在较小区域内对相对独立的综合管线系统进行的探测。目的是为工厂或住宅小区规划、改造和管理提供资料。此类探测应根据工厂或住宅小区管线设计、施工和管理部门的要求进行,其探测范围应大于厂区、住宅小区所辖区域或要求指定的其他区域,探测过程中应注意区域内管线与干线及相邻区域管线的衔接。

(3)施工场地管线探测是指为保障专项工程的施工安全,防止因施工造成地下管线破损而进行的探测。此类探测应在专项工程施工开始前,根据工程规划、设计、施工和管理部门的要求进行,其探测范围应包括因施工开挖所涉及的地下管线。

(4)专用管线探测是指为某一专业管线的规划设计、施工和运营需要提供现势资料而进行的地下管线探测工作。应根据该项管线工程的规划、设计、施工和管理部门的要求进行,其探测范围应包括管线工程敷设的区域。

地下管线探测的技术标准为 CJJ 61—2003《城市地下管线探测技术规程》。该规程主要应用于以城市地下管线普查为目的的地下管线探测工程,其他类型的地下管线探测工作可参照此规程进行。

地下管线探测的基本程序一般包括接受任务(委托)、搜集资料、现场踏勘、仪器检验与方法实验、编写技术设计书、实地调查、仪器探查、测量控制建立、地下管线点测量与数据处理、地下管线图编绘、技术总结报告编写和成果验收。当探测任务较简单及工作量较小时,上述程序可简化。

1.1.3 地下管线的种类与结构

城市地下管线的种类繁多,结构复杂,为了做好地下管线探测和普查工作,必须先弄清地下管线的种类及结构,才能采用相应的探测技术方法,以达到有的放矢,高效率、高质量地完成地下管线的探测任务。

一、地下管线的种类

(1)给水管道:包括生活用水、消防用水和工业给水输配水管道等。

(2)排水管道:包括雨水管道、污水管道、两污合流管道和工业废水等各种管道,特殊地区还包括与其工程衔接的明沟(渠)盖板河等。

(3)燃气管道:包括煤气管道、天然气管道和液化石油气等输配管道。

(4)热力管道:包括供热水管道、供热气管道和洗澡供水管道等。

(5)电力管道:包括动力电缆管线、照明电缆和路灯等各种输配电力电缆管道等。

(6)电信管道:包括市话管线、长话管线、广播管线、光缆管线、电视管线、军用通信管线和铁路及其他各种专业通信设施的直埋电缆。

(7)工业管道:包括氧气、液体燃料、重油、柴油、化工(如氯化钾、乙烯、丙烯、甲醇等)、工业排渣和排灰等管道。

二、地下管线的结构

1.给水管道的结构

(1)给水管道结构的特点。

给水管道及其系统的构成:一般是从水源地(江河、湖泊、水库、水源井等)取水,通过主干管道(明渠、隧洞、大型管道等)送到水厂,经水厂净化处理后,再由主管道送至各方用水区(工厂、住宅小区、企事业单位等)。各用水区又根据自己的需要和条件,敷设本区的给水管道系统,其方式一般是从城市接管点把水送往单位水塔、高位水池或贮水池等,然后通过管道送至各用水点或通过支管道送往各家各户用水点。工厂给水管道的敷设形式根据工艺流程、建(构)筑物的布置以及场地的地形条件等确定,一般分为三个系统,即分组系统、组合系统和混合系统。生产用水、生活用水或消防用水均各自成独立系统的称为分组系统;生活用水和消防用水合为一个系统,生产用水另成一个独立系统的称为组合系统;生产、生活和消防用水合在一个系统内的称为混合系统。

(2)给水管道的管材。

——铸铁管:使用最为广泛,分承插口和法兰口两种,其规格如表1-1-1所示。

表 1-1-1 铸铁管规格

公称内径/mm	75	100	125	150	200	250	300	350	400	450
实外径/mm	93.0	118.0	143.0	169.0	220.0	271.6	322.8	374.0	425.6	476.0
公称内径/mm	500	600	700	800	900	1 000	1 100	1 200	1 350	1 500
实外径/mm	528.0	630.8	733.0	836.0	939.0	1 041.0	1 144.0	1 246.0	1 400.0	1 554.0

——钢管:在150 mm以下的管线中广泛使用、其规格如表1-1-2所示。

表 1-1-2 钢管规格

公称内径/mm	15	20	25	32	40	50	70	80	100	125	150
英制内径/in	0.50	0.75	1.00	1.25	1.50	2.00	2.50	3.00	4.00	5.00	6.00
外径/mm	21.25	26.75	33.50	42.25	48.00	60.00	75.50	88.50	114.00	140.00	165.00

——其他管材:预应力钢筋混凝土管、石棉水泥管等。

(3)给水管道的管件。

给水管道的管件较多,以下是比较常用的部分构件。

——丁字管,如图 1-1-1 所示。

——叉管,如图 1-1-2 所示。

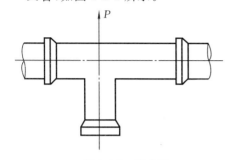

图 1-1-1　丁字管

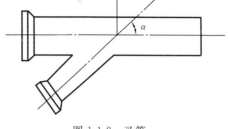

图 1-1-2　叉管

——弯管,如图 1-1-3 所示。

——垂直向上弯管,如图 1-1-4 所示。

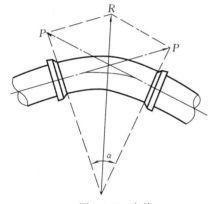

图 1-1-3　弯管

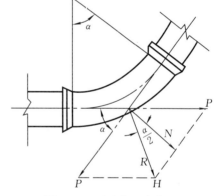

图 1-1-4　垂直向上弯管

——垂直向下弯管,如图 1-1-5 所示。

——穿墙套管,如图 1-1-6 所示。

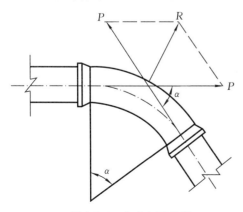

图 1-1-5　垂直向下弯管

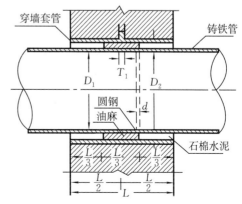

图 1-1-6　穿墙套管

(4)给水管道的构筑物。

——取水构筑物:用以取得地表水或地下水,如水源井等。

——升水构筑物:如水泵站(房)等。

——净化构筑物:用以改善水质,如清水池、净化池等。

——输水水道和管道网:用以输送至所需用地。

——贮水池(水塔、高位水池等)。

——冷却设备(冷却塔、喷水池):一般在采用循环式供水时才采用。

(5)附属设备。

——闸门、阀门:多安装在检查井内,为启、闭水道之用。

——消火栓:分地上的和地下的两种,地下消火栓安装在专门的检查井中,消火栓多安装在干线或支线的引出管上。

——止回水阀:是一种防水逆流的装置,安装在只允许水向一个方向流动的地方,例如,给水干线上常常安装此装置。

——排气装置:安装在管道纵断面的高点(驼峰处),可自动排除管道中贮留的空气。

——排污装置:安装在管道纵断面的低点(低凹处),用于排除沉淀物。

——预留接头:为扩建给水管道预先设置在管道上接管子用的接头。

——安全阀:是防止"止回水阀"迅速关阀时产生水锤的压力过大,超过管道和设备能承受的安全压力的保护装置,当管道内压力超过安全阀的安全压力时,水即向外自动溢出。

——检修井:一般为安装管道上各种附属设备之用,或维修人员进入井内检修之用。

2.排水管道的结构

(1)排水管道的特点。

排水管道接受、输送和净化城市、工厂以及生活区的各种污水,其中包括工业废水、生活污水、雨水等。排水管道系统按排出的方式分为合流式、分流式、组合式。合流式是将生产废水、生活污水和雨水由一个共同的管道排出;分流式是每一种污水由独立的排水管道排出;组合式是将需要处理的生产废水和生产污水由一个管道排出,将不需要处理的生产废水及雨水由另一管道排出。排水管道是属于要考虑冻土深度的一种自流管道网。

(2)排水管道的管材与管径。

一般排水管道的管材有钢筋混凝土管、混凝土管、铸铁管、石棉水泥管、陶瓷管以及砖石沟等。我国的排水管道管材主要是钢筋混凝土管,其管径的公称内径是统一的,但壁厚有差异,故外径随之不尽相同,其公称内径如表 1-1-3 所示。

表 1-1-3　排水管道管径

内径/mm	壁厚/mm	外径/mm	内径/mm	壁厚/mm	外径/mm
200	30	260	900	75	1 050
300	33	366	1 000	82	1 164
400	38	476	1 100	89	1 278
500	44	588	1 250	98	1 446
600	50	700	1 350	105	1 560
700	58	816	1 500	125	1 750
800	66	932	1 640	135	1 910
			1 800	160	2 100

（3）排水管道的构筑物。

排水管道系统经常由下水道、水泵站、净化池等构筑物组成。在山区的局部城区或工厂、住宅区也有采用明沟和阴沟排除污水和雨水的。城市的排水管道系统一般是由排水道和窨井组成。在排水管道上，设有一系列窨井，这些窨井的功能各不相同，主要种类如下。

——检查井：为维修人员进入井内清理淤塞物和检查修理之用。检查井小室根据不同情况和要求做成圆形、扇形、矩形或多边形。不论哪一种形状，其小室高度在管道埋深所许可时一般为 1.8 m，污水检查井由流槽顶算起。

——结点井：为接受污水和废水在井中汇合后输出之用。

——跌落井：设在落差较大处，将接受的废水和污水经沉淀后输出，是降低坡度，起净化作用的井。在平坦地区，此类井的设置根据工艺流程的需要和下水含杂物的情况而定。

——冲洗井：一端连接上水管，另一端与检修井相通，利用上水的压力冲刷窨井中的淤物。

——转角井（拐弯井）：作用与结点井相同，同时也是为了便于清理和检查转角拐弯处的淤物。

——特别井：设在排水管与其他地下设施交叉处。

——渗透井：通过地下渗透方法排除雨水。

——倒虹吸管：主要是为了避让某种障碍物（如冲沟、铁路等）而设置的。

——渡槽：为了避让障碍物，除采用虹吸管外，在个别地方也可架设渡槽。

——化粪池：在住宅区，每栋楼房为了更好地净化粪便、排除污水，一般在接收楼房污水的汇合处（即与支干线的连接处）设置矩形化粪池。

——雨水口：分偏沟式单算、偏沟式双算、联合式单双算、平行单算、平行式双算、平行三算或多算等。

（4）特殊排水管道。

——拱形排水管道，如图 1-1-7 所示。

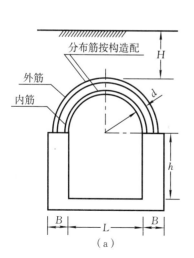
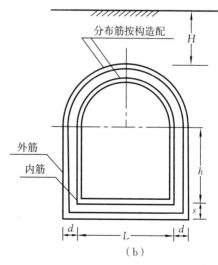

（a）   （b）

图 1-1-7 拱形排水管道断面

——倒虹吸排水管道，如图 1-1-8 所示。

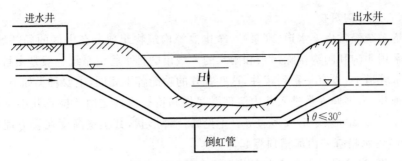

图 1-1-8　倒虹吸排水管道

——水封井,如图 1-1-9 所示(单位为 mm)。

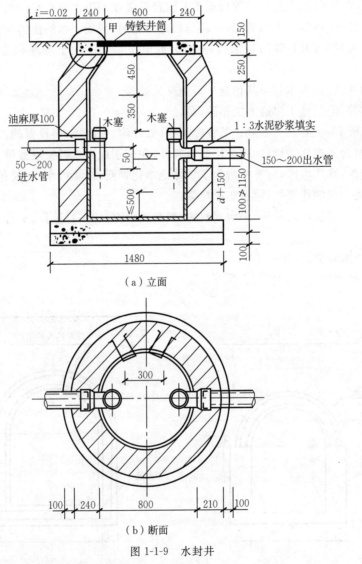

(a)立面

(b)断面

图 1-1-9　水封井

(5)排水管道与其他管道交叉结构。

当排水管道与上水、煤气、油管(铸铁管或钢管)交叉有如下情况。

——当排水管为圆管时,如图 1-1-10 所示。

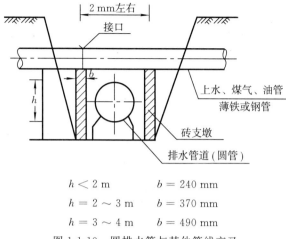

$h < 2\,m$　　　　$b = 240\ mm$

$h = 2 \sim 3\,m$　　　$b = 370\ mm$

$h = 3 \sim 4\,m$　　　$b = 490\ mm$

图 1-1-10　圆排水管与其他管线交叉

——当排水管为方沟时,如图 1-1-11 所示。

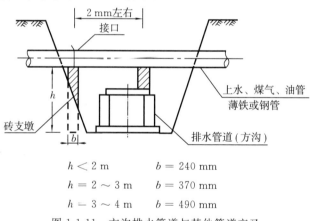

$h < 2\,m$　　　　$b = 240\ mm$

$h = 2 \sim 3\,m$　　　$b = 370\ mm$

$h = 3 \sim 4\,m$　　　$b = 490\ mm$

图 1-1-11　方沟排水管道与其他管道交叉

——当排水管与上水、煤气、油管高程冲突时,为了不影响排水管的断面,排水管道为圆管时,管径大于 600 mm,交叉段可改为方沟,如图 1-1-12(a)所示。排水管道管径小于 600 mm,交叉时可用两铸铁管代替,如图 1-1-12(b)所示。

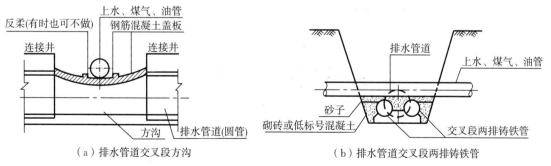

（a）排水管道交叉段方沟　　　　　　　　　（b）排水管道交叉段两排铸铁管

图 1-1-12　排水管道交叉

——当排水管道在给水、煤气、油管之上时,铸铁管或钢管要加外套管,套管内径至少比内管外径大 300 mm,如图 1-1-13 所示(单位为 mm)。

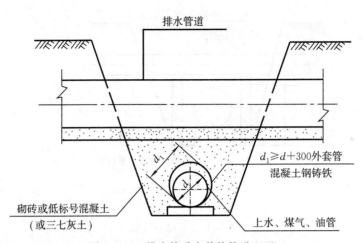

图 1-1-13 排水管道在其他管道上面

——排水管道接口应与煤气管道接口错开,以防煤气管漏气时进入排水管道内,如图 1-1-14 所示。

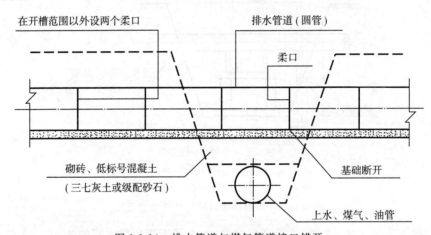

图 1-1-14 排水管道与煤气管道接口错开

——当排水管道在电缆之下时,如图 1-1-15 所示(单位为 mm)。

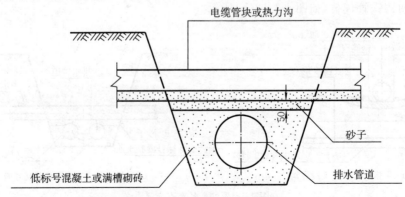

图 1-1-15 排水管道在电缆之下

——当排水管道在电缆管块或热力方沟之下时，如图 1-1-16 所示(单位为 mm)。

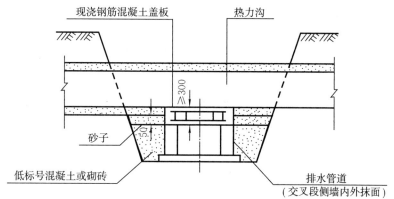

图 1-1-16　排水管道在其他管道之下

——当排水管道在热力方沟之上时，如图 1-1-17 所示。

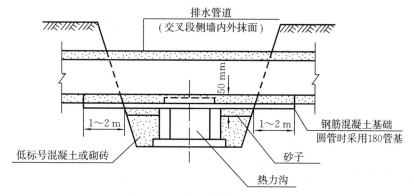

图 1-1-17　排水管道在热力方沟之上

——当排水管道互相交叉时，如图 1-1-18 所示。

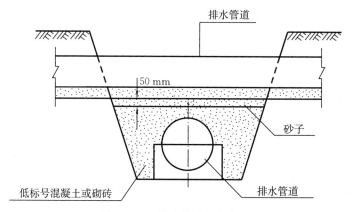

图 1-1-18　排水管道互相交叉

3.燃气管道的结构

(1)燃气的种类。

燃气是现代化城市生活中的主要能源。燃气能源种类有焦炉煤气、自立式炭化炉煤气、天然气、液化石油气等。

（2）燃气管道的设备。

包括罐站、气压站、小室、闸井、检修井、阀门、抽水缸（凝水器）标石桩等。

（3）燃气管道的管材和管径。

——燃气管道的管材有钢管、无缝钢管、铸铁管（用于低压煤气）、塑料管（在一定的温度和压力下用塑料管）。

——燃气管道的管径为 ϕ 15～1 500 mm。

（4）燃气管道的接口。

——低压流体输送，用镀锌接口管。

——低压液体输送，用焊接钢管。

——承压流体输送，用螺旋埋弧焊钢管。

（5）燃气管道的部分构件。

——全承丁字管，如图 1-1-19 所示。

——全承十字管，如图 1-1-20 所示。

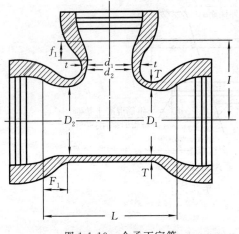

图 1-1-19　全承丁字管

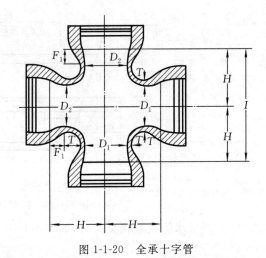

图 1-1-20　全承十字管

——45°双盘弯管，如图 1-1-21 所示。

——90°承插弯管，如图 1-1-22 所示。

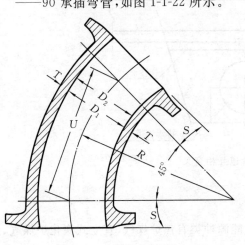

图 1-1-21　45°双重弯管

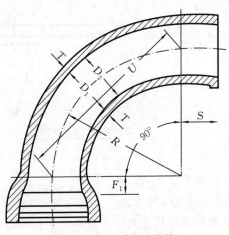

图 1-1-22　90°承插弯管

——插承渐缩管,如图 1-1-23 所示。

4.热力管道的结构

(1)热力管道的种类。

根据管道输送介质不同分为以下两种。

——热水热力管道:输入介质是热水的热力管道。这种管道根据用户是否设置热交换器设备,分为闭式管道和开式管道。闭式管道还分有双管制热力管道(只供居民用户供热使用)和多管制热力管道(供生产或工艺供热使用)。

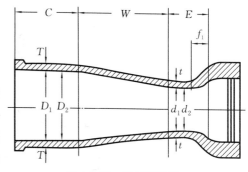

图 1-1-23　插承渐缩管

——蒸汽热力管道:输送介质是蒸汽的热力管道。一般采用一根管道供气,这种管道较经济可靠,采用比较普遍。

(2)热力管道的设备与构(建)筑物。

包括热力厂、调压站、中断泵站、检查小室、阀门、闸井、聚集凝结水短管、凝结水箱、放气阀、放水阀等。

(3)热力管道的材料及连接。

——城市热力管道一般采用无缝钢管、钢板卷焊管。

——热力管道的连接采用焊接管道与设备、阀门等拆卸的附件连接时,采用法兰连接;对于直径小于或等于 20 mm 的放气管,可采用螺纹连接。

——热力管道三通钢管焊制,支管开孔进行补强。

——热力管道所用的变径管采用压制或钢板卷制。

——热力管道干、支线的起点安装关断阀门。

——热水热力管道输送干线每隔 200～300 m、输配干线每隔 1 000～1 500 m 装设一个方段阀门。

——热水凝结水的高点安装放气阀门。

——热水凝结水的低点安装放水阀门。

(4)热力管道的构件及检查小室断面图形。

——热力管道直管构件的平面、立面断面图,如图 1-1-24(a)、(b)所示(单位为 mm)。

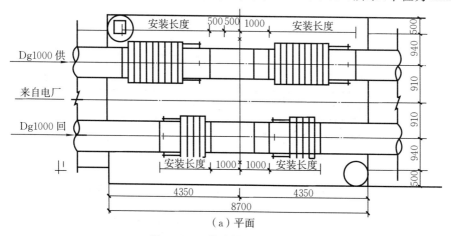

(a)平面

图 1-1-24　热力管道直管断面

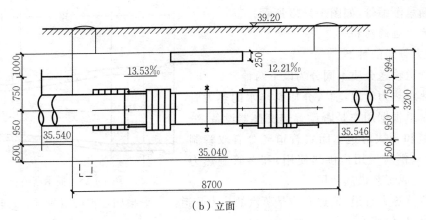

（b）立面

图 1-1-24（续）　热力管道直管断面

——热力管道三通的平面、立面断面图，如图 1-1-25（a）、（b）所示（单位为 mm）。

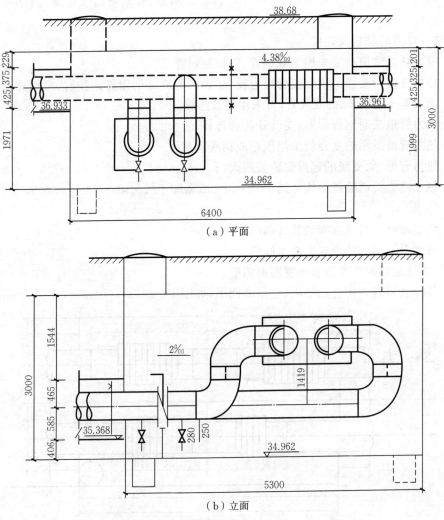

（a）平面

（b）立面

图 1-1-25　热力管道三通断面

——热力管道检查井平面图,如图 1-1-26 所示(单位为 mm)。

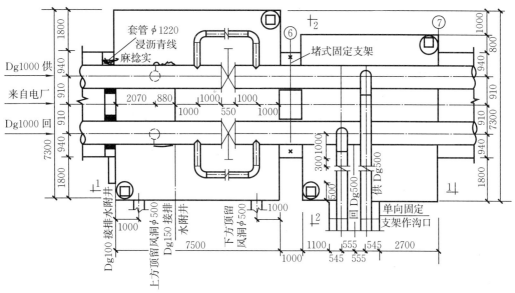

图 1-1-26　热力管道检查井平面

——热力管道变坡曲头平面、立面断面图,如图 1-1-27(a)、(b)所示(单位为 mm)。

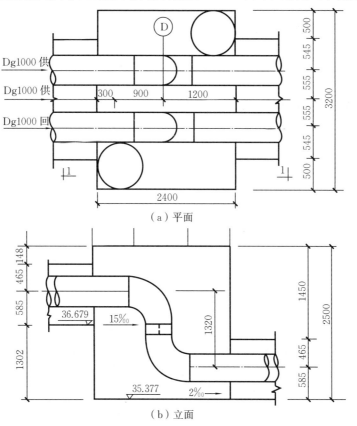

(a) 平面

(b) 立面

图 1-1-27　热力管道变坡断面

5.电力管道的结构

(1)电力管道的设备与构(建)筑物。

包括发电厂、变电站、配电站、配电箱、检查井等。

(2)电力管道的埋设种类。

——壕沟:电缆埋入壕沟内,覆盖软土,再设保护板埋齐地面。

——电缆沟:封闭式不通行管道,盖板可启的构筑物。

——浅槽:容纳电缆数量少,未含支架,沟底可不封实的有盖板式的构筑物。

——隧道:容纳电缆较多,有供安装和巡视方便的通道,是封闭性的电缆构筑物。

——夹层:控制在楼层下,能容纳众多电缆汇接,如便于安装活动的大厅式电缆构筑物。

(3)电力电缆分支的形式。

采用 T 形或 Y 形。

(4)电缆芯线的材质。

根据不同情况和不同供电量,分为一芯、二芯、三芯、四芯、五芯电缆。

(5)电力电缆的功能。

分为供电(输入或配电)、路灯、电车等。

(6)电力电缆的电压。

分为低压、高压和超高压三种。

6.电信管道的结构

(1)电信管道结构的特点。

电信管道是具有一定容量的电缆、通道,和一定数量的人孔、手孔和出入口,按一定的组合方式组合成通信管道设施系统。其中布设通信管道的管孔部分和与之相接的人孔、手孔是组成通信管道的基本要素。

(2)电信电缆的布设形式。

——单局制电信电缆管道系统布设形式,如图 1-1-28 所示。

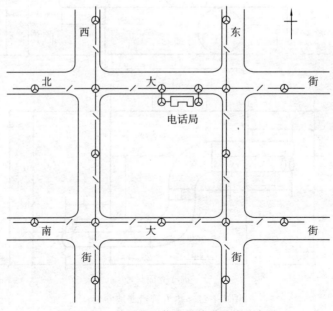

图 1-1-28　单局制电信电缆管道系统的布设

——多局制电信电缆管道系统布设形式,如图 1-1-29 所示。

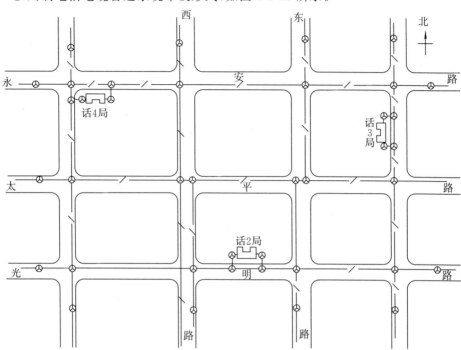

图 1-1-29　多局制电信电缆管道系统的布设

(3)电信管道的分类。

电信管道因其在通信网络中所处的位置、布放电缆的性质、所用的管材和建设的结构不同,可综合分为五类。

——出进局管道:从电信局(所)、电信台(站)进出的电缆所涉及的管道。局外主干通信管道之间通信管道叫做进出局管道。这段管道是电话局(所)全部电缆进出之唯一通道,是咽喉要害部位。

——主干管道:位于城市主要道路上的通信管道或用于布设主干道通信电缆的通信管道。主干道的管孔容量一般是比较大的。

——中继管道:在多局制的城市中,连通各个电话局(所)、通信台(站)的通道。在中继管道中除布放上述电缆外,还可以布设其他通信电缆。

——分支电缆:位于市区道路(包括胡同小巷)的通信管道。一端与主干管道或中继管道相接,另一端至用户集中区附近,主要为布放分支通信电缆之用,所以也叫做配线管道,分支管道一般孔容量小于主干管道。

——用户管道:从主干管道或分支管道之特定人孔接出,进入用户小区、用户建筑物或用户院内,并在用户小区建筑群间进行延伸的通信管道。

(4)电信管道的管材。

——水泥管电信管道:最普通的、使用最多的通信管道的管材,是一种多管孔组合式结构的管材,有单孔、双孔、三孔、四孔、六孔、九孔、十二孔、二十四孔等管材。如图 1-1-30(a)、(b)、(c)所示(单位为 mm)。

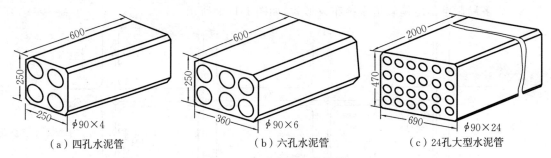

图 1-1-30　水泥管电信管材

——钢管电信管道:采用的管材是钢管,钢管管材都是通用的单孔钢管,按照一定的组合结构方式建成。如图 1-1-31(a)、(b)、(c)所示。

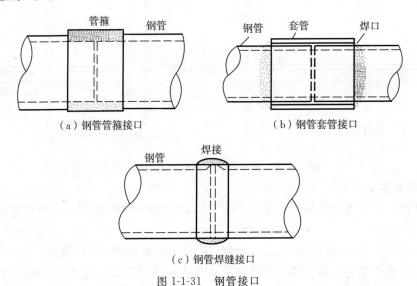

图 1-1-31　钢管接口

——塑料管电信管道:采用的管材是聚氯乙烯塑料管,经过管群组合成管道的。聚氯乙烯硬塑料管是采用热塑料性聚氯乙烯塑料,经过挤压成型的单孔硬性塑料管。如图 1-1-32(a)、(b)所示。

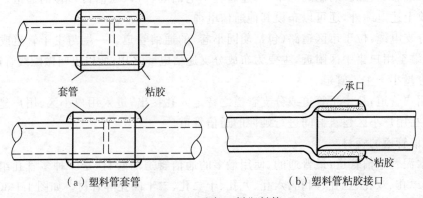

图 1-1-32　聚氯乙烯塑料管

——其他管材的电信管道:除以上几种管材的电信管道外,还有石棉水泥和陶瓷电信管道。

（5）通信管道构（建）筑物的分类。

——管孔式通信管道：管道的铸铁采用具有大于通信道路外径管孔的管材，按一定要求进行组合顺序衔接，作为布设通信电缆的通道。在一定的位置设置人孔（或手孔），作为调节孔，变换结构排列方式，变换方向和高程等的场所。

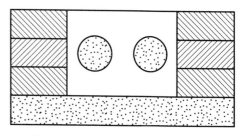

图 1-1-33　不通形式电缆隧道断面

——通信电缆隧道：管道的主体部分采用沟道的方式，作为布设通信电缆的通道。由于沟道的规模和性能要求不同，又分为不通形式、半通形式、通行式电缆专用和公用隧道四种。不通形式电缆隧道如图 1-1-33 所示；半通形式电信电缆隧道如图 1-1-34（a）、（b）所示；通行式电信电缆隧道如图 1-1-35（a）、（b）、（c）所示。

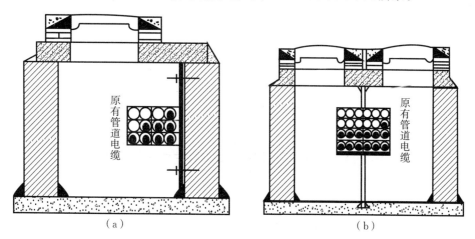

（a）　　　　　　　　　（b）

图 1-1-34　半通形式电信电缆隧道断面

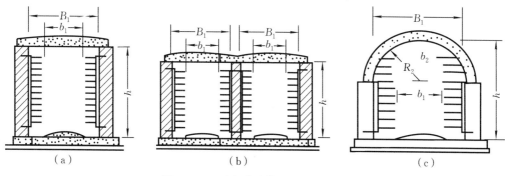

（a）　　　　　　（b）　　　　　（c）

图 1-1-35　通行式电信电缆隧道断面

（6）人孔的功能与结构。

——人孔是通信管道的重要组成部分之一，人孔是各方向管道汇集的场所，各方向的管孔通过人孔互相连通。如图 1-1-36 所示。

——人孔是摆放布设于管孔中的通信电缆、电缆接头、充气门、中继器、负荷箱、光缆盘留等设施的场所。如图 1-1-37 所示。

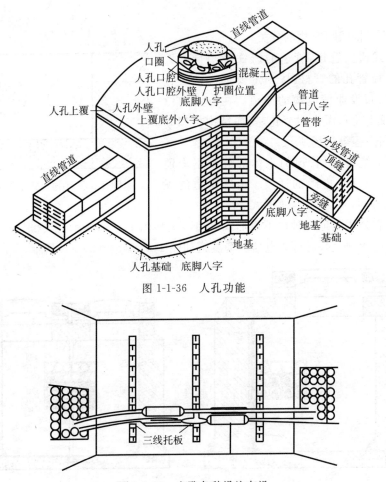

图 1-1-36　人孔功能

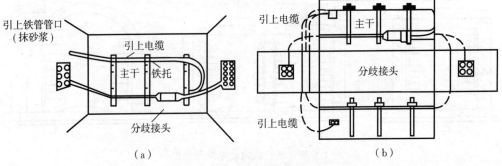

图 1-1-37　人孔各种设施布设

——人孔把管道的主干电缆分支引出至地面,再引上至架空杆。如图 1-1-38(a)、(b)、(c)
所示。

（a）　　　　　　　　　　　　　　　　　（b）

图 1-1-38　人孔与外部接口

(7)人孔的分类。

人孔根据功能特点及其建设模式分为四种类型。

——矩形直通人孔,如图 1-1-39 所示(单位为 mm)。

——扇形人孔,如图 1-1-40 所示(单位为 mm)。根据不同的折角分为 10°、15°、30°、45°、
60°多种。

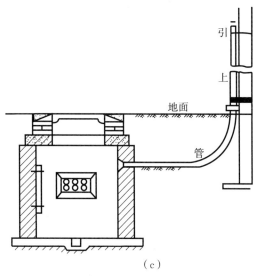

（c）

图 1-1-38（续）　人孔与外部接口

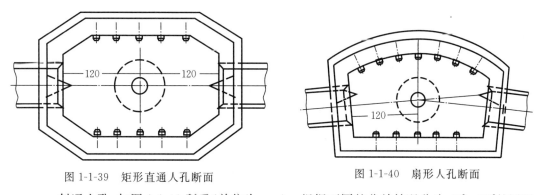

图 1-1-39　矩形直通人孔断面　　　　　　　图 1-1-40　扇形人孔断面

——斜通人孔，如图 1-1-41 所示（单位为 mm）。根据不同的分歧情况分为 45°～75°的图形。

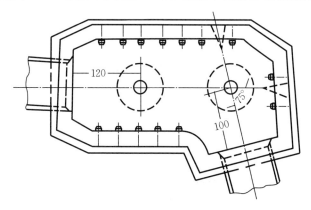

图 1-1-41　斜通人孔断面

——移位人孔，根据不同的布设结构有下列类型：①矩形移位人孔，如图 1-1-42 所示（单位为 mm）；②Z 形移位人孔，如图 1-1-43 所示（单位为 mm）；③三通分歧人孔，如图 1-1-44 所示（单位为 mm）；④对称三通分歧人孔，如图 1-1-45 所示（单位为 mm）；⑤四通（十字）分歧人孔，如图 1-1-46 所示（单位为 mm）。

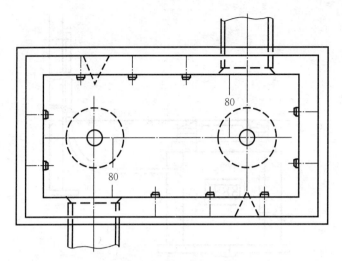

图 1-1-42　矩形移位人孔断面

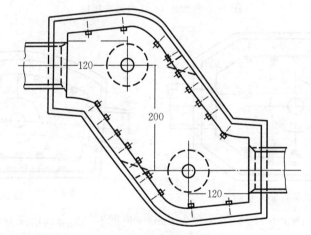

图 1-1-43　Z 形移位人孔断面

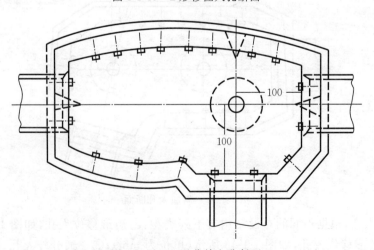

图 1-1-44　三通分歧人孔断面

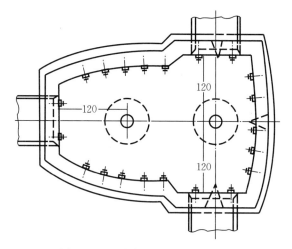

图 1-1-45 对称三通分歧人孔断面

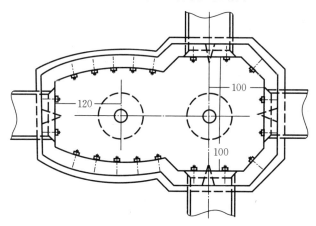

图 1-1-46 四通分歧人孔断面

(8)手孔的建筑结构。

——手孔剖面图,如图 1-1-47(a)、(b)所示。

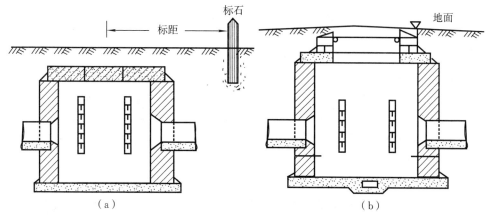

（a）   （b）

图 1-1-47 手孔剖面

——手孔各类型平面图,如图 1-1-48 (a)、(b)、(c)、(d)所示(单位为 mm)。

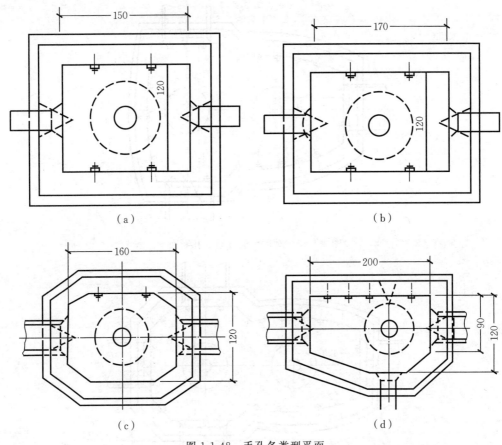

图 1-1-48　手孔各类型平面

子学习情境 1.2　管线探测的技术规定及管线调查

教学要求:重点掌握地下管线隐蔽管线点的探查精度和管线调查。

1.2.1　探测的一般要求

一、坐标系统的选择

地下管线探测资料应与规划、设计部门使用的其他基础资料相衔接,因此,地下管线探测坐标系统的选择必须以与相应基础资料所采用的坐标系统相一致为原则。市政及公用管线探测采用当地城市建设的坐标系统;厂区或住宅小区管线探测和施工场地必要时可以采用本地区建筑坐标系统。

二、地下管线图比例尺的选择

地下管线图比例尺应与城市基本地形图或厂区、住宅小区的基本地形图的比例尺一致,一般可以按表1-2-1选择。

表 1-2-1 地下管线图比例尺的选择

探测类别		比例尺选择
市政共用线探测	市区	1∶500～1∶2 000
	郊区	1∶1 000～1∶5 000
厂区或住宅小区管线探测		1∶500～1∶1 000
施工场地管线探测		1∶200～1∶1 000
专用管线探测		1∶500～1∶5 000

三、探测精度

地下管线探测主要包括实地探测、管线点测量(包括地形测量)和管线图编绘三个阶段。因此探测精度分为:隐蔽管线点探查精度、管线点测量精度和管线图测绘精度。

隐蔽管线点探查精度是指通过仪器探查,在实地设置管线点与实地管线位置之间的误差。不同的地下管线探测任务,对探测精度的要求不同。在 CJJ 61—2003《城市地下管线探测技术规程》中有如下规定。

(1)地下管线隐蔽管线点的探查精度:平面位置限差 δ_{ts}:0.10h;埋深限差 δ_{th}:0.15h。其中,h 为地下管线的中心埋深,单位为厘米,当 $h<100$ cm 时,以 100 cm 代入计算。

注:特殊工程精度要求可由委托方与承接方商定,并以合同形式书面确定。

(2)地下管线点的测量精度:平面位置中误差 m_s 不得劣于±5 cm(相对于邻近控制点),高程测量中误差 m_h 不得劣于±3 cm(相对于邻近控制点)。

(3)地下管线图测绘精度:地下管线与邻近的建筑物、相邻管线以及规划道路中心线的间距中误差 m_c 不得劣于图上±0.5 mm。

1.2.2 地下管线探测的工作模式

全国许多城市为配合城市规划工作在 20 世纪 80 年代中期陆续开展了地下管线探测普查工作。在普查的城市中采用的工作模式各有不同,综合起来有两类:一是传统的探测工作模式;二是利用新技术、新设备一体化的探测工作模式。

一、传统的探测工作模式

传统的探测工作模式主要包括:专业管线探查与统一测绘,专业管线探查、测量与综合,资料编绘与补测。在已完成普查的城市中基本上都是采用这三类方案。

专业管线探查与统一测绘:是由各专业管线权属单位分别负责地下管线探查工作(包括搜集资料、实地调查与仪器探查),各专业管线完成探查后由综合管理部门统一组织测绘单位测绘各类管线图。专业管线探查、测量与综合:是由各专业管线权属单位各自完成本单位所属管线的探查、测绘,向档案管理部门提交规定的专业管线资料,再由档案管理部门将各类地下管线资料综合汇编成综合地下管线图。资料编绘与补测:是利用现有的各种设计图、施工图、竣工图及资料转绘汇编成地下管线图;对缺乏资料的管线,采用探查、测绘的方法进行补测,最后汇总成地下管线图。

这类工作模式在探测技术上采用实地调查、探查与开挖相结合。早期的探测则以开挖为主,测量上以解析法和图解法相结合,地形均以图解法测绘,绘图则采用传统的手工绘图。其优点是可以充分利用原有的地下管线资料,调动各管线权属单位的人力、财力,减轻普查组织机构的工作和政府投资,省时、省力,成果也能暂时满足传统管理模式的需要。但存在以下几个问题:一是管理上比较松散,同时由于各管线权属单位技术力量及重视程度的不均衡,难以保证普查严格按照统一的技术要求和计划实施;二是由于探查和测绘分别由不同的单位负责,在工序衔接上会出现诸多问题,影响作业进度和质量;三是由于多个单位在同一路段作业会造成工作的交叉、重复,增加总体投资,同时在管线与管线之间、管线与地物之间间距很小的情况下还会造成成果综合时的矛盾;四是由于同时采用解析法和图解法两种手段,测量数据精度不统一,不能满足建立地下管线信息管理系统的要求,对地下管线信息的管理难以摆脱传统的管理方式。

二、一体化探测工作模式

随着我国地下管线探测技术的发展及全站型电子速测仪和计算机技术在测绘领域的应用和普及,已完全可以用解析法测绘和机助成图建立地下管线图形数据库,取代过去图解法测绘和手工管理的落后手段。如某城市地下管线普查采用一体化工作模式建立地下管线数据库普查的技术方案是:在专业管线权属单位进行现况调绘的基础上,由探测作业单位采用明显管线点实地调查与隐蔽管线点仪器探查相结合、解析法测绘与机助成图相结合,并同步建立地下管线信息管理系统。这类探测的一般工作流程可参考图1-2-1。

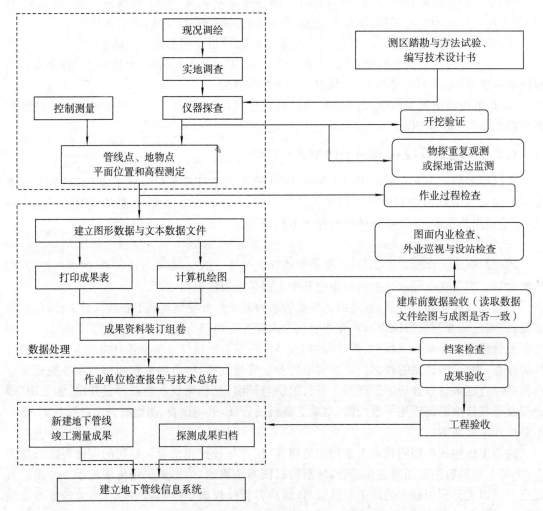

图 1-2-1　一体化探测工作流程

该工作模式将物探技术、测绘技术和计算机技术有机地结合起来获得高质量的地下管线数据。与传统的普查技术方案相比,具有技术先进、管理严密、成果精度高、质量可靠等优点。

1.2.3　管线调查

一、调查内容

地下管线调查分明显点调查和隐蔽管线点调查。在隐蔽管线探查工作中,应通过实地调查尽可能地了解有助于管线探测的有关情况。如测区内管线的种类、分布状况、现有资料、图件收集,对资料、图件可信度的分析、核实,出露的地下管线及附属设施(如各种井类、小室),管线的基本结构、构件、管线的连接关系,管材及权属单位。通过调查确定管线的平面位置、管线埋深,各种类型的小室所占空间大小。

地下管线调查的任务主要是对明显管线点所出露的地下管线及其附属设施进行实地调查、记录和测量。其具体内容为:查清每条管线的性质和类型;对与管线有关的建构筑物和其他附属设施逐一开启窨井,弄清管线的来龙去脉,记录其规格、数量;利用已有明显管线点尚不能查明实地调查中必需查明的项目时,需探查或在开挖管线的出露点上进行实地测量。地下管线普查、整测的取舍标准见表 1-2-2,地下管线普查、整测查明的项目见表 1-2-3。

表 1-2-2　地下管线普查、整测的取舍标准

管线种类		取舍标准
给水(中水)		内径≥100 mm
排水		方沟≥200 mm×200 mm
(雨水、污水、合流)		内径≥200 mm
燃气 (煤气、天然气、液化气)		全测
电力	供电	全测
	路灯	全测
电信		全测
有线电视		全测
热力		全测
工业管道		全测

表 1-2-3　地下管线普查、整测查明的项目

管线类型		埋深-内底	埋深-外顶	断面-管径	断面-宽高	电缆根/孔数	材质	构筑物	附属物	传输物体特征-压力	传输物体特征-流向	传输物体特征-电压	埋设年代	权属单位
排水		△		△	△		▲	△	△		△		▲	▲
给水			△	△			▲	△	△				▲	▲
燃气			△	△			▲	△	▲	▲			▲	▲
电力	管块		△	△	△	△	▲	△	△			△	▲	▲
	沟道	△			△	△		△	△			△	▲	▲
	直埋		△			△			△			△	▲	▲
电信	管块		△	△	△	△	▲	△	△				▲	▲
	沟道	△			△	△		△	△				▲	▲
	直埋		△			△			△				▲	▲

续表

管线类型	埋深		断面		电缆根/孔数	材质	构筑物	附属物	传输物体特征			埋设年代	权属单位
	内底	外顶	管径	宽高					压力	流向	电压		
热力	△	△	△			▲	△	△				▲	▲
工业		△	△			▲	△	△	▲	▲		▲	▲

注:①△为需实地调查的项目,▲为需权属单位配合实地调查的项目,若无权属单位则不需调查此项目;
②电力包括电力、路灯;③电信包括网通、移动、联通、铁通、吉通、长话、有线电视、军用电缆等;④对于工业
管道调查项目:压力管道同给水,自流管道同排水。

二、调查方法

1.调查时应配备的工具

实地调查时应配备的工具有打开井盖用的钥匙、钩子、锤子、钢卷尺、皮尺、直角尺(L尺)、垂球、梯子和安全标志等,同时,还应有调查表以及各种图纸。直角尺如图 1-2-2 所示。

2.埋深调查

地下管线埋深分为内底埋深、外顶埋深和外底埋深,量测何种埋深应根据地下管线的性质和委托的要求确定。地下沟道或自流的地下管道应量测其内底埋深;有压力的地下管道应量测其外顶埋深;直埋电缆和管块量测其外顶埋深;管沟量测其内底埋深;地下隧道或顶管工程施工场地的地下管线应量测其外底埋深。

(1)内底埋深的量测方法。

测量排水管道内底至地面比高时,应将直角尺短边端部下缘平放在管道内底口上,于地面井口处读取直角尺读数,此读数即为管内底至井口地面的比高 h_1,即内底埋深。量测方法如图 1-2-3 所示。

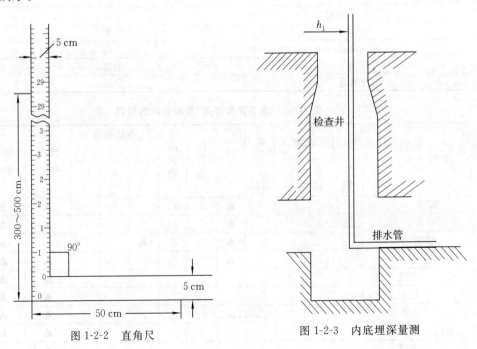

图 1-2-2　直角尺　　　　　　　　　图 1-2-3　内底埋深量测

（2）外顶埋深和外底埋深的测量方法。

量取给水、燃气等管道的外顶和外底至井口地面高时，可将直角尺的短边端部下缘平放在管道顶部，并于井沿处读取直角尺读数，即为外顶埋深 h_2；再将直角尺的短边向下放至管道下面，使直角尺短边上缘向上提，平贴管道的管外底，于井沿处读取直角尺读数减去短边的宽度，即为外底埋深 h_3。量测方法如图 1-2-4 所示。

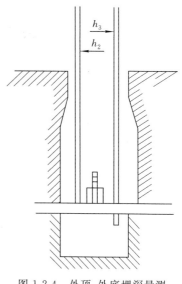

3.偏距量测方法

在窨井（包括检查井、闸门井、仪表井、人孔和手孔等）上设置明显管线点时，管线点的位置设在井盖的中心，当地下管线中心线的地面投影偏离管线点，其偏距大于 0.2 m 时，应量测。用一自制的十字形井中器套卡在打开井盖的井口上，十字交叉点即为井口中心，交叉点挂钩悬一垂球，人下井用尺量出垂球至管道中心线的水平垂距 e，即为偏距，如图 1-2-5（a）所示；也可以在井口移动垂球，使其位于管道中心线上，在地面量出垂线至十字形井中器的中心距离 e，即为偏距，如图 1-2-5（b）所示。

图 1-2-4　外顶、外底埋深量测

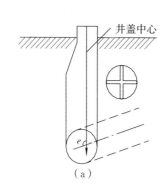

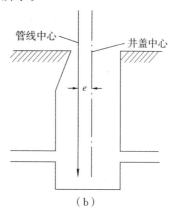

图 1-2-5　偏距量测

4.管道及管沟断面尺寸量测

调查地下管道及管沟时，应量测其断面尺寸，圆形断面量取其内径或外径，矩形断面应量取其内壁的宽和高，单位以毫米表示；同时，还应查明埋设于地下管沟或管块中的电力电缆或电信电缆的根数和孔数。

（1）内径的量取方法。

内径的量取方法如图 1-2-6 所示，将直角尺短边端部下缘平放在排水管道内底上，于井沿处读取读数 h_2，再将直角尺提起使短边端部上缘平贴管内顶，于井沿处读取读数 h_1，则管道内径 $= h_2 - h_1 +$ 直角尺短边宽。

（2）外径量取方法。

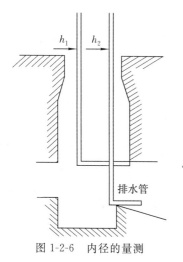

图 1-2-6　内径的量测

外径量取方法如图 1-2-4 所示，管道外径 $= h_3 - h_2$。

子学习情境 1.3　频率域电磁法

教学要求：掌握频率域电磁法的基础理论、应用条件、适用范围、工作方法与技术要求及应用。

电磁法可分为频率域电磁法和时间域电磁法，前者是利用多种频率的谐变电磁场，后者是利用不同形式的周期性脉冲电磁场。由于这两种方法均遵循电磁感应规律，故基础理论和工作方法基本相同。在目前地下金属管线探查中主要以频率域电磁法为主，本子学习情境主要介绍该方法。

地下金属管线（各种金属管道和电缆）与周围的介质在导电率、导磁率、介电常数上有较明显的差异，这为利用电磁法探查地下金属管线提供了有利的地球物理条件。

1.3.1　基础理论

由电磁学知识可知，无限长载流导体在其周围空间存在磁场，而且该磁场在一定空间范围内可被探测到。如果能使地下管线带上电流，并且把它理想化为一无限长载流导线，便可以间接地测定地下管线的空间状态。在探查工作中通过发射装置（发射机）对金属管道或电缆施加一次交变场源，对其激发而产生感应电流，在周围产生二次磁场，通过接收装置（接收机）在地面测定二次磁场及其空间分布（见图 1-3-1），然后根据这种磁场的分布特征来判断地下管线所在的水平位置和埋深。计算机正演、反演计算结果证明，频率域电磁法探查地下管线的定位、定深具有较高的精度。

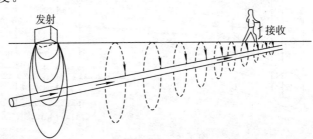

图 1-3-1　电磁法工作原理

为进一步理解频率域电磁法的基本原理，先介绍电磁场及电磁波的有关知识，并给出地下管线探查方案。

一、交变电磁场

交变的电流或随时间变化的电荷所产生的磁场或电场也是交变的。交变的磁场可产生交变的电场，交变的电场又可产生交变的磁场，两者相互依赖，相互联结，成为一个统一体，即交变电磁场。有交变磁场必然伴随着有交变的电场，有交变的电场必然伴随着有交变的磁场，两者不可分割，不能独立存在，它们各以对方为自己存在的前提。

交变的电荷产生交变电场，总电场为交变电荷和交变磁场所产生的电场之和。交变电流也产生交变磁场，总磁场为交变电流和交变电场所产生的磁场之和。交变磁场的磁感应线（磁力线）永远是封闭的，无头无尾、连续而不中断。交变电场分成两部分，一部分是交变的运动着的电荷所产生的，它终止于电荷；另一部分是交变磁场所产生的，它是封闭的、无头无尾的。

二、电磁波

磁偶极子通过交变电流后,在附近产生交变磁场(见图 1-3-2),在交变磁场附近又产生了交变电场;接下去,交变电场的附近又产生交变磁场,一圈套一圈,循环前进。磁场转化为电场,电场转化为磁场,彼此支持,彼此转化。交变电磁场在传播时为波动形式,像水波那样,一高一低,此起彼伏,向前行进,越传越远,故称其为电磁波,它是电波和磁波的总称。电磁波里的电波和磁波是同时存在,不可分割的。交变电磁场就是这样往远离场源的方向传播,形成电磁波传播出去。通过磁偶极子的电流值大时,磁场强,电场也强;电流值小时,磁场弱,电场也弱。

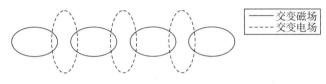

| 交变磁场 |
| 交变电场 |

图 1-3-2　电磁波的传播

三、正弦交流电

正弦交流电就是指按正弦规律变化的电动势(e)、电压(u)及电流(i),其数学表达式为

$$e = E_m \sin(\omega_t + \varphi_e) \tag{1-3-1}$$

$$u = U_m \sin(\omega_t + \varphi_u) \tag{1-3-2}$$

$$i = I_m \sin(\omega_t + \varphi_i) \tag{1-3-3}$$

式中,e、u、i 为正弦交流电在某一瞬间的实际量值,称瞬时值,E_m、U_m、I_m 为正弦交流电的最大瞬时值,简称最大值(振幅),$(\omega_t + \varphi_e)$、$(\omega_t + \varphi_u)$、$(\omega_t + \varphi_i)$ 为随时间变化的角度(相位角),简称相位。

$$\omega = \frac{2\pi}{T} - 2\pi f$$

式中,ω 为角频率,单位为弧度/秒(rad/s),T 为周期,正弦交流电重复变化一次所需的时间,单位为秒(s),f 为频率,正弦交流电在每秒钟内变化的周数,$f = 1/T$,单位为赫兹(Hz),简称赫,每秒变化一个周期为 1 Hz。

周期(T)、频率(f)、角频率(ω)三个量所代表的物理概念虽不同,但它们都是从不同的角度来描述正弦交流电变化的快慢,具有内在联系,只要知道其中一个量,就可推出其余各量。正弦交流电压的波形、周期如图 1-3-3、图 1-3-4 所示。由图 1-3-3 可看出,正弦交流电的波形每隔 2π 弧度重复变化一次。由图 1-3-4 可看出,周期 T 就等于正弦交流电重复变化一次所需的时间。

电磁波在 1 s 内振动(变化)的次数被称为频率,以 f 表示;频率的倒数为周期,即振动的时间,以 $T = 1/f$ 表示;电磁波每个周期内所传播的距离为波长,以 λ 表示;电磁波每秒内传播的距离为速度,以 v 表示($v = 3 \times 10^8$ m/s)。三者之间有如下关系

$$\lambda = \frac{v}{f} = vT \tag{1-3-4}$$

交变电流不但能够产生磁场,而且能够使磁场按一定频率变化,在同一磁场强度下,磁场的交变频率越高,感应的电压就越高。

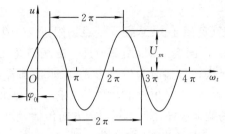

图 1-3-3　正弦交流电压的波形

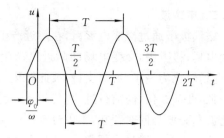

图 1-3-4　正弦交流电压的周期

四、电磁场的衰减

用一个频率为几赫到几万赫的人工场源向地下发送电磁波,该电磁波在地层中传播时,随深度增加,场强不断减弱,其衰减规律为

$$E_h = E_0 e^{\frac{-2\pi h}{\lambda_1}} \tag{1-3-5}$$

式中,E_h 为地下深度 h 处的场强,E_0 为地面的场强,λ_1 为电磁波在地层中的波长。

当深度 $h = \dfrac{\lambda_1}{2\pi}$ 时,则 $\dfrac{E_h}{E_0} = \dfrac{1}{e}$,通常将深度 $h = \dfrac{\lambda_1}{2\pi}$ 定义为电磁波有效穿透深度(趋肤深度)。由式(1-3-5)可知电磁波的穿透深度与 λ_1 有关,在均匀介质中 $\lambda_1 = \sqrt{\dfrac{10^7 \rho_1}{f}}$,$\rho_1$ 为地层电阻率。可见 λ_1 与 ρ_1 成正比,与电磁波的频率 f 成反比。由此可知:

(1)当 ρ_1 一定(同一介质)时,f 越小,h 越大,即频率越低,探查深度越大;

(2)当 f 固定不变时,ρ_1 越高,h 越大;

(3)当 ρ_1 稳定时,可通过改变 f,控制交变电流透入地下的深度(h)。

五、一次场及二次场

电磁法探测地下管线是通过发射线圈,供以谐变电流,在周围建立谐变磁场,该场称为一次场。地下管线在谐变磁场的激励下,形成谐变电流,带谐变电流的管线在周围又形成谐变磁场,此场称为二次场。二次场的大小与发射场源的形式、电流的大小、频率高低、管线的物性、几何形状、赋存深度、测点位置等因素有关。用电磁法探测地下管线时,一般通过测定二次场的变化来探查管线。二次场的关系推导说明如下。

当谐变电流 $I_1 = i_{10} e^{iwt}$ 通过发射机的发射线圈(见图 1-3-5)时,使其在周围产生足够强的一次谐变磁场(见图 1-3-6),即 $H_1 = H_{10} e^{iwt}$(这里下标 1 表示一次场的量,10 表示该量的振幅),并在地下良导体(金属管线)中形成感应电动势

$$e = \frac{d\varphi}{dt} = -M \frac{dI_1}{dt} = -iwM I_1 \tag{1-3-6}$$

式中,M 为发射线圈与地下管线间的互感系数,由发射线圈及地下管线的形状、间距、方位等因素决定。

若把地下管线视为电阻 R 和电感 L 组成的串联闭合回路,在该等效回路中产生的感应电流为

$$I_2 = \frac{e}{R + i\omega L} \tag{1-3-7}$$

将式(1-3-6)代入式(1-3-7)可得

$$I_2 = -iM I_1 \frac{\omega}{R + i\omega L} \tag{1-3-8}$$

又可写为

$$I_2 = -MI_1\left(\frac{\omega^2 L}{R^2 + \omega^2 L^2} + i\,\frac{\omega R}{R^2 + \omega^2 L^2}\right) \tag{1-3-9}$$

感应电流 I_2 在周围产生二次谐变磁场 H_2，空间某点的二次场为

$$H_2 = -MI_1 G\left(\frac{\omega^2 L}{R^2 + \omega^2 L^2} + i\,\frac{\omega R}{R^2 + \omega^2 L^2}\right) \tag{1-3-10}$$

式中，G 为几何因子。

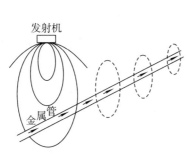

图 1-3-5　电磁感应原理示意

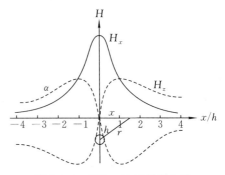

图 1-3-6　管线一次场导常曲线

磁场在直角坐标系中可分解为水平分量和垂直分量，测量磁场水平分量或垂直分量的方法称为水平分量法或垂直分量法。

六、水平无限长直导线中电流的电磁响应

真正的无限长直导线在实际工作中并不存在，但等效的无限长直导线却常见。经理论计算证明，当在垂直于导线走向的某一剖面进行观测时，若该剖面距导线某一端（或导线走向变向点）的距离大于导线埋深的 4～5 倍，即可把该导线端视为无限延伸。图 1-3-7（a）绘出了单一管线上方的各种电磁响应，计算时各参量的含义见图 1-3-7（b），其表达式为

$$H_p = k\,\frac{I}{r} \tag{1-3-11}$$

$$H_x = H_p\cos\alpha = K\,\frac{I}{r}\,\frac{h}{r} = KI\,\frac{h}{x^2 + h^2} \tag{1-3-12}$$

$$H_z = H_p\sin\alpha = K\,\frac{I}{r}\,\frac{x}{r} = KI\,\frac{x}{x^2 + h^2} \tag{1-3-13}$$

$$\alpha = \arctan\frac{H_z}{H_x} = \arctan\frac{x}{h} \tag{1-3-14}$$

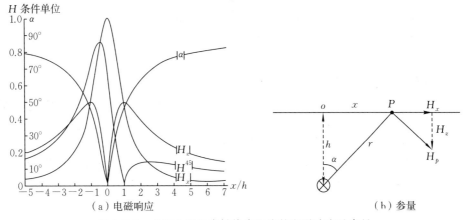

（a）电磁响应　　　　　　　　（b）参量

图 1-3-7　水平无限长直导线中电流的电磁响应及参量

接收线圈面法向方向与水平面夹角 α 为 45°时,接收线圈所测得的交变磁场以 H^{45} 表示,其值为

$$H^{45} = \frac{1}{\sqrt{2}} KI \frac{x-h}{x^2+h^2} \tag{1-3-15}$$

图 1-3-7(a)中的 H_x、H_z、H^{45} 曲线都是以 $H_x^{\max}$ 进行归一后的曲线,其特点如下。

(1) H_x 曲线:它是单峰纵轴对称异常。异常幅度最大,该异常峰值正好在管线正上方($x=0$ 处),在该点,H_x 的斜率为零。该异常范围较窄,异常半极值点宽度正好是管线埋深的两倍。0.8 倍极值的宽度正好是管线的埋深。

(2) H_z 曲线:H_z 是原点对称曲线。曲线的过零点,或 H_z 振幅绝对值曲线的最小点(哑点)正好与管线在地面上的投影相对应,且斜率最大;在 $x/h=\pm1$ 处,H_z 取得极值。如果把正负极值作为异常幅度,则它与 H_x 的异常幅度相同。但若只测异常的幅值,则 H_z 的异常幅度仅为 H_x 最大幅度的一半。H_z 两个极值间的宽度等于管线埋深的两倍,异常幅度较宽。$|H_z|$ 的异常曲线较复杂,是一个双峰异常。H_z 作为一个完整的异常,其模式一定要满足振幅的变化格式(小—大—小—大—小格式,即哑点—峰值—哑点—峰值)。

(3) α 曲线:α 为原点对称曲线。曲线的过零点正对应管线在地面上的投影。在过零点附近,曲线的斜率最大。$\alpha=\pm45°$ 间的距离等于管线埋深的两倍。

(4) $|H^{45}|$ 曲线:曲线为双峰异常,但一个峰值(极值)大,一个较小。曲线的过零点(哑点)正好与 $x/h=\pm1$ 相对应,即过零点与 H_z 分量的过零点间的距离正好等于管线的埋深。

经过对上述这些异常曲线的对比分析:

(1)在管线的正上方,即 $x=0$ 处:$H_z=0$,$H_x=H_x^{\max}$,$\alpha=0°$。

(2)在 $x/h=1$ 处,即 $x=h$ 位置上:$H_z=H_z^{\max}=\frac{1}{2}H_x^{\max}$,$H_x=\frac{1}{2}H_x^{\max}$,$\alpha=45°\left(\frac{H_z}{H_x}=1\right)$,$H^{45}=0$。

分析这些特征点上的特征值,可以组合成下述三种可行的探查方案。

方案一:利用 $H_z=0$ 的点确定平面位置。利用 $H^{45}=0$ 对应点的位置,量出它与 $H_z=0$ 对应点的距离,便可直接求出埋深。零点附近曲线的斜率大,定位的准确性高,是单一管线探查较为理想的方案。但在外界干扰较严重和多管线地段会遇到麻烦,应慎重。

方案二:利用 $H_x=H_x^{\max}$ 的点确定平面位置,利用半极值点间的距离(等于 $2h$)求埋深。这就是所谓的"单峰法""单天线法""水平分量特征值法",一般称之为极大值法。从数学的角度讲,这种技术的定位精度是不高的,因为在 $H_x^{\max}$ 所在点附近,H_x 曲线的变化率最小。水平分量曲线最具吸引力的地方在于它的异常幅度最大和异常形态单一,特别是对决定平面位置和埋深起关键作用的半极值以上的那些异常值,在所能观测到的各类异常特征点中具有最高的信噪比的特性,因而利用水平分量异常来探查管线可以更准、更深。

方案三:利用 $H_z=0$ 的点确定水平位置,利用 $H_x^{\max}$ 点的 0.8 倍极值宽度位置与 $H_z=0$ 的点间的距离(正好等于 h)定埋深。这就是所谓的"垂直分量特征值法",亦称为极小值法。由于极值点附近场强的变化太慢,以致在实际观测中很难精确找出极大值点的位置,所以求埋深的精度不高。如果再遇到干扰大的地段,确定平面位置所需的极小值点又找不准,这种观测方案的实用性就更小了。

以上三种方案都是利用各种异常在水平方向上的变化特征来确定管线的平面位置和埋深的。与 H_z 曲线相比,H_x 曲线的异常更简单、直观,所测数据的精度或可靠性大于 H_z,其异常值也大,容易发现,特别是埋深较大时用极大值法定位要比极小值法更优越。

1.3.2　应用条件和适用范围

频率域电磁法是通过发射机在发射线圈中供以谐变电流,称一次电流,从而在地下建立谐变磁场(称为一次场);地下管线在谐变磁场的激励下形成的电流,称为二次电流,然后在地面通过接收机的接收线圈测定二次电流所产生的谐变磁场(称为二次场),来推求地下管线的存在和具体位置。因此利用电磁感应原理的频率域电磁法的主要探查目标是金属管线和电缆,对有出入口的非金属管道(如排水管、电力预埋水泥管),配上可置入管道内的示踪器,也可以进行探查。

频率域电磁法所探查的地下管线应是金属材质,一般应满足下列应用条件。

(1)被探查线与周围介质要有明显的导电性、导磁性、介电常数差异。

(2)被探查管线相对于埋深、介质等具有一定的管径且符合一维长导线条件。

(3)干扰因素较小,或虽有干扰因素存在但仍能分辨出被探查对象所引起的异常。

(4)地形、地物、植被的影响不致造成物探现场工作不能开展的程度。

此外,还要考虑上述各条件间具有相对关系。例如,物性差异较小,相对埋深较浅时也会有探查效果;而管径较小时,埋深较浅且与周围介质有较大的物性差异,同样可以取得探查效果。表 1-3-1 给出了频率域电磁法探查地下管线的适用范围。

表 1-3-1　频率域电磁法场源的方法分类和适用范围

方式名称		基本原理	特点	使用范围	示意图
被动源法	工频法	利用载流供电电缆中所载有的 50～60 Hz交流电流产生的工频信号或金属管线中的工频感应电流所产生的电磁场	无须建立人工场源,方法简便,成本低,工作效率高,但分辨率不高,精度较低	在干扰背景小的地区,用于探查动力电缆和金属管线,是一种简便、快速有效的初查方法,常用于管线盲探	
	甚低频法	利用甚低频无线电台所发射的无线电信号,在金属管线中感应的电流所产生的二次电磁场	无须建立人工场源,方法简便,成本低,工作效率高,但精度低、干扰大,其信号强度与无线电台和管线的相对方位有关	在一定条件下,可用来搜索地下电缆或金属管线	
主动源法	直接法	发射机输出信号线一端接被查金属管线,另一端接地或接金属管线另一端,将电磁信号直接加到被查金属管线上	信号强,定位、定深精度高,不易受邻近管线的干扰,但被查金属管线必须有出露点,且需良好的接地条件	金属管线有出露点时,用于定位、定深或追踪各种金属管线	

续表

方式名称		基本原理	特点	使用范围	示意图
主动源法	夹钳法	利用专用地下管线仪配备的夹钳,夹套在金属管线上,通过夹钳上的感应线圈把信号直接加到金属管线上	信号强,定位、定深精度高,且不易受邻近管线的干扰,方法简便,但被查管线必须有管线出露点,且被测管线的直径受夹钳大小限制	用于管线直径较小且有出露点的金属管线,可作定位、定深或追踪	
	电偶极感应法	利用发射机两端接地产生的电磁场对金属管线感应形成的电磁信号	信号强,不需管线出露点,但必须有良好的接地条件	在具备接地条件的地区,可用来搜索和追踪金属管线	
	磁偶极感应法	利用发射线圈产生的电磁场对金属管线感应所形成的二次电磁场	发射信号不需接地,操作灵活、方便、效率高、效果好	可用于搜索金属管线,也可用于定位、定深或追踪	
	示踪法	将能发射电磁信号的示踪探头或电缆送入非金属管道内,在地面上用仪器追踪信号	能用探测金属管道的仪器探查非金属管道,但必须有放置示踪器的出入口	用于探查有出入口的非金属管道	

1.3.3　探测仪器

一、仪器构成及工作原理

目前国内地下管线探查工作中使用的管线仪品牌、型号较多,其结构、性能、操作和外形虽各不相同,但都是以电磁场理论和电磁感应定律为基础设计,工作原理相同,由发射机与接收机两大部分组成。其工作原理可用图 1-3-8 来解释,就是用管线仪的发射机在地下管线上施加一个交变的电流信号 I。这个电流信号在管线中向前传输的过程中,会在管线周围产生一个交变的磁场。将这个磁场分解为一个水平方向的磁场分量和一个垂直方向的磁场分量。通过矢量分解可知,在目标管线的正上方时水平分量为最大,垂直分量为最小,而且它们的大小都与管线的位置和深度成一定的比例关系。因此,用管线仪接收机里的水平天线和垂直天线分别测量其水平分量和垂直分量的大小,就能实现对地下管线的定位和定深。

1. 发射机

发射机由发射线圈及电子线路组成,通过感应、直接、夹钳等方式向管线施加特殊频率的电流信号。其中感应方式应用最广泛。根据电磁感应原理,在一个交变电磁场周围空间存在交变磁场,在交变磁场内如果有一导体穿过,就会在导体内部产生感应电动势;如果导体能够形成回路,导体内便有交变电流产生,交变电流的大小与发射机内磁偶极所产生的交变磁场(一次场)的强度、导体周围介质的导电性、导体的电阻率、导体与一次场源的距离有关。一次场越强,导体电阻率越小;导体与一次场源距离越近,导体中的电流就越大,反之则越小。对一台具有某一功率的仪器来说,其一次场的强度是相对不变的,管线中产生的感应电流的大小主要取决于管线的导电性及一次场源(发射线圈)至管线的距离,另外还决定于周围介质的阻抗和管线仪的工作频率。

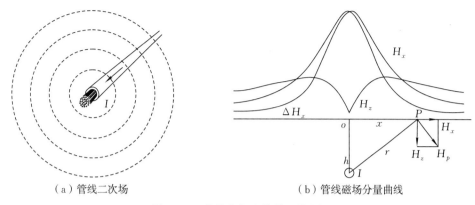

（a）管线二次场　　　　　　　　（b）管线磁场分量曲线

图 1-3-8　管线仪探查管线工作原理

（1）发射状态。

根据发射线圈面与地面之间所呈的状态，发射方式可分为水平发射（见图 1-3-9（a））和垂直发射（见图 1-3-9（b））两种。

——水平发射：发射机直立，发射线圈面与地面垂直，则进行水平发射。当发射线圈位于管线正上方时，与地下管线耦合最强，磁场强度有极大值。

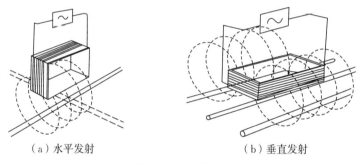

（a）水平发射　　　　　　　　　　（b）垂直发射

图 1-3-9　发射方式

——垂直发射：发射机平卧，发射线圈面与地面平行，则进行垂直发射。当发射线圈位于管线正上方时，与地下管线不耦合，即不激发，磁场强度有极小值（零值）。

（2）发射功率。

发射功率的大小会影响探查的有效深度、追踪距离及邻近管线的干扰情况。理论上发射功率越大，产生的一次场越强。实际中，并非发射功率越大越好，因为较大的发射功率产生的一次场强，目标管线感应产生的二次场也强，探查深度增加，但周围的非目标管线或其他金属物产生的干扰场也相应增强，最小收发距也要加大，观测信噪比会降低。因此，管线仪的发射功率应大而可调，这样可根据目标管线的材质、埋深、分布、环境和干扰等，选择合适的功率。

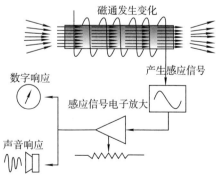

2.接收机

接收机由接收线圈、相应电子线路和信号指示器组成（见图 1-3-10），其作用是在管线上方探测发射机施加到管线上的特定频率的电流信号所产生的电磁异常。

图 1-3-10　接收机工作原理

管线仪接收机从结构上可分为：单线圈结构、双线圈结构及多线圈组合结构，本书主要讨论前面两种。

（1）单线圈结构。

单线圈结构又可分为单水平线圈及单垂直线圈。

——单水平线圈接收机：当线圈面与管线垂直并位于管线正上方时，仪器的响应信号最大，这不仅是因为线圈离管线近，线圈所在位置磁场强，还因为此时磁场方向与线圈平面垂直，通过线圈的磁通量最大；当线圈位于管线正上方两侧时，仪器的响应信号会随着线圈远离管线而逐渐变小，这不仅是由于离管线远，线圈所在位置磁场变弱，还因为此时磁场方向与线圈平面不再垂直，通过线圈的磁通量变小（见图1-3-11）。

——单垂直线圈接收机：当线圈面与管线平行并位于管线正上方时，仪器的响应信号最小，这主要是因为磁场方向与线圈平面平行，通过线圈的磁通量最小；当线圈位于管线正上方两侧位置时，仪器的响应信号会随着远离管线而逐渐增大，这是因为随着线圈远离管线，磁场方向与线圈平面不再平行，而成一定的角度，磁场垂直线圈平面的分量逐渐增大，从而使通过线圈的磁通量逐渐变大，同时随线圈远离管线，磁场强度逐渐变弱，当这一因素成为影响通过线圈磁通量的主要因素时，仪器的响应信号就又会逐渐变小（见图1-3-12）。

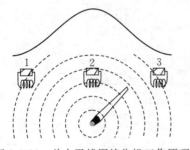

图1-3-11　单水平线圈接收机工作原理

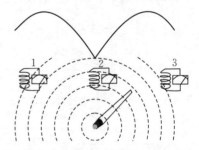

图1-3-12　单垂直线圈接收机工作原理

（2）双线圈结构。

为了能更快速、方便地探查管线的平面位置及埋深，目前大部分接收机采用双水平线圈接收，检测地下管线上感应电流建立起的磁场。

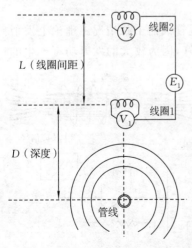

图1-3-13　双水平线圈工作原理

该接收机内有上下两个互相平行的线圈，放置于同一垂直面内，两线圈间距（L）固定不变，通过测量上下两线圈的感应电动势e_1、e_2（见图1-3-13），再通过显示器以数字或表头指示方式获得深度值

$$D = \frac{e_2}{e_1 - e_2} L \qquad (1\text{-}3\text{-}16)$$

（3）工作频率。

频率域电磁法的仪器，无论是发射的一次场还是接收的二次场都具有一定的频率特征。在同一磁场强度下，磁场的交变频率越高，感应的电压就越高，导体的电容越大，电流也越大，磁场的损耗也就越大，传输的距离就越近；反之，频率越低，感应的电流越小，磁场损耗也越少，传输的距离就越远。因此在进行管线探查时，工作频率要选择合适，以增加

目的物的响应,减小外部空间电磁干扰及非目标体的干扰,增大探测深度,提高分辨率。管线仪最好能具备高、中、低多种频率。

二、观测参数

观测参数主要包括磁场强度水平分量(H_x)、垂直分量(H_z)、水平分量梯度 ΔH_x 和感应电流 I。

(1)磁场强度水平分量:水平线圈的轴向与管线走向垂直时接收机中观测读数。在管线垂直投影正上方处 H_x 值最大。

(2)磁场强度垂直分量:垂直线圈的轴向与地面垂直时接收机中观测读数。在管线垂直投影正上方处 H_z 值最小。

(3)磁场强度水平分量梯度:双水平线圈的接收机可以观测其值。在管线正上方处观测读数最大,此值受附近干扰体影响较小。

(4)感应电流:某些管线仪可以观测感应电流相对值和方向,依此能够区分相邻和交叉管线。

三、仪器的性能要求及检查

1.仪器性能要求

管线仪应具备以下性能。

(1)对被探测的地下管线,能获得明显的异常信号。

(2)有较强的抗干扰能力,能区分管线产生的信号或干扰信号。

(3)满足规程所规定的精度要求,并对相邻管线有较强的分辨能力。

(4)有足够大的发射功率(或磁矩),能满足探查深度的要求。

(5)有多种发射频率可供选择,以满足不同探查条件的要求。

(6)能观测多个异常参数。

(7)性能稳定,重复性好。

(8)结构坚固,密封良好,能在 $-10℃\sim45℃$ 的气温条件下和潮湿的环境中正常工作。

(9)仪器轻便,有良好的显示功能,操作简便。

2.仪器的检查

对于管线仪,一般采用以下检查方法。

(1)接收机自检。

在工作前首先应按照仪器说明书对接收机进行自检。对于具有自检功能的接收机,启动自检功能,若仪器通过自检,说明仪器电路无故障,功能正常。

(2)最小、最大、最佳收发距检测。

管线仪的最小、最大、最佳收发距常影响探测工作的效率和效果。管线仪的使用者必须对其有所了解,具体检测方法如下。

——最小收发距检查:在无地下管线及其他电磁干扰的区域内,固定发射机位置,将功率调至最小工作状态,接收机沿发射机一定走向(由近至远)观测发射机一次场的影响范围,当接收机移至某一距离后,开始不受发射场源影响时,发射机与接收机之间的距离即为最小收发距。

——最大收发距检查:将发射机置于无干扰的已知单根管线上,将功率调至最大,接收机沿管线走向向远离发射机方向追踪管线异常,当管线异常减小至无法分辨时,发射机与接收机之间的距离即为最大收发距。

——最佳收发距检查：将发射机置于无干扰的已知单根管线上，接收机沿管线走向不同距离进行剖面观测，管线异常幅度最大、宽度最窄的剖面至发射机之间的垂直距离为最佳收发距。不同发射功率及不同工作频率的最佳收发距不相同，需分别进行测试。

（3）重复性、精度和稳定性检查。

——重复性检查：在不同时间内用同一台仪器对同一管线点的位置及深度值进行重复观测，视各次观测值差异来判定该仪器的重复性。

——精度检查：在已知管线区对某条管线采用不同的方法进行定位、测深，将现场观测值与已知值进行比较，差值越小，精度越高。在未知区，可通过开挖验证来确定探查精度。

——稳定性检查：在无管线区将发射机分别置于不同的功率挡，固定频率，用接收机在同一测点反复观测每一功率挡的一次场变化，以确定信号的稳定性。用同样的方法，确定接收机各频率的稳定性。

四、两种代表性仪器的介绍

1. 性能参数

经过十余年的应用实践，管线仪取得了迅速发展，特别是针对我国地下管线的现状，在智能化、抗干扰和提高探查精度方面采取了相应对策和技术措施，对解决复杂条件下地下管线探查的一些难点已经起到或将要起积极作用。其中有的仪器已经过长期的应用实践检验，证明了其优势和特点，如 PL-960 金属管线及电缆定位器；而有的仪器的创新性设计思想代表了仪器的发展方向，如 LD 500 数字式地下管线探测仪。限于篇幅，这里主要将上述两种代表性仪器的性能参数列于表 1-3-2 中，以便对目前管线仪的发展水平有一个基本了解。

表 1-3-2　　两种代表性管线仪的性能参数

仪器型号及名称		PL-960 金属管线及电缆定位器	LD 500 数字式地下管线探测仪
主要性能参数	定位方式	峰值法、谷值法和 BAR 天线法	峰值法、谷值法
	定深方式	直读法和特征点法	直读法和 25％法
	工作频率	27 kHz、83 kHz、334 kHz	512 kHz、9.5 kHz、38 kHz、80 kHz
	最大探查深度	5 m	10 m
	定位精度	1.2 m±2 cm，2 m±5 cm，5 m±25 cm	深度的 2.5％
	定深精度	2 m±5％，5 m±10％	2 m±2.5％，3 m±5％，5 m±10％
	数据存储功能	无	可存储 400 个点的数据
	电流测量功能	无	有
	增益调节	手动	自动
	最大输出功率	3 W	3 W
	工作方式	主动源和被动源	主动源和被动源
	接收机天线	1 垂点、1 水平线圈、差动天线	1 垂点、3 水平线圈、差动天线
	指示方式	声音、液晶显示（带背光）	声音、液晶显示（带背光）
	重量	发射机：2.5 kg　　接收机：2.0 kg	发射机：3.7 kg　　接收机：2.1 kg
国内主要代理经销商		北京富急探仪器设备有限公司	上海雷迪机械仪器有限公司

2. 仪器特点

（1）PL-960 金属管线及电缆定位器。

PL-960 金属管线及电缆定位器是日本富士（地探）（FUJITECOM）公司的产品，如

图 1-3-14(a)所示,它集三种主动频率探测及被动源法探测技术于一体,接收机采用了差动天线技术,适用于供水、煤气等各种金属管道的埋设位置、方向及深度探查。该仪器具有如下显著特点。

——接收机天线采用富士特有的专利差动式天线,这种天线定位管线精确,对于并行管线较多的城市管网探查非常实用。

——大屏幕液晶显示器使得操作过程清晰明了,便于操作者在现场使用面板上的键盘选择正确的工作方式。

——重量仅 2 kg 的接收机可单手操作,长时间工作不易感到疲劳。

——使用了 27 kHz、83 kHz 和 334 kHz 三种频率来定位和寻找金属管线设备;而且发射机可同时发射 27 kHz 和 83 kHz 两种频率,接收机自动选择接收频率,达到对管线最佳定位效果,这一功能对于探查由不同管径组合而成的管线尤为重要。

——不使用发射机的功率进行寻管探查的无线(被动源法)功能,特别适用于地下管线的长距离追踪。

——具有多种工作方式,通过液晶屏以图形及数字显示,使得埋设管线的位置、方向及埋深一目了然。

　　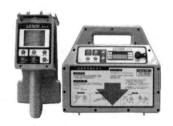

（a）PL-960金属管线及电缆定位器　　　（b）LD 500数字式地下管线探测仪

图 1-3-14　两种代表性管线仪

(2)LD 500 数字式地下管线探测仪。

LD 500 是雷迪有限公司在总结我国地下管线探查应用实践经验基础上,推出的新型数字式智能化仪器,如图 1-3-14(b)所示。LD 500 最大特点是采用了先进的三水平线圈技术,无论探查深度、抗干扰能力还是定位精度都得到极大的改善,代表了管线仪的发展方向。它适用于各种金属地下管线探查,配合相应的探棒还可用于非金属管线的探查。LD 500 还具有如下技术特点。

——方便而高效的夹钳线圈施加信号方法,无须夹住管线就可实现信号耦合。

——最大探查深度可达 10 m。

——无线电模式具有自动搜索最佳频率信号功能。

——独有的管线横断面测绘功能,自动绘制横断面磁场曲线图。

——可存储 400 个管线点的深度数据,并可下载到计算机。

——一键自动增益,接收信号强度始终保持在最佳水平。

——具有透视眼功能,能够敏锐感知管道的阻抗变化,对管线分支点、弯头和接头等的反应尤其灵敏,适合于管线盲探。

——节电性能好,最大程度地降低成本。

（3）两种代表性仪器的技术改进。

目前，上述两种仪器均具有各自的特点，在仪器的探查精度、抗干扰能力的提升方面显示出了明显的技术优势，并且针对工作实际分别进行了技术改进和完善，已经或将要成为国内地下管线探查的主流设备。除了提高仪器的信噪比和灵敏度以外，PL-960 已经推出了改进型 PL-1000 型寻管仪，它在秉承了 PL-960 的优良性能的基础上，增加了连续测深、峰值保持和管道电阻值测试三大功能，可以大大改善地下管线的探查效果。LD 500 则在采用三水平线圈和较窄频带信号基础上，采用差分与信号相位识别数字处理技术相结合，实现大深度准确探查管线，并且具有阴极保护电流频率（CPS），在 9～33 kHz 具有自动搜索最佳频率信号功能等。可以说，上述两种仪器的改进将会进一步推进电磁感应类地下管线探查仪器的技术进步，改善地下管线的探查效果。

1.3.4　工作方法与技术

一、工作方法

频率域电磁法应用于地下管线探查，其工作方法根据场源性质可分为被动源法和主动源法（见表 1-3-1）。主动源法又可分为直接法、夹钳法、感应法、示踪法和电磁波法（又称探地雷达法，将在子学习情境 1.4 中详细介绍）。被动源是指工频（50～60 Hz）及空间存在的电磁波信号，主动源则指通过发射装置建立的场源。探查人员可根据任务要求、探查对象（管线类型、材质、管径、埋深、出露）和地球物理条件（物性差、干扰、环境）等情况选择使用。

1. 被动源法

被动场源由于不需要人工建立场源，现场工作较为简便。国内外许多管线仪设置了被动源探查功能。由于被动源不稳定、激发方式不可变等特点，除对载流（50～60 Hz）电缆进行追踪定位外，不能作为精确定位方法。一般只能对存在管线的区域进行盲探，然后用主动源再对地下管线进行精确定位、定深。被动源有两种方法，即工频法和甚低频法。

（1）工频法。

指利用载流电缆所载有的 50～60 Hz 工频信号及工业游散电流在电缆中的工频电流或金属管线中的感应电流所产生的电磁场进行管线探查。

载流电缆（50～60 Hz）与大地间具有良好的电容耦合，在载流电缆周围形成交变电磁场，地下管线在此电磁场的作用下，产生感应电流，在管线周围形成二次磁场，如图 1-3-15 所示。工业游散电流同样能使地下金属管线产生电磁异常。通过观测管线电缆周围交变电磁场及管道所形成的二次磁场便可探查地下金属管线，这种方法称为工频法。该法无须建立人工场，方法简便，成本低，工作效率高，但分辨率不高，精度较低，主要用于探查动力电缆和搜索金属管线，是一种简便、快速的初查方法。

（2）甚低频法。

指利用甚低频无线电台所发射的无线电信号在金属管线中感应的电流所产生的电磁场，进行管线探查，如图 1-3-16 所示。

许多国家为了通信及导航目的，设立了强功率的长波电台，其发射频率一般为 15～25 kHz，在无线电工程中，将这种频率称为甚低频（very low frequency，VLF）。能为我国利用的电台有：日本爱知县 NDT 台，频率 17.4 kHz，功率 500 kW；澳大利亚西北角的 NWC 台，频率 15.5 kHz 及 22.3 kHz，功率 1 000 kW。

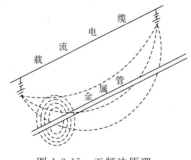

图 1-3-15　工频法原理

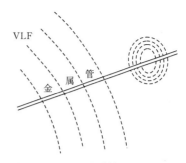

图 1-3-16　甚低频法原理

甚低频电台发射的电磁波,在远离电台地区可视为典型的平面波。由于发射天线垂直,故磁场分量水平,且垂直于波的前进方向。当地下管线走向与电磁波前进方向垂直时,电磁波对地下管线不激励,则不能形成二次磁场;当地下金属管线走向与电磁波前进方向一致时,因一次磁场垂直于管线走向,管线将产生感应电流及相应的二次磁场。由于一次场均匀,管线所形成的二次磁场具有线电流场性质。其感应二次磁场的强度与电台和管线的方位有关。该方法简便、成本低、工作频率高,但精度低、干扰大。其信号强度和无线电台与管线的相对方位有关,可用于搜索电缆或金属管线。

2.主动源法

主动场源是指可受人工控制的场源,探查工作人员可通过发射机向被探查的管线发射足够强的某一频率的交变电磁场(一次场),使被探管线受激发而产生感应电流,在被探管线周围产生二次场。根据给地下管线施加交变电磁场的方式不同,又可分为直接法(见图 1-3-17 和图 1-3-20)、夹钳法(见图 1-3-18)、感应法(见图 1-3-19)和示踪法(见图 1-3-21)。

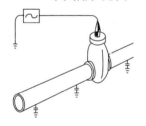

图 1-3-17　直接法

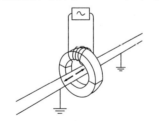

图 1-3-18　夹钳法

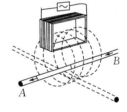

图 1-3-19　感应法

(1)直接法。

将发射机输出一端接到被查金属管线上,另一端接地或接到金属管线的另一端,利用直接加到被查金属管线的电磁信号,对管线进行追踪、定位。该法信号强,定位、定深精度高,易分辨邻近管线,但金属管线必须有出露点,且需良好的接地条件。直接法有三种连接方法:单端连接、远接地单端连接和双端连接。

——单端连接:发射机的输出端与管线出露点或阀门连接,另一端就近接地或与窨井壁连接,如图 1-3-20(a)所示。

——远接地单端连接:将发射机输出端与管线出露点连接,接地端用一导线与离输出端较远处的接地电极相连,且接地条件良好,接地线尽量与管线走向垂直,少跨越其他管线,如图 1-3-20(b)所示。用接收机对管线进行追踪定位,随着探测距离的增加,随时增大发射机功率,以保证金属管线能够产生足够的电磁异常。

——双端连接:当地下金属管线有两个出露点时,根据场地条件,将发射机两端(输出端和接地端)用长导线连接在两个出露点上,且连接导线与管线相距一定的距离,以减小地面连接对探查效果的影响。这样,发射机发出的谐变电流通过管线与地面连接形成回路,对地下金属管线进行追踪定位,如图 1-3-20(c)所示。

在选用直接法时,不论单端连接还是双端连接,连接点必须接触良好,应将金属管线的绝缘层剥干净;接地电极布置应合理,一般布设在与管线走向垂直的方向上,距离大于 10 倍管线埋深的地方,并尽量减小接地电阻。管线有两个出露点时,应根据场地条件,合理选用。

在管线探查时,接收机应根据发射机设置功率的大小,在大于最小收发距范围内进行,以避免发射机发射的一次场干扰,影响探测效果,还可通过测量电流来区分附近干扰管线。

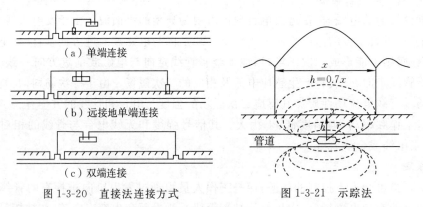

图 1-3-20 直接法连接方式 　　　图 1-3-21 示踪法

(2)夹钳法。

利用管线仪配备的夹钳(耦合环),夹在金属管线上,通过夹钳把信号加到金属管线上,如图 1-3-18 所示。该法信号强,定位、定深精度高,易分辨临近管线,方法简便。但管线必须有出露点,被查管线的直径受夹钳大小的限制。夹钳法适用于管线直径较小且不宜使用直接法的金属管线或电缆。探测前先将夹钳与发射机输出端相连,套在管线上,然后用地面接收仪器对管线进行追踪定位。

夹钳的钳体为铁磁材料,钳体上有多圈绕组,绕组的每一圈都是顺着走向正对着管线的上方进行最大的激发。整个钳体的作用,就好似有很多直立的小线圈围着所钳住的管激发,使用时管线直径应小于夹钳直径,以保证有较好的耦合状态。由于管道电缆的直径悬殊,在实际使用时应配有不同内径规格的夹钳。电缆本身与大地具有电流耦合作用,用夹钳法效果好,如图 1-3-22 所示。使用时应注意安全,不要碰触夹钳的接头处。当使用直接法探测密集管线时,发射机发射的谐变电流,会沿最易传播的路径传播,在目标管线上信号不一定最强;而采用夹钳法,目标管线传导的信号最强,其他管线传导信号较弱,如图 1-3-23 所示。

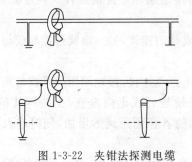

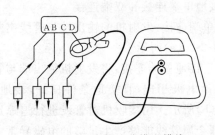

图 1-3-22 夹钳法探测电缆 　　　图 1-3-23 夹钳法分辨电缆线

(3)感应法。

它是通过发射机发射谐变电磁场,使地下金属管线产生感应电流,在周围形成电磁场。通过接收机在地面接收管线所形成的电磁场,对地下金属管线进行搜索、定位。当被探的目标管线出露少,不具备直接法和夹钳法条件时,可采用感应法。该法使用方便,不需接地装置,是城市地下管线探查中常用的方法。感应法可分为磁偶极感应法(见图1-3-24)和电偶极感应法(见图1-3-25)。

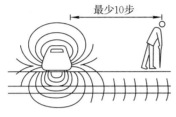

图1-3-24 磁偶极感应法

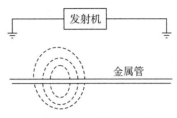

图1-3-25 电偶极感应法

——磁偶极感应法:利用发射线圈发射的电磁场,使金属管线产生感应电流,形成电磁异常,通过接收机对地下金属管线定位、定深。该方法发射机、接收机均不需接地,操作灵活、方便、效率高,用于搜索金属管线、电缆,可定位、测深和追踪管线走向(见图1-3-24)。利用磁偶极感应法探查地下金属管线时,发射线圈一般有两种方式,即①水平磁偶感应法:发射机呈直立状态发射,发射线圈面垂直地面,这时发射线圈与管线的耦合最强,可有效地突出地下管线的异常,并可压制邻近管线的干扰(见图1-3-26);②垂直磁偶感应法:发射机的发射线圈在管线正上方呈平卧状态,发射线圈面水平,这时发射线圈与管线不产生耦合,被压管线不产生异常,此方法可压制相邻管线间的干扰,有效地区分平行管线(见图1-3-27)。

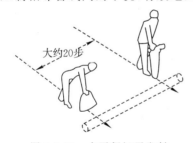

图1-3-26 水平偶极子发射

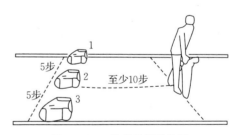

图1-3-27 垂直偶极子发射

——电偶极感应法:利用发射机两端接地产生的一次电磁场对金属管线感应而产生的二次电磁场,对地下金属管线进行探查。该法一般采用水平电偶极方式发射(见图1-3-28),信号强,不需管线出露点,但必须有良好的接地条件。在具备接地条件的地区,可用来搜索追踪金属管线。工作时用长导线连接发射机两端,分别接地,且保证接地良好。使发射机、长导线、大地形成回路,建立地下电磁场,激励金属管线在周围形成电磁场。选用本法,应根据场地条件,选择良好的接地点,接地导线应尽量与地下金属管线平行,且相距适当距离,以免接地导线电磁信号对接收信号的影响。

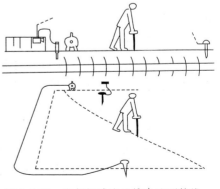

图1-3-28 电偶极感应法搜索地下管线

当采用感应法工作时,电偶极感应受场地条件及方法本身特点限制,工作中较少采用,但电偶极感应法建立的电磁场信号强,管线异常易分辨。磁偶极感应法建立的电磁场衰减较快,但工作方法简便,不需接地,工效高。在实际工作中,较多利用磁偶极感应法进行地下金属管线探查。

（4）示踪法。

亦即示踪电磁法。在探测不导电的非金属管道时,可采用示踪法进行定位、测深。它通过示踪探头,沿着管道走向移动进行发射,将能发射电磁信号的示踪探头（信标）或导线送入非金属管道内,在地面上用接收机探测该探头所发出的电磁信号,据信号变化确定地下非金属管线的走向及埋深（见图1-3-21）。该法探测非金属管道,信号强,效果好。但管道必须有放置跟踪探头的出入口。

将探头通过非金属管道的出入口置入管道内,沿管道推进探头,在地面用接收机接收探头所发射出的信号。探头实际上是一磁偶极子,从轴心辐射出一峰值区,在每一峰值端形成回波信号。调节接收机的灵敏度,仔细寻找回波信号及两回波信号间的峰值信号。同时沿垂直管线的方向寻找一最大值信号,以确定管道的正确位置。

地下磁偶极子在地面上的水平分量为

$$H_x = \frac{m}{r^3}(3\cos^2\theta - 1) = \frac{m}{r^5}(2x^2 - h^2) \qquad (1-3-17)$$

式中,m 为磁矩,θ 为磁偶极到接收点的连线与水平地面的夹角,r、h、x 的意义见图1-3-21。

当 $x=0$ 时,$|H_x|$ 最大值在示踪探头的正上方。当 $x = \pm\sqrt{2}h/2$ 时,$H_x = 0$,即在地面上可探到两个过零点,此两过零点之距离与管道埋深的关系为 $h = 0.7x$,即示踪探头的深度为两零值点距离的 0.7 倍。

二、定位定深方法

无论采用直接法还是感应法来传递发射机的交变电磁场,均会使地下金属管线被激发而产生交变的电磁场,该磁场可被高灵敏的接收机所接收,根据接收机所测得的电磁场分量变化特征,可对被探查的地下管线进行定位、定深。

1.定位方法

利用管线仪定位时,可采用极大值法或极小值法。极大值法,即用测定磁场水平分量之差 ΔH_x 的极大值位置定位;当管线仪不能观测 ΔH_x 时,可以采用水平分量 H_x 的极大值位置定位;极小值法,即采用测定垂直分量 H_z 的极小值位置定位。两种方法宜综合应用,对比分析,确定管线平面位置。

（1）极大值法。

接收机的接收线圈平面与地面垂直,线圈在管线上方沿垂直管线方向平行移动,当线圈处于管线正上方时,接收机测得电磁场水平分量（H_x）或水平分量梯度（ΔH_x）最大值,如图1-3-29(a)、(b)所示。

（2）极小值法。

接收机的接收线圈平面与地面平行,线圈在管线上方沿垂直管线方向平行移动,当线圈位于管线正上方时,接收机测得磁场垂直分量最小（理想值为零）,根据接收机中 H_z 最小读数点位来确定被探查的地下管线在地面的投影位置,如图1-3-29(c)所示。H_z 异常易受来自地面或附近管线的电磁场干扰,用极小值法定位时应与其他方法配合使用。当被探管线附近没有干扰时,用此法定位有较高的精度。

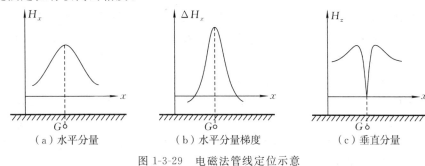

（a）水平分量　　　　　（b）水平分量梯度　　　　　（c）垂直分量

图 1-3-29　电磁法管线定位示意

2.定深方法

用管线仪定深的方法较多,主要有特征点法（ΔH_x 百分比法、H_x 特征点法）、直读法及 $45°$法（见图 1-3-30）。探查过程中宜多种方法综合应用,同时针对不同情况先进行方法试验,选择合适的定深方法。

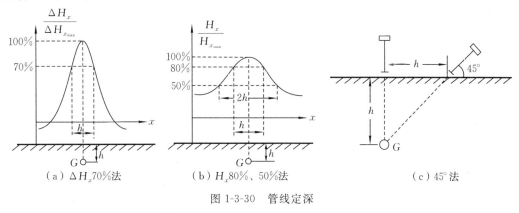

（a）ΔH_x70%法　　　　　（b）H_x80%、50%法　　　　　（c）$45°$法

图 1-3-30　管线定深

（1）特征点法。

利用垂直管线走向的剖面,测得的管线异常曲线峰值两侧某一百分比值处两点之间的距离与管线埋深之间的关系,来确定地下管线埋深的方法,称为特征点法。不同型号的仪器、不同的地区,可选用不同的特征点法。

—— ΔH_x 70%法:ΔH_x 百分比与管线埋深具有一定的对应关系,利用管线 ΔH_x 异常曲线上某一百分比处两点之间的距离与管线埋深之间的关系即可得出管线的埋深。有的仪器由于电路处理,实测异常曲线与理论异常曲线有一定差别,可采用固定 ΔH_x 百分比法定深,如图 1-3-30（a）的 70%法。

—— H_x 特征点法（如图 1-3-30（b）所示）:①80%法,即管线 H_x 异常曲线在峰值两侧80%极大值处的两点之间的距离,为管线的埋深;②50%法（半极值法）,即管线 H_x 异常曲线在峰值 50%极大值处的两点之间的距离,为管线埋深的两倍。

（2）直读法。

有些管线仪利用上下两个水平线圈测量电磁场的梯度,电磁场梯度与埋深有关,可在接收机中设置按钮,用指针表头或数字式表头直接读出地下管线的埋深。这种方法简便,但由于管线周围介质的电性不同,可能影响直读埋深的数据。应在不同地段、不同已知管线上方,通过方法试验,确定测深修正系数,进行深度校正,测深时保持接收天线垂直,提高测深的精确度。

(3)45°法。

先用极小值法精确定位,然后将接收机线圈与地面形成45°状态沿垂直管线方向移动,寻找"零值"点,该点与定位点之间的距离等于地下管线的中心埋深,如图1-3-30(c)所示。使用此法测深时,接收机中必须具备能使接收线圈与地面成45°角的扭动结构,若无此装置,不宜采用。线圈与地面是否成45°角及距离量测精度均会直接影响埋深精度。

除了上述定深方法外,还有许多其他方法。方法的选用可根据仪器类型及方法试验结果确定。为保证测深精度,测深点的平面位置必须定得精确;在测深点前后各3~4倍管线中心埋深范围内,应是单一的直管线,中间不应有分支或弯曲,且相邻平行管线之间不要太近。

三、管线搜索和特征点探查

在地下管线探查中应遵循以下原则:从已知到未知,从简单到复杂,方法简便有效,复杂条件下采用综合方法。探查地下管线应依照地下管线探查基本程序,通过方法试验确定相关参数。在方法试验的基础上,针对不同的管线种类及地电条件,选择简便有效的探查方法。不论采用哪种探查方法,在施工前,都要在已知管线上,根据不同的地电条件进行方法试验,评价探查方法的有效性和精度,然后推广到未知区开展探查工作。如果有多种探查方法,应首选简便、有效、安全及成本低的方法。在管线十分复杂的地区,单一的探查方法往往不能识别地下管线或者探查精度不高,所以探查地下管线提倡采用多种探查方法综合应用,可提高对管线的分辨率。

1. 平面位置搜索

平面定位包括:对地下管线的搜索,管线在地面投影位置的确定。对地下管线搜索可采用平行搜索法、圆形搜索法、网格搜索法及跟踪法。利用管线仪确定管线的平面位置时仍然可使用极大值法与极小值法。

(1)平行搜索法。

发射机发射线圈呈水平偶极子发射状态直立放置,发射机与接收机之间保持适当的距离(应根据方法试验确定最佳距离),两者对准成一直线,同时向同一方向前进(见图1-3-26)。接收线圈与路线方向垂直,使其避开直接来自发射机的信号。当前进路线地下存在金属管线时,发射机产生的一次场会使该金属管线感应出二次电磁场,接收机接收到二次场便发出信号或根据仪器电表中的指示确定地下管线的存在位置。

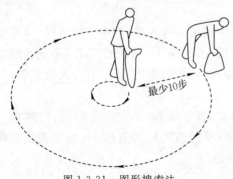

最少10步

图1-3-31 图形搜索法

(2)圆形搜索法。

原理同平行搜索法,其区别是发射机位置固定,接收机在距发射机适当距离的位置上,以发射机为中心,沿圆形路线扫测(见图1-3-31)。扫测要注意发射线圈与接收线圈对准成一条直线。此法在完全不了解当地管线分布状况的盲区搜索时最为有效、方便。

(3)网格搜索法。

即被动源网格搜索法(见图1-3-32)。将接收机置于被动源挡,调节接收机增益,对测区做网格搜索,判断地下管线的存在。

(4)追踪法。

沿着管线延伸方向逐点定位。追踪时,定点间距视探测精度要求而定,一般5~20m。当采用磁偶极感应法追踪时,发射机垂直放置在地下管线上方,并与其平行,接收机至少需离发射机10步(见图1-3-33)。若需要较近距离时,应降低灵敏度,避免发射机一次场的影响。

图1-3-32 网格搜索法　　　　　　　　图1-3-33 追踪法

用搜索法或追踪法确定最大信号的近似位置后,可进行精确定位。以接收天线为支点,旋转接收机,直到仪器表显示最大信号,此方向与发射机连接的方向为管线的走向,再在垂直走向的剖面内,用最大值法或最小值法进行精确定位。

2.特征点探查

(1)拐点探查。

拐点为管线的折转点,当用接收机沿管线追踪时,在拐点处接收机的信号急剧下降。这时需重新回到信号的下降处,调整接收灵敏度,以该点为圆心做圆形搜索,可发现管线走向,确定拐点的位置(见图1-3-34)。

(2)分支点探查。

由于支点处各分支具有分流作用,沿管线追踪的信号会急剧下降,具有测量电流的仪器可测出电流值的变化,然后以分支点为圆心,做圆形搜索,可发现各分支的走向,确定分支点的位置(见图1-3-35)。

(3)三通点探查。

在追踪管线时若遇三通、四通,探测信号会有明显的衰减,此时可提高接收机增益,退回几米,做环行探测,就可找到三通、四通位置。图1-3-36是探查给水三通点位置的实例:首先采用直接法进行追踪探测,发现在A点处信号衰减梯度较大;接着通过测电流值的变化,证实三通点处具有分流现象;再在此点处进行圆形搜索,分别对信号进行追踪,推断管线结果,经开挖验证较为准确。

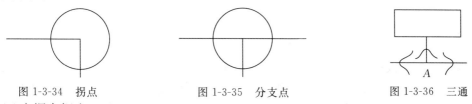

图1-3-34 拐点　　　　　　图1-3-35 分支点　　　　　　图1-3-36 三通

(4)变深点探查。

多数情况,管线埋深变化不大,追踪管线时,信号变化平稳,当接收机信号有明显的增高或下降时,管线可能变浅或变深,离开该点适当距离(如3 m),在A、B点测深:若A、B两点深度不一,说明管线在此变深;当A、B两点深度一致时,说明管线在此点连接性不好,导致信号下降较快(见图1-3-37)。

(5)截止点探查。

追踪管线时,信号完全消失,这时在信号消失处做圆形搜索,若沿管线前进方向上无信号反应,说明管线在此截止(见图1-3-38)。

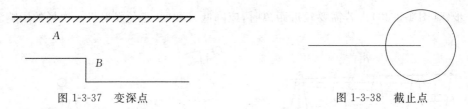

图 1-3-37　变深点　　　　　　　　　　　图 1-3-38　截止点

(6)管径探查。

目前大部分管线探测仪还不具备管径探测功能,但有些管路电缆探测仪实现了管径探测功能。具体方法是:先用极小值法对管线定位,然后在定位点处,将探头从左到右慢慢移向定位点,确定左拐点(指针下降速度突然减慢,梯度减小),再将探头从右到左移向定位点,确定右拐点,量出左右拐点的距离,即为管径。

3. 电流测量的应用

在管线密集区,接收机可能会在旁边的干扰管线上方探测到比目标管线更强的电磁信号,因为干扰管线埋深比目标管线要浅(见图 1-3-39)。图中剖面曲线有 3 个异常峰值,而最大的异常所对应的是非目标管线,如按常规方法解释,很可能得错误结论,若配合电流测量就可避免这一错误判断,从图 1-3-39 上方的电流数值看,目标管线上的电流值最大。如果能再进行电流方向测定,可以更可靠地识别目标管线,因为目标管线的电流方向与临近管道感应电流方向相反(见图 1-3-40)。

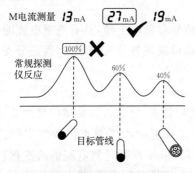

图 1-3-39　信号电流值测量

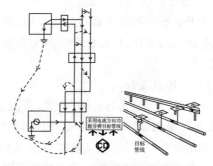

图 1-3-40　信号电流方向测定

1.3.5　频率域电磁法探查地下管线的应用

在城市地下管线赋存处,由于场地物性、周围环境及地电条件不同,在实施地下管线探查中,有的物探方法受到一定的限制,而电磁法专用管线仪的应用有其独特的优越性。实践应用证明,在城市地下管线探查中,根据不同条件,合理选用直接法、夹钳法、感应法探查给水金属管线,都是行之有效的方法。定位采用极值法,定深采用直读法或 70% 法均可;根据方法试验,得出不同地电条件下的修正系数,对探查深度进行修正,可以得到比较准确的管线埋深。对电力电缆可采用 50~60 Hz 工频法(被动源法)、夹钳法和感应法进行探查;而对于电信电缆可采用夹钳法、感应法及直接法进行探查。

金属管线探测中,在单一管线、地电条件简单的情况下比较容易探查,在多条管线或地电条件较复杂的情况下,可根据不同的条件进行方法试验。通过开挖验证评定探测方法的有效性,做到最合理、最正确的定位及定深。在地电条件简单、外界干扰较小的环境下,探查口径较大、管道壁有钢筋网的非金属管线(如排水管、上水管)时,采用高频感应电磁法探查也能取得较好的效果。

在某一测区内对于金属地下管线,利用管线的露头进行直接法或夹钳法探查,具有较高的分辨率,是探查地下管线的首选方法。在无管线露头的情况下,对地下管线进行被动源法或感应法搜索。先了解地下管线的分布情况,然后对各管线进行追踪定位。不同类型管线的物性、分布、结构等不同,故探查方法也不相同。正确选择和合理使用探测方法和技术,可以取得较好的探测效果。

一、给水管线的探查

给水管线多为铸铁管,少量为混凝土管和塑料管。对金属焊接管,其电连接性较好,管线上方具有较好的异常。铸铁管由很多短管对接而成,在连接点处,电连接性较差,对电磁信号阻抗较大;在干燥地区,金属管线与大地间组成的回路中,也具有较高的阻抗,管线异常弱。但上水管窨井、露头较多,在探测中采用直接法、感应法、夹钳法或各方法综合应用,都能取得较好的探测效果。

二、电力电缆的探查

电力电缆有 $50\sim60$ Hz 的交流电,用工频法探查较直接,夹钳法、感应法也是探查电缆的重要技术手段。使用夹钳法探查高压电缆时,若电缆中载有较强的电流,夹钳内会产生较强的感应电流,操作时不要碰触夹钳的接头处。

(1)单条电缆探查。

某建筑工地埋一高压电缆,为指导施工需探明电缆的准确位置及埋深,利用管线仪接收机采用工频法进行搜索,得一峰值信号,沿信号追踪,初步断定为地下管线,用极值法对异常进行进一步的准确定位。之后采用 70% 法定深为 0.80 m 左右,经开挖,证实为探查的地下电缆,平面位置及埋深都非常准确。

(2)多根电缆(电缆束)探查。

某地区有 4 条高压直埋输电电缆,长度为 2 km。4 条电缆埋在人行道一侧宽度为 0.5 m 的沟内,有 3 条 110 kV 的输电电缆,1 条 15 kV 的导引电缆。使用管线仪接收机用被动源法(工频法)进行搜索,得一信号异常曲线(见图 1-3-41),然后追踪,确定为地下电缆,又用感应法(8 kHz)进行探查,得异常曲线(见图 1-3-42),两种峰值曲线迥然不同。经分析由于电缆的异常叠加,形成双峰曲线,可理解为电缆的传输方向相反。曲线特征为一边衰减较慢,另一边衰减较快。在感应法中各条电缆异常的叠加,其异常峰值在 4 条电缆的中心位置。

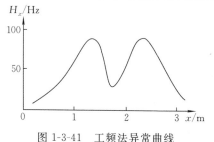

图 1-3-41 工频法异常曲线

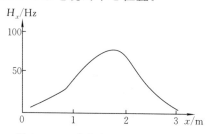

图 1-3-42 感应法(8 kHz)异常曲线

经分析,由于异常叠加,所探得的深度都与管线的实际深度存在较大的误差。在这一测区内,电缆敷设较长,为了验证分析及取得在此情况下探查深度的修正系数。在多点处进行开挖,其结果与先前分析一致,同时取得了修正系数,对探查深度进行修正后,取得了较好的探查效果。

三、电信电缆的探查

电信电缆以单根或电缆束状形式存在,外层包有胶皮,一般不用直接法,多采用夹钳法、感应法或被动源法进行探查。

四、燃气管道探查

燃气管道带有危险气体,禁止使用直接法探查。燃气管道为钢管,多为焊接或使用螺丝对接,电连接性较好,采用感应法、夹钳法或被动源法进行探查。而有些入户支管的对接处包有绝缘胶带,电连接性较差,一般采用多种方法综合探查。

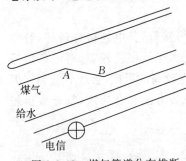

图 1-3-43　煤气管道分布推断

例如,在某大道有一直径为 529 mm 的煤气管道(见图 1-3-43),首先采用管线仪对地下管线搜索追踪,在 A 点处信号迅速衰减,确定管道在此折转;通过圆形搜索法,重新抓住信号的走向,即管道走向,继续追踪,在 B 点处,向前少许,信号又迅速衰减;再用圆形搜索法,抓住信号继续追踪,初步判定管线的走向;然后对管线进行精确定位(极值法)、定深(70%法)。最后监理部门用地质雷达检查,探测结果符合要求。

五、工业管道的探查

工业管道按载体可分为多类,对载有易燃易爆物质的管道,如氧气、油、乙炔等,严禁使用直接法探查。应采用感应法、夹钳法或被动源法探查,对热力管道可配合采用红外辐射法。

六、排水管道的探查

排水管道多为混凝土管,窨井较多,一般以调查为主,可以在条件允许的情况下用示踪法进行探查。

在某城市开发区地下管线普查工程中,以频率域电磁法为主进行地下管线探查,图 1-3-44 是最后形成的综合地下管线探测成果,频率域电磁法作为管线探查的主要手段发挥了重要作用,其中的电力、通信、给水、煤气管线均采用频率域电磁法探查定深和定位。经重复探查和钎探验证,精度符合 CJJ/T 61—2003《城市地下管线探测技术规程》的规定。

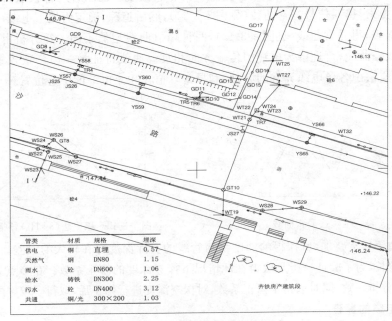

管类	材质	规格	埋深
供电	铜	直埋	0.57
天然气	钢	DN80	1.15
雨水	砼	DN600	1.06
给水	铸铁	DN300	2.25
污水	砼	DN400	3.12
共通	铜/光	300×200	1.03

图 1-3-44　地下管线探测成果

子学习情境 1.4　电磁波法

教学要求:掌握电磁波法基本原理,地震波法、直流电法的工作方法,以及各种方法质量保证措施与质量检验。

1.4.1　电磁波法基本原理

电磁波法又称探地雷达(ground penetrating radar,GPR)法,是利用超高频电磁波探查地下介质分布的一种地球物理探查方法,可以探查地下的金属和非金属目标。探地雷达法主要利用介质间的介电性、导电性、导磁性差异进行探查,常见介质的物理参数见表 1-4-1。在地下管线探测中,常用于探查电磁感应类管线仪难以奏效的非金属管道,如地下人防巷道、排水管道等。目前实际应用的地质雷达大多使用脉冲调幅电磁波,发射、接收装置采用半波偶极天线,本节主要论述这种类型的探地雷达法。

表 1-4-1　常见介质的物理参数

介质	电导率 $\sigma /(\text{S/m} \times 10^{-3})$	相对介电常数 ε_r	波速 $v /(\text{m/s} \times 10^6)$	衰减系数 $a /(\text{dB/m})$
空气	0	1	0.3	0
洁净水	0.5	81	0.033	0.1
海水	3 000	81	0.01	103
冰	0.01	3~4	0.17	0.01
花岗岩(干—湿)	0.01~1	5~7	0.15~0.1	0.01~1
灰岩(干—湿)	0.5~2	4~8	0.11~0.12	0.4~1
砂(干—湿)	0.01~1	3~30	0.05~0.06	0.01~3
黏土	2~1 000	5~40	0.06	1~300
页岩	1~100	5~15	0.09	100
淤泥	1~100	5~30	0.07	1~100
土壤	0.1~50	3~40	0.13~0.17	20~30
混凝土	—	6.4	0.12	—
沥青	—	3~5	0.12~0.18	—

雷达脉冲波的中心频率为数十兆赫至数百兆赫甚至千兆赫。宽频带高频短脉冲电磁波通过发射天线 T (见图 1-4-1)向地下发射,地下不同的介质往往具有不同的物理特性,对电磁波具有不同的波阻抗,进入地下的电磁波在穿过地下各地层或某一目标时,由于界面两侧的波阻抗不同,波在介质的界面上会发生反射和折射,反射回地面的电磁波脉冲,被接收天线接收传至雷达记录仪,传播路径、电磁场强度与波形将随通过介质的电性质及几何形态而变化。因此,从接收到的雷达反射回波走时、幅度及波形资料,可以推断地下介质的结构。利用探地雷达法探查地下管线就是基于这样的原理。

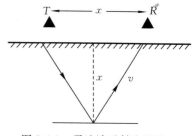

图 1-4-1　雷达波反射法原理

1.4.2　仪器设备

目前在地下管线探测工程中主要应用时域脉冲地质雷达,应用较多的地质雷达有瑞典 MALA 公司的 RAMAC 系列、加拿大探头及软件公司(SSI)的 EKK0 系列、美国地球物理测量系统公司(GSSI)的 SIR 系列和意大利 IDS 公司的 RIS 等。也有一些国产地质雷达应用于地下管线探查工作。下面对瑞典 RAMAC 地质雷达、加拿大 EKK0 系列和美国 SIR 系列做简要介绍。

一、瑞典 RAMAC 系列地质雷达

RAMAC 系列地质雷达是我国引进较早的瑞典 MALA 公司的产品,仪器设备轻便,光纤柔软不易折。使用的中心工作频率为 10 MHz、25 MHz、50 MHz、100 MHz、200 MHz、400 MHz、500 MHz、1 000 MHz 等 8 种地面天线及 100 MHz 和 250 MHz 钻孔内天线。RAMAC系列地质雷达技术参数见表 1-4-2。

表 1-4-2　瑞典 RAMAC 系列地质雷达主要技术参数

增益	150 dB	采样频率	300~6 000 MHz
脉冲重复频率	100 kHz	时间窗	1~6 000 ns
扫描速度	150 channel/s	通信接口	串口并口
A/D 转换	16 bit	数据存储介质	软盘硬盘
每道采样数	128~2 048	计算机	外接 486 以上
发射电压	1 000~1 200 V	电源	直流 6~14 V
叠加次数	1~32 768	重量	4.9 kg

RAMAC 系列地质雷达主要由便携计算机、控制单元、发射器、发射天线、接收器及接收天线 6 个部分组成。各部分用途如下。

(1)便携计算机:设置工作参数、向控制单元发布运行指令、实时显示雷达图像、存储雷达数据资料。

(2)控制单元:向发射器、接收器发出工作指令,将来自接收器的信息资料经光电转换后送到计算机。

(3)发射器:按控制单元的指令向发射天线输出发射信号。

(4)发射天线:向外辐射宽频带短脉冲电磁波。

(5)接收器:接收来自接收天线的雷达回波信号,经模数转换后送往控制单元。

(6)接收天线:接收来自外部的电磁波信号。

孔内发射器及发射天线:按地面控制单元的指令向外辐射或定向辐射脉冲电磁波。

孔内接收器及接收天线:接收或定向接收来自外部的电磁波信号,经模数转换后由光纤送往地面控制单元。

二、加拿大 EKK0 系列地质雷达

EKK0 系列地质雷达是加拿大探头及软件公司(Sensor & Software,Inc.)的产品,是目前国内市场占有量较大的一种雷达。该系列雷达有 3 种型号:Ⅳ 型、100 型和 1000 型。Ⅳ 型为低频雷达,使用的中心频率为 200 MHz、100 MHz、50 MHz、25 MHz 和 12.5 MHz;100 型为 Ⅳ型的改进型,在仪器外观、电源及增益等方面有所改进;1000 型为高频雷达,使用的中心频率为110 MHz、225 MHz、450 MHz、900 MHz 和 1 200 MHz。

三、美国 SIR 系列雷达

SIR 系列雷达是美国地球物理测量系统公司（Geophysical Survey System,Inc.）的产品，它有 SIR-2、SIR-2P、SIR-10A、SIR-10B 和 SIR-10H（高速测量型）等型号，在国内普遍使用的是 SIR-2、SIR-10A 和 SIR-10H 型。SIR 系列雷达配有中心频率为 15 MHz、20 MHz、30 MHz、40 MHz、80 MHz、100 MHz、120 MHz、300 MHz、400 MHz、500 MHz、900 MHz、1 000 MHz、1 500 MHz 和 2 500 MHz 等多种天线。

1.4.3　技术方法

利用探地雷达法探查地下管线，应根据现场场地的地质、地球物理特点及探测任务，对有关的各种资料做充分研究，对目标体特征与所处环境进行分析，必要时辅以适量的试验工作，以确定地质雷达完成项目任务的可能性，并选定最佳的测量参数、合适的观测方式得到完整有用的数据记录。

探地雷达法的适应性较强，可以用来探查各种金属及许多非金属目标管线，但它与其他探测方法一样，要求所探查的目标与周围介质有一定的物性差异，目标体界面的电磁波反射波能被雷达所分辨。不分场合的盲目使用探地雷达法，往往达不到期望的效果。

一、观测方式

目前，时域探地雷达观测方式主要有剖面法、宽角法、共深点法和透射法。剖面法是地下介质探查工作常采用的方法，也是地下管线探查工作的主要方法；宽角法和共深点法主要用于求取地下介质的电磁波波速；透射法主要用于地面墙体、楼板等有限体积物体的对穿探测。这里仅介绍与地下管线探查关系较大的剖面法、宽角法和共深点法。

（1）剖面法。

剖面法是发射天线和接收天线以固定间隔沿观测剖面同步移动的一种测量方法（见图 1-4-2）。在某一测点测得一条波形记录后，天线便同步移至下一个测点，进行该测点的波形记录测量，可得到由一条条记录组成的雷达时间剖面图像。图像的横坐标为两天线中点在剖面上的位置，纵坐标为雷达脉冲波从发射天线出发，经地下界面反射后回到接收天线的双程走时。这种记录能反映正对剖面下方地下各个反射面的起伏变化。

（2）宽角法和共深点法。

宽角法是采用一个天线不动，逐点以同一步长移动另一天线的测量方法。共深点法则是发射天线与接收天线同时由一中心点向两侧反方向移动的测量方法。宽角法和共深点法的图像特征相似，主要用来求取地下介质的电磁波波速。这种方式只能用于发射、接收天线分离的双天线雷达。

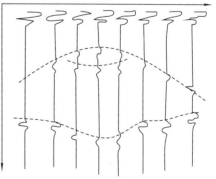

图 1-4-2　剖面法工作原理

二、现场工作步骤

地质雷达现场工作大体可分为三个步骤：资料收集与现场踏勘、工作参数选择、剖面探查。

1. 资料收集与现场踏勘

资料收集与现场踏勘的任务主要是初步确定探地雷达法完成项目任务的可能性,并为后期工作提供参考资料,主要包括以下五个方面。

(1)目标体与周围介质的物性差异。

雷达探查工作的成功与否,取决于目标体与周围介质的物性差异能否反射回足够的电磁波能量并为系统所识别。在电磁波垂直入射时(剖面法工作中一般都能近似满足这个条件),目标体功率反射系数为

$$P_r = \left| \frac{\sqrt{\tilde{\varepsilon}_h \mu_t} - \sqrt{\tilde{\varepsilon}_t \mu_h}}{\sqrt{\tilde{\varepsilon}_h \mu_t} + \sqrt{\tilde{\varepsilon}_t \mu_h}} \right|^2 \tag{1-4-1}$$

式中,$\tilde{\varepsilon}$ 为复介电常数,μ 为导磁率,下标 t、h 分别表示探查目标和周围介质。

目标体的功率反射系数一般不应低于 0.01。在不易得到目标体及周围介质的准确物性参数时,也可根据以往工作经验大致估算。

(2)目标体深度。

在相同的仪器设备条件下,探测深度与地下介质对电磁波的吸收程度关系极大。在不同地下介质的场地中,雷达的有效探测深度往往大不相同。EKKO 系列地质雷达允许介质的吸收损耗达 60 dB,当雷达中心工作频率为 25 MHz 时,探测深度 d_{max} 的简易估算式为

$$d_{max} < 30/n \text{(或 } d_{max} < 35/\sigma) \tag{1-4-2}$$

式中,n 为介质的吸收系数,单位为 dB/m;σ 为电导率,单位为 $1 \times 10^{-3}/(S/m)$。

如果目标体深度超出系统探测深度,就不应再采用探地雷达法进行探查。

(3)目标体的规模。

这也是关系到雷达工作效果的一个重要因素,为了能接收到足够的反射波能量,目标体应具有相当规模的反射面。对于非金属目标体,通常要求目标体深度与目标体大小之比不大于 10∶1。

(4)目标体周围介质。

目标体周围介质的不均一性影响应小于目标体的响应,否则,目标体的响应将淹没于周围介质响应变化之中而无法识别。

(5)地表环境。

雷达测点附近存在的大件金属物体或无线电射频源将对雷达探测工作形成严重干扰,甚至使雷达系统无法工作。

2. 工作参数选择

工作参数选择合适与否直接关系到雷达原始资料的质量,工作参数主要包括中心工作频率、天线间距、测点点距、采样间隔、介质电磁波波速等。

(1)中心工作频率选择。

系统中心工作频率的选择需考虑到目标体深度、目标体最小规模及介质的电性特征。一般地,在满足探查深度要求的条件下,应选择尽量高的工作频率,以获得较高的空间分辨率。若介质相对介电常数为 ε_r,系统的空间分辨率为 x(单位为 m),则系统中心工作频率 f(单位为 MHz)可确定为

$$f = \frac{150}{x\sqrt{\varepsilon_r}} \tag{1-4-3}$$

（2）天线间距选择。

常用的偶极分离天线具有方向增益，在临界角 $\left(\sin\theta=\sqrt{\dfrac{\varepsilon_0}{\varepsilon_1}}\right)$ 方向天线的发射、接收增益最强。为了获得最佳方向增益，应选择天线间距 S，使得最深目标体相对接收、发射天线的张角为临界角的 2 倍，即

$$S=\frac{2d_{\max}}{\sqrt{\varepsilon_r-1}} \tag{1-4-4}$$

式中，$d_{\max}$ 为目标体最大深度，ε_r 为地下介质的相对介电常数。

随着天线间距的增大，雷达水平分辨率将会大大下降。同时，天线间距加大也为现场测量工作增加了不便。因此，实际工作中，要兼顾探测深度、水平分辨率及工作效率，一般取天线间距为目标体最大深度的 $10\%\sim20\%$，且一般应大于或等于偶极天线的长度。

（3）测点点距选择。

选择的测点点距应遵循尼奎斯特（Nyquist）采样定律，同时兼顾工作效率。尼奎斯特采样间隔（单位为 m）为介质中波长的 $1/4$，即

$$n_x=\frac{C}{4f\sqrt{\varepsilon_r}}=\frac{75}{f\sqrt{\varepsilon_r}} \tag{1-4-5}$$

式中，f 为系统中心工作频率，单位为 MHz，ε_r 为介质相对介电常数。

如果测点点距大于尼奎斯特采样间隔，地下介质的急倾斜变化特征就难以确定。当所探查的目标体规模较大或很平坦时，点距可适当放宽，以提高工作效率。有的雷达系统认为查清目标体应保证有至少 20 次扫描通过目标。当目标体比较平坦时，用 EKK0 系统在实践中常采用 $5\sim10$ 次扫描通过目标的测点点距，都得到了较为满意的效果。

（4）采样间隔。

采样间隔指的是一条波形记录中反射波采样点之间的时间间隔。采样间隔也应满足尼奎斯特采样定律，即采样频率至少应达到记录中反射波最高频率的 2 倍。对于大多数地质雷达系统，带宽与中心频率之比大约为 1，即发射脉冲的频带范围为 $0.5\sim1.5$ 倍中心频率，或者说反射波的最高频率大约为系统中心频率的 1.5 倍。按尼奎斯特采样定律，采样频率至少应达到系统中心频率的 3 倍。为使记录的波形更加完整，EKK0 系统建议采样频率为天线中心频率的 6 倍，这时采样间隔 Δt（单位为 ns）可计算为

$$\Delta t=\frac{1\ 000}{6f} \tag{1-4-6}$$

式中，f 为系统中心频率，单位为 MHz。

（5）介质电磁波波速确定。

雷达所记录的是来自目标体的反射回波双程走时（见图 1-4-1），而确定目标体的深度，还需知道地层的电磁波速度。准确地确定地层的电磁波波速，是做好图像时深转换的前提条件。目前，常用的地层电磁波波速确定方法有四种：由已知深度的目标体标定、用线状目标体计算、用宽角法测定、用地层参数及以往经验估算。

——由已知深度的目标体标定：常在剖面试验工作中完成，通过实测已知深度 z 的目标体反射回波双程走时 t，反算地层的电磁波波速为

$$v=\frac{\sqrt{x^2+4z^2}}{t} \tag{1-4-7}$$

——用线状目标体计算:适用于有一定走向长度的细长目标体,设在目标体正上方时的双程走时为 t_0,在地表偏离正上方 x 处的反射波双程走时为 t_x,在目标体的直径远小于埋深时,埋深为

$$z = \frac{x}{\sqrt{\left(\frac{t_x}{t_0}\right)^2 - 1}} \tag{1-4-8}$$

电磁波波速 v 为

$$v = \frac{2z}{t_0} \tag{1-4-9}$$

该方法对线状目标体的深度、波速测定具有较高的精度。

——用宽角法测定:在目标体界面平坦时,用两个以上天线间距的共深点或宽角法观测结果,可以算出电磁波的传播速度为

$$v = \sqrt{\frac{x_2^2 - x_1^2}{t_2^2 - t_1^2}} \tag{1-4-10}$$

式中,x_1、x_2 为发射、接收天线之间的距离,t_1、t_2 为相应天线间距雷达波的双程走时。在实际工作中,常取多个天线间距数据同时计算,求取速度平均值。

——用地层参数及以往经验估算:在介质的导电率很低时,可估算为

$$v = \frac{c}{\sqrt{\varepsilon_r}}$$

式中,c 为光速,ε_r 为地下介质的相对介电常数值。常见介质的 v 和 ε_r 值列于表 1-4-1 中。当介质的 ε_r 值不易确定时,也可根据相似条件场地的经验值估计。

(6)采样时窗选择。

采样时窗选择主要取决于最大探测深度和地下介质的电磁波波速,可估算为

$$w = 1.3 \frac{2d_{\max}}{v} \tag{1-4-11}$$

式中,$d_{\max}$ 为最大探测深度,v 为介质平均波速。

(7)天线布设方式选择。

目前探地雷达大多使用偶极天线,而偶极天线辐射具有优选的极化方向,天线的布设应使辐射电场的极化方向平行目标体的长轴或走向方向。按天线与探测剖面(平行、垂直)及天线之间(垂射、顺射、交叉极化)的相互位置关系,共有多种布设方式。一般来说,天线剖面均按垂直目标体走向的原则布设。

3.剖面探查

剖面探查工作包括试验剖面和正式剖面。在正式探查工作开始之前,一般都需要做试验剖面,一般布置在已知区。试验剖面的主要目的是确定合适的工作参数、确认地质雷达在本工区的有效性及目标体在本测区的雷达图像特征。现场剖面探查是获取雷达实测记录的重要环节,在仪器工作参数正确选定之后,高质量的雷达波形记录是探查工作取得良好效果的重要保证。在现场剖面探查中,应注意以下五个方面。

(1)雷达剖面走向应基本垂直于目标管线走向布设,当管线走向不清时,可采用方格测网。

(2)在观测过程中,应保持天线与地面的良好接触,在场地平整度较低时,应对地面进行平整。

（3）剖面附近地面的大型金属物体,会使剖面图像出现严重的多次反射波干扰而掩盖地下介质变化的响应。实践表明,对于汽车之类的大型地面铁磁体,即使在数十米以外,在雷达图像中也会出现它的干扰影响。因此,布设的雷达探查剖面应尽量远离地面上的金属物体,对于无法移走的金属物体,如水泥电杆、电线等,必须详细记录它们与剖面的相对位置,以便在资料分析解释时予以剔除。

（4）由于探地雷达具有对非金属目标的探查能力,散射到空中的雷达波遇到地面上表面平整的大型非金属物体,如围墙、建筑物墙面等,也会出现反射回波。在观测过程中,也必须对这类非金属物体加以详细描述记录。

（5）现场必须设有足够的定位标志点,以便观测剖面布设和将来的成果使用。

三、资料整理及图像分析

探地雷达发射天线辐射出的电磁波脉冲在地下传播过程中,能量会产生球面衰减,会由于介质对波能量的吸收而减弱,大地对电磁波的低通滤波特征使回波信号的高频成分受到大量衰减。当地下介质不均匀时还会发生散射、反射和透射。地面及空气的电磁波强反射体也会将辐射到空气中的少量雷达波反射回雷达接收天线。在地质雷达测量中,一般采用宽频带接收,以保持尽可能多的电磁脉冲反射波特征,因此,雷达记录中除了包含来自探查目标的各种有效信号外,也夹杂了许多不需要的干扰波。雷达资料处理主要是围绕压制干扰波、突出有用信号进行的。

1. 资料整理

雷达资料整理的最终目的,是将原始观测记录转换成对探测目标具有尽可能高分辨率和清晰度的雷达剖面图像。它包括原始资料预处理和数字处理两个方面。原始资料预处理的主要任务是将现场各原始观测记录整理成完整的剖面记录,主要有零点调整、测点编号修正、坏道剔除、干扰段切除、记录拼接等。数字处理的主要任务是压制数据资料中随机的和规则的干扰,以最大可能的分辨率和清晰度在雷达剖面图像上显示目标体反射波。目前的数字处理主要是对所记录的波形做处理,例如,取多次重复测量做选加平均,取相邻记录道、相邻采样点做滑动平均以压制随机干扰噪声,采用时变增益、振幅变换以补偿介质吸收和抑制干扰噪声,用频率滤波、时变滤波、反滤波、偏移绕射处理等。经过数字处理后的资料,便形成可供进行地质解释的时间剖面。还可再做振幅—彩色变换或振幅—灰度变换,进一步合成彩色或灰度剖面图像。

各种数字处理方法的应用要根据雷达现场记录的具体特点和地质、地球物理特征,有目的、有选择地进行。

2. 图像分析

雷达图像反映的是地下介质的电性分布,图像分析的任务就是把地下介质的电性分布转化为地质解释。图像分析的第一步是识别目标反射波,然后进行地质解释。异常的识别和地质解释都要按照从已知到未知的原则进行,从已知区的试验剖面上寻找、归纳、总结本区目标体的雷达图像特征,结合地质资料,建立雷达图像到地质目标的转换模型,将雷达图像的物理解转换为地质解。

（1）雷达反射波组特征。

雷达反射波是雷达发射天线辐射出的电磁波被外部介质界面(包括地下、地表及空中)反射到雷达接收天线的电磁波信号,这种信号具有同相性、相似性及形态特征。

——反射波组的同相性。只要在地下介质中存在足够大的电性差异,就可以在雷达剖面图像中找到相应的反射波与之对应;不同道上同一个反射波的相同相位连接起来的连线称为相轴;在无构造的测区,同一波组的相位特征,即波峰、波谷的位置,沿剖面基本上不变或有缓慢的变化。因此,同一个波组往往有一组光滑平行的同相轴与之对应。这一特性称为反波组的同相性。

——反射波组的相似性:探地雷达法所使用的点距很小(一般均小于 2 m),而地下介质的地质变化在一般情况下都比较平缓,因此相邻记录道上同一反射波组形态的主要特征会保持不变。这一特征称为反射波形的相似性。

——反射波组的形态特征:同一地层的电性特征比较接近,不同地层或不同介质的电性特征差异一般相对较大,因此不同地层反射波组的波形、波幅、周期及包络线形态等往往会有不同的特征。

确定具有一定形态特征的反射波组是识别反射体的基础,而反射波组的同相性和相似性为反射层的追踪提供依据。根据反射波组的形态特征就可以在雷达剖面图像中确定反射界面。一般是从垂直走向的剖面开始,逐条剖面进行,确定的反射界面必须在全部剖面中都能连接起来,并在全部剖面交点上相互一致。

(2)模型实验。

通过模型实验可以建立地质体与雷达图像之间的相互关系。中国地质大学曾进行过大量实验,针对金属管、塑料管、陶瓷管及金属板等不同目标体做了总结。模型实验结果表明:在 2 m 深度范围内,各类模型均有明显的双曲线形态的同相轴异常显示,双曲线顶峰极点即为管体中心位置;金属模型体的异常最为明显,反射波振幅大,常常出现多次反射波;各类非金属管均有不同程度的异常显示,但异常的明显程度比金属管小;非金属管比非金属球异常明显;充气的非金属管异常比充水的非金属管异常明显。金属板比非金属板异常明显,且存在板端绕射现象,非金属板仅显示板面异常(绕射现象很不明显)。该模型实验结果对管线探查资料解释具有指导意义。

(3)识别目标体反射波。

雷达接收到的反射波既有来自地下介质的目标反射波,也有来自地表或空间金属物体的干扰反射波。雷达资料地质解释的基础是识别地下目标反射波。地面干扰体的干扰反射波特征比较明显,识别地下目标体反射波的第一步是鉴别出地面干扰体反射波,再从余下的反射波组中识别出地下目标体反射波。

——地表干扰反射波组的识别。

通常,先从探查剖面的地表环境观察记录中初步了解地面干扰物的分布,进而估计干扰反射波组在雷达剖面图像位置;然后根据反射波组的具体特征,鉴别出地面干扰反射波组。

城市地下管线的埋设深度都不大,一般为 1~4 m,极个别管线埋设稍深一些。能出现在地下管线雷达图像中的地上干扰体一般都在距探测剖面 15 m 的范围内。探查深部地质体时数十米远的地上大型金属体也可能对雷达探查工作形成干扰。地上干扰波组的传播介质为电磁衰减系数极小的空气,因此地上干扰波组有其特有的特征:①散射到空气中的少量雷达波遇到地面上的金属物(如铁塔、钢筋水泥电杆、电线、汽车等)时,反射波也会被接收天线所接收。散射到空气中的雷达波能量只占总能量的一小部分,但由于在空气中传播的电磁波能量几乎不衰减,在雷达图像中往往出现相当强的干扰波组,呈两叶很长的双曲线反射波同相轴,这是识别地面干扰异常的第一个标志。②电磁波在空气中传播的速度比在任何其他地下介质中都快得多,在相同工作频率下,地面干扰反射波组的波长也比地下介质界面反射波组大得多,这是识别地面干扰异常的第二个标志。③根据反射波组的双程走时 t,可用式 $S=0.3t/2$ 估算地面干扰体与探测剖面的距离,式中,t 的单位为 ns,S 的单位为 m,计算出的 S 值是否与剖面到地面干扰体的距离相等,是识别地面干扰异常的第三个标志。④当测区有两条以上相互平行且相距不太远的雷达探测剖面时,地面干扰异常波组往往会在两条剖面图像中同时出现;而两条剖面的同一反射波组的 S 值之差则恰好等于剖面间隔,这是识别地面干扰异常的第四个标志。

——地下目标体反射波组的拾取。

识别出地下干扰反射波后,除了直达波外的其他反射波组一般都是地下介质反射波。有限目标体(如地下管线)界面的反射波组一般为孤立的双曲线形(或弧形),正常地层界面反射波组的可追踪性一般较好,大多呈比较平缓的曲线形。地层界面反射波的拾取通常从通过地质钻孔的雷达剖面开始,根据地质柱状图与雷达图像的对比,建立各种地层及目标体的反射波组特征。识别反射波组的标志主要有同相性、相似性及反射波形特征等。

四、图像解释

目前,雷达资料解释方法仍主要参照反射波地震勘探的理论基础,地面偶极电磁波场的方向性特征、介质中超高频电磁波的传播特征等都与弹性波有着不同程度的区别,模型正演实验和现场已知目标体正演实验是识别目标体异常特征的有效途径。从正演图像中可以认识各种目标体的雷达图像特征,为现场探查中可能遇到的各类图像进行地质解释提供理论依据。

在地下介质比较均匀时,雷达图像的地质解释相对简单,较为平缓、连续的反射波组一般都与某一地下电性界面相对应,双曲线形(或弧形)反射波组的顶点一般为孤立目标体的位置。在地下介质比较复杂或目标体之间距离较近、互相交叉时,各目标体反射波相互叠加,使反射波组的形态特征发生畸变,图像解释的难度大大增加,在这种情况下,图像地质解释的准确程度就依赖于解释者实践经验,以及对场地地质、地球物理特征的掌握程度和分析判断能力。

1.4.4　探地雷达法探查地下管线的应用

一、金属管道探查

埋设于地下的金属管道与周围土壤的导电性、介电性都有极大差别,铁磁性管道与周围介质还有导磁率的差异。因此,地下金属管道与土壤的界面对雷达波的反射能力很强,雷达剖面图像上将出现振幅很强的反射波组。

图 1-4-3 为在中山大学大门对面停车场测得的雷达探测剖面图像。雷达探测剖面与地下金属上水管道走向大致垂直分布。工作中使用 EKKO Ⅳ 探地雷达,中心工作频率为200 MHz,有效采样时窗 130 ns,测点点距 0.2 m,天线间距 0.6 m。场地土质比较均匀,雷达图像中基本无地下不均匀体干扰反射波,除了近于水平的地层反射波组外,只有一个很明显的孤立双曲线形反射波组,反射

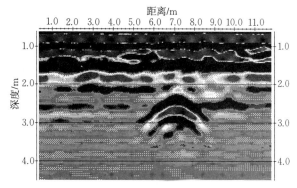

图 1-4-3　金属管线雷达探查图像

波振幅强,双曲线两叶长,具有较典型的金属体反射波组特征。双曲线形反射波组的顶点位于 2.8 m 深度,反映了地下金属管道顶部埋深。左下方 $t > 100$ ns 的倾斜反射波组,其波长较大,是剖面测点方向地上金属体的干扰波,这种干扰波结合剖面现场观察不难辨别。金属管道的雷达反射波明显、反射波组振幅强、双曲线两叶较长,目标体埋深较浅时,还会出现多次反射波。

对于金属管线探查,使用探地雷达应该是相对效果比较明显的方法,即便是在沥青路面、交通繁忙的条件下,仍能取得较好的效果。图 1-4-4 中所示为在某市区一条主干道上利用 RAMACCU Ⅱ 探地雷达,使用 200 MHz 频率工作取得的探测图像,对金属燃气管道的反映相当明显。

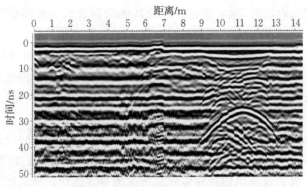

图 1-4-4　燃气管线雷达探查图像

二、非金属管道探查

地下非金属管道的反射波组形态特征与金属管道有些相似,但由于非金属管道与周围介质的电性差异比起金属管道来要小得多,电磁反射系数也小得多。与金属管道的反射波组相比,非金属管道内充水的反射波振幅较小,双曲线形反射波的两叶较短,很少出现多次反射波。当非金属管道内不充水时(充满空气),反射波振幅则明显变大,波组两叶有所增长;当埋深很浅时,还可能出现多次反射波。

图 1-4-5 是在某地回填区探测给水管线的实例。现场回填厚度 1 m 左右,位于回填土下方水平距 1.2 m 处管径 200 mm 有水泥给水管道,采用美国 SIR-20 型探地雷达连续扫描,使用 500 MHz 天线,探查管道顶深 1.04 m。

在某市管线探测中,使用意大利 RIS-K2 IDS 探地雷达,选用中心频率为 200 MHz 和 600 MHz 的天线阵,图 1-4-6 为其中一个探查断面的雷达图像,从图上可以很容易地分辨出目标管线 ϕ160 塑料管线,计算出平面位置 0.2 m 和深度 0.9 m,与开挖验证平面位置 0.27 m 和深度 0.85 m 基本吻合。

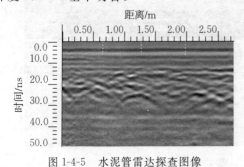

图 1-4-5　水泥管雷达探查图像　　　　　　　图 1-4-6　塑料管雷达探测图像

1.4.5　其他物探方法

一、磁法

1. 基本原理

(1)地下管线的磁场。

地下敷设的钢管或铸铁管等金属管线,一般具有较强的磁性。地下管线在走向上,埋深变化不大,因此地下铁磁性金属管线形成的磁场近似于无限长水平圆柱体的磁场。半径为 r,截面积为 S,磁化强度为 j 的管线,在垂直管线走向的地表剖面上,磁场的垂直分量 Z、水平分量 H 可表示为

$$Z = \frac{2M}{(h^2 + x^2)}\left[h^2 - x^2\sin i - 2h\cos i\right] \tag{1-4-12}$$

$$H = \frac{2M}{(h^2 + x^2)}\left[h^2 - x^2\cos i - 2h\sin i\right] \tag{1-4-13}$$

式中,$M = jS$,为有效磁矩,i 为有效磁化倾角,有效磁化强度 j 是磁化强度 J 在观测剖面内的投影。

设管线走向与磁化强度在地面的投影之间的夹角为 A,磁化倾角为 I,有效磁化强度 j 和有效磁化倾角 i 的表达式为

$$j = J\sqrt{\cos^2 I \sin^2 A + \sin^2 I} \tag{1-4-14}$$

$$\tan i = \tan I \cdot \csc A \geqslant \tan I$$

总磁场异常为

$$\Delta T = -\frac{2M}{(h^2 + x^2)^2}\frac{\sin I}{\sin i}\left[(h^2 - x^2)\cos^2 i + 2hx\sin^2 i\right] \tag{1-4-15}$$

当有效磁化强度倾角 $i = 90°$,即当管线为南北走向时,各磁场分量的表达方式可简化为

$$Z = 2M\frac{h^2 - x^2}{(h^2 + x^2)^2} \tag{1-4-16}$$

$$H = -2M\frac{2hx}{(h^2 + x^2)^2} \tag{1-4-17}$$

$$\Delta T = 2M\sin I\frac{h^2 - x^2}{(h^2 + x^2)^2} \tag{1-4-18}$$

这时,ΔT 与 Z 的曲线形态相同,只有 $\sin I$ 的系数差。当管线垂直磁化($i = 90°$)时,$\Delta T = Z$。无限长水平圆柱体的 Z、H、ΔT 曲线如图 1-4-7 所示。

在实际中,地下管线不是无限长的,往往还有分支和转折。理论计算表明,当一段管线的长度 L 远远大于埋深 h 时,管线中心剖面上磁场特征点坐标、极值与无限水平圆柱体的特征点坐标、极值很接近。磁场极值的比值见表 1-4-3,特征点位置差见表 1-4-4。

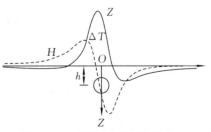

图 1-4-7　无限长水平圆柱体的
Z、H、ΔT 曲线

表 1-4-3　有限长管线与无限长水平圆柱体中心剖面特征点位磁场比值

L/h	1.0	1.5	2.0	3.0	4.0	6.0	8.0	10.0
Z^L/Z^∞	0.402	0.984	1.061	1.088	1.073	1.044	1.027	1.018

表 1-4-4　　有限长管线与无限长水平圆柱体中心剖面特征点位置差

L/h	1.0	1.5	2.0	4.0	6.0	8.0	12.0	20.0
$\Delta /\%$	38.64	35.44	31.11	17.14	9.37	2.68	2.66	1.98

由表 1-4-4 可知,当 $L > 6h$ 时,特征点的位置差 $\Delta\% < 10\%$;当 $L > 20h$ 时,$\Delta\% < 2\%$。在实际工作中,把有限长的地下管线用无限长水平圆柱体来近似是可行的。

(2)地下管线的磁场梯度。

磁场梯度是磁场在空间的变化率。根据地下管线的垂直磁场垂直梯度 Z 和水平梯度 H 很容易导出 $\frac{\partial H}{\partial R} = \frac{\partial Z}{\partial x}, \frac{\partial H}{\partial x} = -\frac{\partial Z}{\partial R}$,即水平磁场的垂向梯度等于垂直磁场的水平梯度,水平磁场的水平梯度等于垂直磁场的负垂向梯度。

根据磁场总量的垂向梯度 Z_a 和水平梯度 H_a 的表达式

$$Z_a = \frac{4M}{(R^2 + x^2)^3}\frac{\sin I}{\sin i}\left[R(3x^2 - R^2)\cos^2 i - x(3R^2 - x^2)\sin^2 i\right] \qquad (1\text{-}4\text{-}19)$$

$$H_a = \frac{-4M}{(R^2 + x^2)^3}\frac{\sin I}{\sin i}\left[x(x^2 - 3R^2)\cos^2 i - R(R^2 - 3x^2)\sin^2 i\right] \qquad (1\text{-}4\text{-}20)$$

可以发现,磁场梯度比磁场强度的分辨率高。

图 1-4-8 为模型正演曲线,可以看出磁场梯度法对于埋深 R 较大(超过 10 m)时的目标反映不明显。

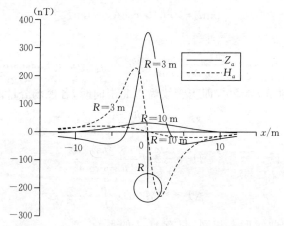

图 1-4-8　　埋深为 3 m 和 10 m 的水平金属管道在地面上的 Z_a 和 H_a 值理论曲线

2.仪器设备

在磁法中使用的仪器一般统称为磁力仪。最早生产和广泛使用的是刃口式机械磁力仪,随后又生产出悬丝式机械磁力仪。随着科技进步,磁测仪器由机械式向电子式转变,主要有磁通门磁力仪、质子磁力仪、光泵磁力仪和超导磁力仪等。目前,使用较多的质子磁力仪的性能指标一般应达到以下规格。

(1)总场工作范围:20 000~100 000 nT;

(2)梯度容限:±5 000 nT/m;

(3)总场绝对精度:5 000 nT 时,±10 nT;

(4)全测程及温度范围内:±2 nT;

(5)分辨率:0.1 nT;

(6)调谐:键盘选择手动或全自动调谐;

(7)读数时间:2 s;

(8)连续循环时间:以 1 s 递增,2~999 s 键盘选择;

(9)工作温度范围:−20℃~+50℃;

(10)数字显示:32 字符,两行液晶显示器;

(11)标准存储器和数字化输出:RS-232C 串行接口。

3. 工作方法

(1)剖面布设原则。

在地下管线探查中,为了提高效率、保证探查效果,一般采用剖面测量方式,沿剖面布置测线,测线可长可短,间距、方向都可灵活安排。

——测线方向要与管线延长方向垂直。在多条互不平行的地下管线存在的情况下,测线应尽量垂直于主要探测对象的延长方向。必要时,针对不同的管线,布设各自对应的测线。

——线距大小要根据地下管线埋深和方向的变化等因素综合考虑。线距一般在几米到几十米之间;对管线比较平直的地段,如输油干线,线距可放宽到 100 m 以上。

——点距的大小要根据管径大小、预计埋深和探测精度综合考虑。埋深浅,点距要适当减小;埋深大,点距可适当放大。一般在几十厘米到一米之间选择。一条剖面上的点距也可以不等,在管线上方附近,点距可加密,两侧的点距可放宽,既保持曲线的完整性,也保证精度,提高效率。

(2)磁测精度。

磁测精度是野外观测质量的评价指标,也是影响管线点定位精度的主要因素。在地下管线探测中,一般要求高精度磁测,均方误差不超过±10 nT。在磁测异常值很大,磁测曲线梯度很大时,可以用百分比相对误差来衡量磁测精度,地下管线探查时要求不大于 5%。

(3)外业观测。

①选择基点。除小规模零星剖面性工作外,地面磁测工作一般应选择建立磁测基点,作为磁测异常的起算点及仪器性能检查点。基点应选择在地势平坦、开阔、地磁场平稳、远离建筑物和工业设施干扰小的地方,要建立固定标志,供日常使用。

②磁场观测。每天上午或下午开工前,先到基点上进行观测,记录时间和测量值,然后到测线逐点进行观测记录。每次收工后,回到基点,做观测并记录,以便室内进行基点改正。操作员在磁测全过程中不能随身携带有磁性的物品,作业服上不能有铁磁性物品,以免影响观测值。

③质量检查。检查观测点要在测区中大致均匀分布。既要在正常场区检查,也要在异常场区检查。检查观测一般符合"一同三不同"的原则,即同一点位由不同的操作员、用不同的仪器、在不同的时间进行。在大面积作业时,检查量应不少于观测总量的 5%。在零星的小规模工作中,检查量应扩大到 10% 左右为宜。

(4)异常推断解释。

在现场获得磁测资料后,要对磁异常进行分析,确定场源的分布形式,这就是磁测结果的推断解释。推断解释的目的,就是根据测区内磁异常的特征,结合已知的地质资料、物性资料,消除干扰,确定地下管线的空间位置,包括在地表的投影位置、埋深、延长方向,有条件时还可估算管径大小。

磁异常的推断解释一般分为定性解释、定量解释和定量计算。定性解释的任务是要在错综复杂的实测资料中,排除干扰,发现规律,从干扰背景磁场中正确识别出由地下管线引起的磁异常,并大致确定地下管线的走向和埋深。定量解释的任务是选择正确的计算方法,定量计算出地下管线在地表投影的确切位置和埋深。

4. 在地下管线探查中的应用

图1-4-9是铸铁给水管道探查的实例。在垂直管道的三条平行剖面上,对地下管道的位置反应明显,较准确地确定了频率域电磁法探查难以奏效的铸铁管道位置。

此外,在某污水治理工程顶管施工过程中,采用磁梯度法通过测量钻孔内由下而上各点垂直磁梯度值的变化,达到了识别水平金属管位(ϕ324金属航油管)的目的,为非开挖施工提供了可靠依据。图1-4-10为某区五个钻孔(S_1、S_4、S_5、S_6、S_7)测得的磁场垂直梯度曲线及推测管道位置。经实际探摸(T_1)验证,埋深为10.6 m的管道深度误差小于20 cm,满足工程要求。

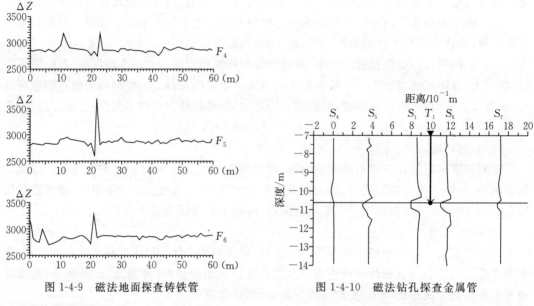

图1-4-9 磁法地面探查铸铁管   图1-4-10 磁法钻孔探查金属管

二、地震波法

1. 弹性介质中地震波的传播理论

物体在外力的作用下,其内部质点的相互位置会发生变化,使物体的形状和大小产生变化,这称为形变。当外力引起的这种形变未超过一定限度时,随着外力的移去,变形将消失,这种特征称为弹性,这种形变称为弹性形变。相反,当外力引起的这种形变超过某一限度后,即使移去外力,变形也不完全消失,这种特性叫塑性,相应的形变称为塑性形变。当外力很小且作用时间很短时,自然界中大部分物体(包括地下管线以及周围土壤介质)都可视为弹性体。

浅层地震勘探使用的震源是人工震源(机械敲击、可控震源、电火花、空气枪等),这些脉冲震源的作用时间短,接收点离震源都有一定距离,接收点附近地下管线与周围土壤介质受到的作用力很小,可视为弹性介质。在地面某点进行激震时,激震点附近岩土产生胀缩交替变化,即所谓的"弹性振动",弹性振动在地下岩土层中的传播形成弹性波(通常称为地震波)。在地下传播的地震波遇到不同弹性介质的分界面时(如地下金属或非金属管线与周围土壤的分界面),将产生反射、折射和透射。根据波的传播方式,地震波又分为纵波(P波)、横波(S波)、瑞利面波(R 波)等,不同类型的波具有不同特征。

　　浅层地震方法的效果在很大程度上取决于界面两侧弹性波的速度(v)差或波阻抗(密度 ρ 与速度 v 之积)差,表 1-4-5 列出了常见介质的纵波速度及波阻抗值。从表中可看出,密度大的弹性介质,其波速大、波阻抗也大。良好的弹性界面能决定地震勘探的效果,但对于深部地震勘探,近地表疏松层低速带往往使深部反射波产生"偏移"和时间上的"滞后"。浅层地震勘探中,非均匀介质将影响地震波的能量和到达时间。这些干扰给数据处理和资料解释带来了很多困难。然而,地下金属或非金属管线埋深浅,几乎接近地表,且材质构成的密度相对周围土壤介质要大几十倍,弹性界面沿走向,弹性性质稳定,界面平滑,这一良好的弹性界面和周围介质存在的弹性差,给浅层地震波法提供了良好的地球物理条件。

表 1-4-5　常见介质的纵波速度及波阻抗

介质名称	$v\ /(\mathrm{m/s})$	$\rho v\ /(\mathrm{gs^{-1}cm^{-2}\times10^2})$
空气	300～320	1～0.004
风化层	100～500	1.2～9
砾砂	200～800	2.8～16
砂质黏土	300～900	3.0～18
湿砂	600～800	3.8～16
黏土	1 200～2 500	1.8～55
水	1 430～1 590	1.1～16
钢筋混凝土	＞3 000	＞7.2
铸铁	＞4 900	＞35

　　地震波法是以地下各种介质的弹性差异为基础,研究由人工震源产生的地震波的传播规律,用来解决地下介质分布形式的一类物探方法。根据利用的地震波的不同,地震波法又具体分为直达波法、折射波法、反射波法和瑞利波(面波)法等。在地下管线探查中比较常用的是反射波法和瑞利波法。

　　2.反射波法

　　(1)基本原理。

　　地震波从震源向周围和地下介质中传播时,一部分能量沿地面直接到达接收点(直达波),向地下传播的地震波遇到波阻抗不同的界面时,波的一部分能量进入下一介质内,一部分能量在界面上反射回来,形成反射波(见图 1-4-11)。产生反射波的条件是分界面上下介质的波阻抗不同,界面两侧的波

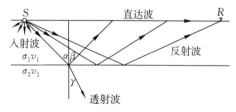

图 1-4-11　两层介质中的反射波

阻抗差越大,产生的反射波能量相对越强。通常在垂直入射情况下,用反射波振幅和入射波振幅的比来衡量界面反射能力的强弱。

　　(2)工作方法。

　　剖面方向:一般情况下应尽量与探测对象的走向垂直。

　　震源:主要采用锤击法,敲击时要果断,以获得较大的能量和较高的频率成分。

　　观测系统:观测系统的排列方式很多,一般常用的有两种。

　　——连续观测系统:在每一接收段的两端分别激发接收,互相连接,从而探测到整个地下界面。如果根据最佳时窗原理,选择合适的偏移距,每次只记录一道,震源点和接收点逐点同

步向前移动,观测整个剖面,则又被称为单道共偏移距观测系统。

——间隔连续观测系统:这种观测体系与连续观测系统类似,不同之处是震源与接收段之间相隔一个排列的距离。

道间距的选择:道间距的大小是影响地震记录水平分辨率的重要因素之一。在地下管线、空洞的探查中,因探测对象尺度较小,要采用很小的道间距,一般在 0.2~1.0 m,甚至更小。

采样率的选择:为了保证不畸变地记录有效信号,在信号波的最短周期内,至少要有 4 个采样值。在地下管线和空穴探查中,采样率可在 10~500 ms 选择。

多次叠加:多次叠加可以有效地抑制干扰波。常用的叠加方式有两种。

——简单叠加:整个装置排列不动,在同一震源上多次激发,重复接收,达到增强规则波能量的目的,这种叠加又叫垂直叠加或信息增强。

——共反射点叠加:在不同的激发点,不同接收点上接收来自同一反射点的反射波,得到多个记录,然后对同一反射点的记录道进行叠加。

(3)资料解释。

①利用直达波求表层土波速。②用反射法求第一层介质的平均速度。主要有 x^2-t^2 法、$t-\Delta t$ 法等。③地下管线的探查资料解释:在地下管线探测中,探测对象的几何尺寸很小,除了一般意义上的反射波外,主要表现出绕射的特征。因此,在地震记录中注意识别绕射波,绕射波的最高点就是管线的中心部位。结合前面对波速的讨论,就可以确定管线的地面投影位置和埋深。

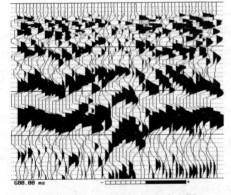

图 1-4-12　反射波法探查防空洞

(4)应用。

在东北某城市,利用等偏移距反射波法,0.2 m 点距,探查埋深约 4 m、直径为 2 m 的防空洞,取得明显效果。图 1-4-12 为实测剖面图,其中的抛物线特征是空洞的反映。

3.瑞利波法

(1)基本理论。

在层状介质的情况下,震源除产生前述的体波外,在自由表面的弹性介质一侧,还存在一种面波——瑞利波。瑞利波在传播时,震动质点在平行传播方向的垂直平面内,沿着向震源逆进的椭圆震动。

理论计算表明,瑞利波的能量主要集中在介质的自由表面附近,其深度约为 1 个波长的范围,所测瑞利波的平均速度,近似相当于 1/2 波长深度处介质的平均速度。根据波长与频率的关系可知,瑞利波的频率越高,波长越短,探查深度越小,反之亦然。通过研究瑞利波频率的变化,就可以探查出从地表到地下一定深度内瑞利波速度的变化,实现由浅到深的探查。

(2)工作方法。

瑞利波法一般可分为稳态和瞬态两种。稳态瑞利波法需要稳定的激震设备,设备笨重且价格昂贵,应用受到一定限制。目前,应用较广的是瞬态瑞利波法,其接收仪器可以用一般的两道以上的地震仪或信号分析仪。

瞬态瑞利波法最简单的工作方式是,在测试点两侧各放置一个低频垂直检波器,在两检波器的一侧设置垂直震源,震源一般用手锤即可。用手锤竖直敲击地面产生一个瞬态垂直脉冲信号,用仪器对两个检波器接收到的信号进行显示,当认为接收的信号有效后,存入磁盘。在室内对野外记录进行处理和计算,得到实测的瑞利波频散曲线。

在使用多道地震仪器接收时,可像布置剖面一样设置多个检波器同时接收,再根据具体情况,分别对多道记录中的特定两道计算,得到一条剖面上的测试结果。

在检测中,检波器对应的频响特性要尽量一致,并应有较宽的频带范围。同样,接收用的仪器也要有相应宽的频响特性。

(3)应用。

图 1-4-13 是采用落重震源和瞬态瑞利波法探查地下空洞的工作成果,其中:(a)为测点下平均视速度曲线;(b)为测量排列中第一道检波点与第二道检波点之间地层的视速度曲线;(c)为测量排列中第二道检波点与第三道检波点之间地层的视速度曲线;(d)是测量排列中第三道检波点与第四道检波点之间地层的视速度曲线;(e)为测量排列中第四道检波点与第五道检波点之间地层的视速度曲线。由以上曲线可以判定空洞位于排列中第二道检波点与第三道检波点之间的下方。钻孔验证时,在钻孔的 27~29 m 深度探到空洞,与第三条速度曲线的 A 点和 B 点反映的顶底板深度相近。

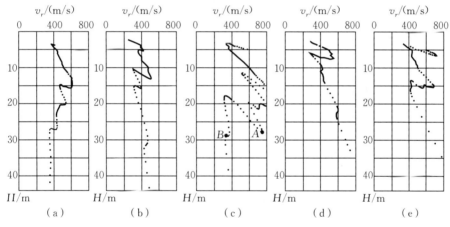

图 1-4-13　瑞利波法探查空洞

三、直流电法

1. 基本理论

金属管线依靠金属中的自由电子导电,电阻率的大小取决于金属颗粒的成分、含量及结构。周围土壤依靠颗粒孔隙中水溶液的离子导电,电阻率的大小取决于土壤的孔隙度、湿度以及含水的矿化度;另外,工业区回填土所含的金属碎屑物也影响导电性。一般情况下,金属管线的电阻率值(ρ)较低,周围介质的电阻率较高(见表 1-4-6)。金属管线相对周围土壤的电阻率差异是用直流电法探测地下管线最基本的物性前提。

实际中,主要采用电阻率剖面法探查地下管线。在电阻率剖面工作中,受大地介质的不均匀性影响,测得的往往不是介质真正的电阻率 ρ,而是地下电性的不均匀和地形的一种综合反映,用 ρ_s 表示,称为视电阻率。利用 ρ_s 的变化规律可以去发现

表 1-4-6　常见介质的电阻率值

介质	电阻率 $\rho/(\Omega m)$
覆土层	$10 \sim 10^3$
泥 岩	$10 \sim 10^2$
泥质灰岩	$10^2 \sim 10^3$
海 水	$10^{-1} \sim 10$
河 水	$10 \sim 10^2$
金 属	<10
黏 土	$10^{-1} \sim 10$
粉砂岩	$10 \sim 10^2$
砾砂岩	$10 \sim 10^4$
咸 水	$10^{-1} \sim 1$
潜 水	<100

和了解地下电性的不均匀性,以达到探查地下管线和解决其他地质问题的目的。

地下管线相当于一个水平圆柱体,在两个点电源供电的情况下,对于主剖面,可用水平均匀场中的水平圆柱体的电场来对实际情况加以近似。

2. 工作方法

直流电法使用的仪器实际上就是高输入阻抗的毫伏表。在地下管线探查中,一般采用中间梯度装置,在垂直管线走向的剖面上观测并计算视电阻率。

目前,多采用高密度电法实现电剖面法观测。高密度电法(electrical imaging surveys)的出现使电法勘探的野外数据采集工作得到了质的提高和飞跃。同时使资料的可利用信息大为丰富,使电法勘探智能化程度向前迈进了一大步。但高密度电法的核心只是实现了野外测量数据的快速、自动和智能化采集,工作实质依然是常规电法勘探原理。工作时可灵活地运用仪器设备进行不同装置形式的电剖面和电测深测量,并可实现电阻率影像测量。图 1-4-14 为高密度电法仪工作示意图。

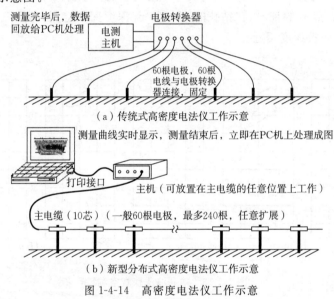

(a)传统式高密度电法仪工作示意

(b)新型分布式高密度电法仪工作示意

图 1-4-14 高密度电法仪工作示意

3. 应用

图 1-4-15 是在上海市浦东世纪大道人行道上利用高密度电法探查管线的两条测线的成果图件。

探测目的是查明自来水管渗漏部位。

四、红外辐射法

1. 基本理论

温度是描述物体冷热程度的一个物理量。当物体内部或物体之间的温度不一致时,就会出现热的交换。温度高于绝对零度的物体,会从表面向外放出电磁辐射。物体的温度越高,辐射出的能量越多。辐射热的光谱主要位于红外波段,少量位于可见光波段,因此这种以电磁波辐射形式进行的热传导,又称为红外辐射。

在一般情况下,地下管线,尤其是供水管线中水温相对周围泥土偏低,由于热交换作用,管线周围的泥土及地面的温度会略低于管线两侧地面。这就是用热的红外辐射差异探查地下管线的基本依据。

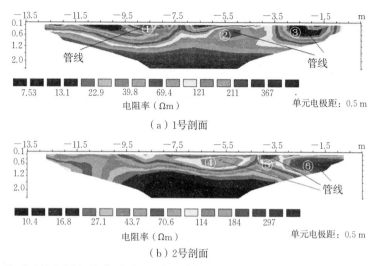

（a）1号剖面

（b）2号剖面

注：①为浅表水泥雨污管；②为预埋水泥电信多孔管；③为金属小区排水管；④为预埋水泥电信多孔管；⑤为水泥雨水管；⑥为水泥排污管。探查结果与实际相符。

图 1-4-15　高密度电法探查管线成果

2. 工作方法

在地下管线探查中，由于温度差异比较小，所以探查时的天气、日照等气象环境都会对测量结果产生较大影响。寒冷季节、阴雨天气都不宜进行红外测量。一般情况下有日照时，地表与大地呈反向热交换；无日照时，地表与大气呈正向热交换。因此，要根据具体情况，试验选择不同的观测时间，突出差异，以便取得预期效果。探测中，可沿剖面逐点测量。点距的大小约等于探查管线管径的 $1/2 \sim 1/3$ 为宜。

3. 应用

某场地为厂内一条长 30 m、宽 4 m 的水泥路，东西两侧为车间。日照时间为中午 12 时到下午 2 时 30 分，地下自来水管直径为 2.54 cm，埋深60～80 cm。探测目的是查明自来水管渗漏部位。

采用红外辐射法，测网为 10 cm×20 cm，共布置了 6 条剖面线，在地面温度最高和最低时进行测量，以便加大温差，每次观测读数 3 次，取平均值用以部分消除场地热对流干扰。观测结果以辐射温度等温平面图表示（见图 1-4-16）。

在资料解释时，把大气背景的影响作为恒定状态，那么在一天内所观测的不同时间、不同部位的温度差异可认为是地下不同介质（水管）热特性的差异所造成的。由观测可知：地下水管与周围介质的温差为 0.4～1℃；在午后观测时，管道上出现高、低温的梯度带，具有一定的连续性和方向性，两侧

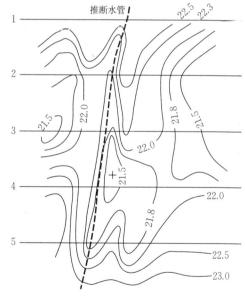

注："+"处表示推断自来水渗漏部位。

图 1-4-16　实测等温平面图

为相对稳定的范围较大的低温区和高温区。位于水管两侧的 21.5℃ 等值线闭合圈为水管渗漏异常，特征为在高温背景上出现的低温异常。

1.4.6　质量保证措施与质量检验

地下管线探查是在现有地下管线资料调绘工作的基础上,采用实地调查与仪器探测相结合的方法,在现场查明各种地下管线的敷设状况,即地下管线在地面上的投影位置和埋深,同时查明管线类别、走向、连接关系、规格、材质、压力(电压)、电缆条数、管块孔数、权属单位、附属设施和建设年代等,绘制探查草图,并在地面上设置管线点标志。由此可见,地下管线探查是整个地下管线探测的工作基础,又由于地下管线的不可见性,地下管线探查的质量控制工作显得尤为重要。

一、质量保证措施

1. 物探方法试验

物理探查是根据地球物理学的基本理论,利用探查对象与周围介质之间存在的物性差异,采用专门的仪器和技术方法,探查目标对象的空间位置、产状、规模和物理性质的一门应用科学。用于地下管线探查的物理探查方法很多,包括电磁法、电磁波法、磁法、地震波法、直流电法、红外或远红外线法等。但具体到某个城市、某个测区,并不是任何物理探查方法都有效、可用,要通过认真的试验来确定适合的技术方法和使用的先后次序。物理探查方法试验主要解决如下问题。

(1)方法的选择和有效性。

运用物理探查方法的前提是地下管线与周围介质之间存在较明显的物性差异,如导电性、介电性、磁性、密度等。一般情况下,地下管线与周围介质之间的物性差异是明显存在的,但物理探查方法是否有效,还和管线的规格、埋设深度、地形地貌及周围的电磁干扰、弹性波干扰水平有关。所以,要在测区踏勘的基础上,选择几处典型地段进行探查,验证各种方法的有效性和某种情况下优先使用的探测方法,包括仪器设备的选择(如管线探测仪、探地雷达等)和具体技术方法的选择(如感应法、传导法、夹钳法、回线法等),并归纳总结各种方法的异常特征和适用条件。

方法试验的地段的选择要有代表性,要考虑管线的种类、管线的材质、不同埋深,不同的地球物理条件和场地环境,使试验结论在全测区内具有指导意义。

(2)确定各种方法的最佳工作参数。

对于不同的地下管线,不同的材质、规格和埋深,不同的地质、地球物理条件和不同的外界干扰情况,通过对比和统计确定各种方法的最佳工作参数,最大限度地提高观测信号的信噪比,以便把管线异常从背景场中有效地提取出来。

要确定的工作参数主要有:激发方式、最小激发功率、信号频率、时窗宽度、采样率、滤波系数、最小收发距和最大追踪距离等。

(3)分析探查误差的分布规律和确定修正方法。

以电磁法为例,均匀介质中长直载流导线的电磁场、偶极子场和电磁感应等是使用管线仪探查地下管线的理论基础。对于埋设在野外的单条长直金属管道,使用管线仪可以很准确地确定它在地面的投影位置和埋深。但对城市地下管线探查,情况却要复杂得多。首先,地下管线不是简单的长直状分布,而是有转折、有分支,同时还受到外界多种因素的干扰。干扰的类型主要有:其他非目标管线的物理场、天然电磁场、工业电磁场、来往车辆的脉冲电磁场和机械振动等。地下介质的不均匀也是引起定位、定深偏差的重要原因。因此,要通过在已知管线上的探测结果,统计分析定位偏差的规律性,统计确定较准确的埋深测定方法和修正系数,以便在探查中对探测结果进行修正。

（4）仪器的精度检验。

用多台仪器在一个测区进行面积探查时，一般应对参加普查的仪器做一致性检验，这样才能保证总体探测结果质量的一致性。检验的方法是对若干地段的若干个管线点的各台仪器分别进行探查，然后对所有仪器和每台仪器进行一致性统计。一致性检测不合格的仪器不能投入使用。在实际工作中，常用仪器的精度检验来评价投入仪器的性能，精度检验是选择已知管线进行定位精度、测深精度检查，满足探查精度要求的仪器才可投入使用。认真做好仪器精度检验，将为高质量完成地下管线探查打下坚实的基础。

2.物探方法的综合运用

在城市地下管线探查中，最常用的物理探查方法有两种。

（1）频率域电磁法。

常用的仪器为管线探测仪，具有仪器轻便、效率高的特点。对一般地下电缆和连通性较好的金属管道有很好的探测效果，是地下管线普查使用的主要方法。但对非金属管道和电连通性不好的金属管道，一般的管线探测仪往往无能为力。

（2）电磁波法（探地雷达法）。

利用地下管线与周围介质之间普遍存在的介电性、导电性和导磁性差异，来探测非金属管道和金属管道的主要方法。但探地雷达法采用横剖面法作业，采集的剖面数据往往需要在室内做必要的数据处理和解释，效率较低。

在地下管线探查过程中，应根据不同的管线类型和周围介质的物性差异，选用不同的探查方法。对一种方法效果不明显的地段，可采用综合方法进行探测。如电磁感应法和电磁波法结合探查埋深较大或电连通性不好的金属管线，电磁波法与其他物探方法结合探查非金属管道，以提高探测结果的可靠性。在具体探测中，还应根据实际情况，采用不同的技术方法和工作装置。如对某些埋深较大的金属管道，若感应法效果不好，可尝试采用直接法、回线法等。受管线材质、规格、埋深、接口方式和外界干扰等诸多因素的影响，在某些地段下埋设的地下管线，用单一的物理探查方法可能效果都不好，但合理地使用综合物理探查方法，对探测结果做综合解释，往往能取得很好的效果，这是地球物理探查本身特点所决定的。所以，对疑难管线要坚持合理使用综合探查方法，以提高探测结果的可靠性。

3.重视检查工作

目前，用于地下管线探查的物探方法已经比较完善，使用的仪器设备也达到数字化、智能化的程度；但物理探查毕竟是一种间接方法，探测中还要时时受到外界各种电磁场和机械振动的干扰，探测结果有误差甚至个别发生错误都是正常的。我们的目标是如何尽可能地消除错误、减小误差，保证地下管线探查的总体质量。除了在扫面施工中要认真探查、一丝不苟外，还要切实做好检查特别是自检工作。

（1）自检包括仪器重复探查，布置一定数量的开挖检验点。

（2）检查点的布点原则要考虑到各类管线，空间分布做到大致均匀，总体控制。切忌平均分配，重点要放在探查中的疑难地段。

（3）自检中，除管线点的定位和埋深需要检查外，还要对管线材料、管线规格、连接关系等调查结果重新加以确认。

（4）要把开挖点主要放在观测信号不好或干扰严重的疑难管线上，使开挖验证成为解决疑难问题的重要手段。

(5)对检查出的定位错误的管线点,除对本身进行改正,还要对周围一定范围内与该点有连接关系的点重新进行探测。

(6)要充分利用直接法获得的宝贵数据,与不同地段、不同管线类型的物探结果做对比统计分析,检验物探结果是否存在系统偏差,必要时可酌情对相邻局部管线点的点位和埋深做适当的修正。

这样,自检就不是简单地对探查精度作出统计评定,而是全面提高探查成果质量的重要技术手段。

二、质量检验方法

对于地下管线隐蔽管线点的探查精度,CJJ 61—2003《城市地下管线探测技术规程》明确规定:平面位置限差 δ_{ts} 为 $0.10h$,埋深限差 δ_{th} 为 $0.15h$(h 为地下管线的中心埋深,单位为 cm,当 $h<100$ cm 时,则以 100 cm 代入计算),并且探查应满足特殊情况下对探查精度的特定要求。为了保证探查结果的精度和质量,探查时在做好保证措施的同时,要采取相应的检验方法对探查结果作出质量评价。

1. 重复探查与评价

重复探查是探查质量检验的重要方法之一。对于明显管线点采用重复量测方法,用式(1-4-21)计算量测中误差 m_{td}(其值不得超过 ±2.5 cm)

$$m_{td} = \pm\sqrt{\frac{\sum\limits_{i=1}^{n}\Delta d_{ti}^2}{2n_2}} \tag{1-4-21}$$

式中,Δd 为明显点埋深量测误差,n_2 是明显点检查点数。

用管线探测仪重复探查是针对隐蔽管线点,用同类仪器、同一方法对同一管线点在不同时间进行重复探查。重复探查量不少于全区总点数的 5%,然后统计计算隐蔽管线点点位中误差 m_{ts} 及埋深中误差 m_{th}。统计公式分别为

$$m_{ts} = \pm\sqrt{\frac{\sum\limits_{i=1}^{n}\Delta S_{ti}^2}{2n}} \tag{1-4-22}$$

$$m_{th} = \pm\sqrt{\frac{\sum\limits_{i=1}^{n}\Delta h_{ti}^2}{2n}} \tag{1-4-23}$$

式中,ΔS_{ti}、Δh_{ti} 分别为隐蔽管线点的点位偏差和埋深偏差,n 为隐蔽管线点的重复探查点数。当 m_{ts} 和 m_{th} 不大于对应限差 δ_{ts} 和 δ_{th} 的 0.5 倍时,探查结果精度符合要求。δ_{ts}、δ_{th} 的计算式分别为

$$\delta_{ts} = \frac{0.10}{n_1}\sum\limits_{i=1}^{n_1}h_i \tag{1-4-24}$$

$$\delta_{th} = \frac{0.15}{n_1}\sum\limits_{i=1}^{n_1}h_i \tag{1-4-25}$$

式中,h_i 为各检查管线点的中心埋深,当 h_i 小于 100 cm 时,取 $h_i=100$ cm。

2. 开挖验证

对地下管线探查结果的质量或准确程度进行检验,开挖验证是最直接和最有效的方法。对隐蔽管线点探查结果进行实地开挖检验,也是 CJJ 61—2003《城市地下管线探测技术规程》所强制规定和要求的,因此在实际工作中,应按照下列规定对探查结果进行开挖验证并评价探查质量。

(1)在一个测区内,开挖点应在隐蔽管线点中均匀分布,随机抽取不少于隐蔽管线点总数的 1% 且不少于 3 个点。

(2)开挖管线与探查管线点之间的平面位置偏差和埋深偏差小于对应限差 δ_{ts} 和 δ_{th} 的点数,小于或等于开挖总点数的 10% 时,该测区的探查工作质量合格。

(3)超差点数大于开挖总点数的 10%,但少于或等于 20% 时,应再抽取不少于隐蔽管线点总数的 1% 进行开挖验证。两次抽取开挖验证点中超差点数小于或等于总点数的 10% 时,探查工作质量合格,否则不合格。

(4)超差点数大于总点数的 20%,且开挖点数大于 10 个时,该测区探查工作质量不合格。

(5)超差点数大于总点数的 20%,但开挖点数小于 10 个时,应增加开挖验证点数到 10 个以上,按上述原则再进行质量验证。

1.4.7　地下管道泄漏探测技术与方法

地下管线泄漏包括:给排水管道、燃气管道、输油管道,以及电力、电信等管线的泄漏。这里讲的地下管道泄漏探测主要是给排水管道泄漏探测。

一、给排水管道泄漏探测技术方法

水是宝贵的自然资源,它已成为世界各国国民经济和社会发展的重要制约因素。我国人均水资源占有量只有世界人均的 1/4,北方地区缺水状况尤其严峻,水资源的短缺已成为经济和社会可持续发展的瓶颈。根据有关部门调查,我国供水管网漏损非常严重,平均漏损率在20% 以上,而且在逐年增加,北方尤其严重,有的城市的供水效率只有 30% 多,漏损率高达66%。据统计,全国每年漏损导致的损失水量有 100 亿吨之多。造成漏水的原因主要是供水设施自然老化、地基下沉、交通负荷、土壤盐碱化、施工不良等因素,并形成了明漏点和暗漏点。供水管网的泄漏探测是减少漏损的主要措施之一。

随着城市基础设施建设的发展,城市地下管线复杂、交错。排水管道作为城市地下管线的重要组成部分,应进一步加强运行维护管理。地下排水管道长期运行,管材本身或外界原因会造成损坏而泄漏,管道堵塞会造成冒水或污水四溢,不仅影响市容和交通,还会造成环境污染;埋藏于地下的漏点不易被发现,长期得不到控制维修而引起地面塌陷,给建筑物及道路的安全带来威胁,在沿海和山城地区排水管道长期泄漏可能诱发滑坡等地质灾害。

此外,由于排水管道泄漏和燃气管道泄漏导致的安全与环境问题日渐突出。在构建节约型社会和和谐生存环境的今天,排水管道和燃气管道泄漏探测同样日显重要。这里,对目前常用的几种检测方法与技术做一介绍。

1. 测漏方法

听音检漏法分为阀栓听音和地面听音两种。前者用于查找漏水的线索和范围,简称漏点预定位;后者用于确定漏水点位置,简称漏点精确定位。

漏点预定位是指通过听漏棒、电子听漏仪及噪声自动记录仪来探测供水管道漏水的方法。

根据使用仪器的不同,预定位技术主要有阀栓听音法和噪声自动监测法。

(1)阀栓听音法。

地下管道中的水(流体)在一定压力作用下从漏点冲出,管道水泄漏后产生的噪声沿管道以压力波的形式向两端传播,压力波传播过程中使管壁产生机械振动,发出连续的振动声,即为管道设施上因泄漏而产生的漏水声。通过各种听音设备,在阀栓上就可以监听到漏水声音。

阀栓听音法是用听漏棒或电子放大听漏仪直接在管道暴露点(如消火栓、阀门及暴露的管道等)听测由漏水点产生的漏水声,从而确定漏水管道,缩小漏水检测范围。金属管道漏水声频率一般在 $300\sim2\,500$ Hz 之间,非金属管道漏水声频率在 $100\sim700$ Hz 之间。听测点距漏水点位置越近,听测到的漏水声越大;反之,越小。

(2)地面听音法。

漏点产生的噪音除沿管道向两侧传播外,同时可透过地层传至地面。通过预定位方法确定漏水管段后,用电子放大听漏仪在地面听测地下管道的漏水点,并进行精确定位。听测方式为沿着漏水管道走向以一定间距逐点听测比较,地面拾音器越靠近漏水点,听测到的漏水声越强,在漏水点上方达到最大。

目前国内使用的听漏仪的发展,是从模拟信号处理发展到现代的数字信号处理。采用数字信号处理,使得抗环境噪声干扰能力增强,数字化仪器能实现数字频率分析、数字滤波、瞬时值和最小值记录及区分漏水与短时用水的连续监测等功能。

(3)噪声自动监测法。

泄漏噪声自动记录仪是由多台数据记录仪和一台控制器组成的整体化声波接收系统。当装有专用软件的计算机对数据记录仪进行编程后,只要将记录仪放在管网的不同位置,如消火栓、阀门及其他管道暴露点等,按预设时间(如凌晨 2:00—4:00)同时自动开/关记录仪,可记录管道各处的漏水声信号。该信号经数字化后自动存入记录仪中,通过专用软件在计算机上进行处理,从而快速探测装有记录仪的管网区域内是否存在漏水。人耳通常能听到 30 dB 以上的漏水声,而泄漏噪声自动记录仪可探测到 10 dB 以上的漏水声。

数据记录仪的放置距离视管材、管径等情况而定,一般来说,金属管道可选 $200\sim400$ m 的间距,非金属管道应在 100 m 之内。

判别漏水的依据是:每个漏水点会产生一个持续的漏水声,根据记录仪记录的噪声强度和频繁度来判断记录仪附近是否存在漏水,计算机软件自动识别,并作二维或三维图。

使用泄漏噪声自动记录仪检漏有如下优点:①检漏有规律,有助于发现早期漏水迹象;②能自动开始和停止工作,不用人听测,降低了劳动强度和费用;③仪器操作简便,可用计算机进行文件汇编。

(4)相关探测法。

相关探测是泄漏探测的主要方法之一,对于有条件进行相关探测的漏水异常地段进行相关探测可以准确确定漏水异常点位置。一般相关仪是由一台主机、两台无线电发射机和两个高灵敏加速度传感器组成。把两个传感器放置在管道的暴露点上,放置探头的位置必须处理干净,再准确输入管道参数(管材、管径、相关距离),才能正确操作。相关仪在两分钟内便可测出漏点,其具有时间域和频率域(FFT)实时相关处理功能;同时具有高分辨率(0.1 ms)、频谱分析及陷波、自动滤波、测量管道声速和距离等功能。但相关仪在相关测试时对管道压力要求很高,在相关距离内漏水声必须被两个传感器接收到,否则无法相关。采取的办法是用寻管仪对管线准确定位,再打探孔找到管线位置,然后放置探钎,以缩短相关距离。另外无线电发射机和发射的信号容易受外界干扰,使检测结果产生误差,这些都是无法避免的。

该法特别适用于环境干扰噪声大、管道埋设较深或不适宜用地面听漏法的区域。用相关仪可快速准确地测出地下管道漏水点的精确位置。当管道漏水时,在漏口处会产生漏水声波,并沿管道向远方传播。当把传感器放在管道或连接件的不同位置时,相关仪主机可测出由漏口产生的漏水声波传播到不同传感器的时间差 T_d,只要给定两个传感器之间管道的实际长度 L 和声波在该管道的传播速度 V,则漏水点的位置 L_x 计算式为

$$L_x = (L - V \times T_d)/2 \tag{1-4-26}$$

式中,V 取决于管材、管径和管道中的介质,单位为 m/ms,相关数据全部存入相关仪主机中。

多探头相关仪是集预定位和精定位于一体,只需一次测试就可完成区域泄漏普查和漏点精确定位的新型相关仪。任意两个探头都能定位漏水点,一次测试可定位多个漏水点;探头可在任意时间开始记录,记录次数及间隔由操作者设定,探头数量也根据现场情况而定;探头仅采集现场漏水声数据,受外界噪声干扰很小,将数据下载到计算机中就可进行漏水点的预定位和精定位。因此,多探头相关仪在实际工作中有着广泛的应用,其人性化的设计减轻了使用者的劳动强度。在非金属管和大口径管道(DN500、DN600)上应用效果很好,这是别的相关仪所达不到的;对漏点漏量很小的管道,多探头相关仪也能检测出结果。

(5)分区检漏法。

在管道听测漏水声时,一般来说,漏点大产生的漏水声比漏点小产生的漏水声要大一些,但漏点大到一定程度后漏水声反而小了。因此,我们不能认为听到的漏水声大,漏水量就大,有时实际情况正好相反。分区检漏法按漏水量大小进行分类能控制和排除大的漏水点。

每个管网中都存在多处小的漏水点和几处大的漏水点,经验表明,漏水总量的 80% 是由 20% 的大漏水点造成的。尽快排除大的漏水点才能更好地控制漏耗,降低漏失率。分区检漏可大大提高检漏速度。

用流量计进行分区检漏时:首先关闭与该区相连的阀门,使该区与其他区分离,然后用一条消防水带一端接在被隔离区的消火栓上,另一端接到流量计的测试装置上;再将第二条消防水带一端接在其他区的消火栓上,另一端接到流量计的测试装置上;最后开启消火栓,向被隔离区管网供水。借助于流量计,测量该区的流量,可得到某一压力下的漏水量。如果有漏水,可通过依次关或开该区的阀门,发现哪一段管道漏水。

采用分区检漏法检漏的优点有:①能迅速排除大的漏水点;②系统地测试,可进行管网状况分析;③用所测流量与正常流量比较,可以发现漏水的早期迹象。

(6)示踪气体探测法。

氢气是比重最小、穿透能力最强的气体,10 cm 厚的水泥地面 2～4 h 就能穿透,一般泥地 1 h 以内可以穿透。将含 5% 氢气、95% 氮气的混合气体减压从管道上游注入,让它随水而流,从漏水孔逸出并穿过地面。操作人员持氢气检漏仪沿管道地面慢慢走,仪器探头遇到逸出的氢气报警,下面就是管道漏水处。

在周围环境噪音很大,且无法排除或相关探测、路面听音不能有效解决时,可用示踪气体法确定漏点的位置,特别是不加压的新敷设管道,检漏效果更好。

(7)红外线成像法。

任何物质只要有温度就会辐射红外线,温度不同,辐射的红外线就有差异。自来水与地面

温度有较大差异时,通过红外线成像设备就可以得到温度差形成的图像。

使用范围:水温和气温存在较大差异时测漏效果最理想。最佳用途是在冬季对供热管道检漏。

(8)管道内部闭路电视摄像法。

闭路电视(CCTV)系统是一种 360 度彩色闭路电视摄像系统,由三部分组成:主控器、操纵线缆架、带摄像镜头的"机器人"爬行器。核心部分为摄像设备与录像设备。摄像设备包括用于操控摄像过程的控制器、用于监视摄像过程的监视器、摄像头和传输电缆。整套系统由小型发电机或蓄电池提供电源。按照管道的规格(管径或截面)不同、CCTV 型号不同,分为车载型和推杆式,主要适用管径 25~1 500 mm 的管道。对于管径大于 1 500 mm 的管道,一般采用人力携带摄像头进入管道完成检视和摄像。

一般情况下,操作员通过主控器控制爬行器在管道内前进的速度和方向,并控制摄像头将管道内部的视频图像通过线缆传输到主控器显示屏上,操作员可实时地监测管道内部状况,同时将原始图像记录存储下来。当完成 CCTV 的外业工作后,根据检测的录像资料进行管道缺陷的编码和抓取缺陷图片,编写检测报告,并根据用户的要求对 CCTV 影像资料进行处理,提供录像带或者光盘存档,做进一步的分析以指导管道修复工作。

在 CCTV 工作之前应准备好基础资料,主要包括平面位置图、入井调查资料(管径、材质、管线性质、流向、管道埋深及高程、井盖高程)。经过 CCTV 工作应该得到如下成果资料:被检视管道内部状况及说明的录像带、检视工作成果记录表。录像带中包括清晰的图像信息、图像的必要文字说明。成果记录表则包括工作地点、工作日期和时间、作业人员、作业单位、委托单位、起止点(井)号、管径、管材、用途、检视长度及发现的问题等。

目前,国内很多城市正在开展或准备开展地下管线普查,为发挥地下管线资料的作用而探索建立动态更新机制。排水管道的运行维护机制的建立也正在引起重视。CCTV 是一种检视管道内部状况的有效手段,作为日常检视方法。通过定期的检查,可以为管道运行维护提供可靠的信息,也可减少和避免因管道隐蔽泄漏导致的安全隐患和环境污染。

此外,为避免因施工质量问题造成经济损失或安全隐患,传统检查方法的缺点和漏洞已被认识,CCTV 作为一种比较先进的管道检查方法,在国外的管道施工监理过程中早有应用。通过 CCTV 检视,可及时发现接口错位、下沉、裂缝、垃圾及以次充好的施工质量缺陷,排除后期事故隐患,减少不必要的经济损失。

2.测漏的应用

图 1-4-17 是在某城市的一柏油路面下,通过听音法和相关定位法,对埋深 0.65 m、管径50 mm 的铸铁自来水管进行查漏。查明一因腐蚀和压迫造成的漏点,经计量验证漏量为8.67 m³/h。

图 1-4-17　听音法测漏实例

图 1-4-18 是 CCTV 检视实例:(a)图像显示了管道接头严重错位情况;(b)图像清晰地显示出管道缺陷破洞的位置,以及垮塌堆积的泥石使管道截面积减少了 15%。

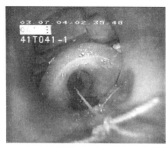
（a）管道接头严重错位影像

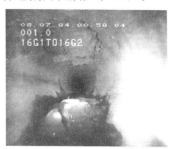
（b）管道破洞影像

图 1-4-18　CCTV 检视结果

二、燃气管道泄漏探查

燃气的种类分为人工煤气(主要成分为氢气、一氧化碳)、天然气(主要成分为甲烷)和液化石油气(主要成分为丙烷、丁烷)。燃气管道气体泄漏具有以下特点。

(1)隐蔽性:气体泄漏不像水泄漏、油泄漏那样直观、明显,具有隐蔽性。

(2)范围大、容易扩散:气体泄漏后会沿一定通道向周围(地面裂缝、土壤、地下管沟等)扩散。

当输送可燃性气体的地下管道被腐蚀或破裂穿孔后,会产生泄漏,且由于气体具有扩散性,向四周扩散时,近泄漏点处浓度高,远泄漏点处浓度低。利用气敏探头进行浓度检测,当接触到可燃性气体后,传感器输出电压信号增大使得检漏仪表头指示迅速变大,并发出音响报警信号,根据气体浓度变化,结合探管、风向等综合因素进行分析,即可找到漏点位置。

具体实施是在防腐层检测评估及防腐层破损点定位的基础上,利用专业气体探测仪沿管线走向,尤其是防腐层破损点在地面上投影位置的周围进行仔细寻查,地面板结可打孔,也可寻找地面煤气缝隙、孔洞。将探头吸盘贴在地面上,如果有报警信号,将探头迎风,则报警消失,若反复几次结果相同,可初步确定煤气泄漏点存在。在管道防腐层破损点上方附近打孔,用气体探测仪进一步探查,如仍有报警声且浓度最大点与防腐层破损点位置一致,该点即为漏气点。

1.4.8　地下管道防腐层检测方法与技术

根据各有关大城市管网腐蚀的调查结果,21 世纪初我国大部分城市地下管网已经接近寿命期,因防腐层老化、腐蚀泄漏日趋严重,年损失量将达数百亿元人民币,将成为困扰我国城市建设和社会安定的"世纪问题"。为了避免这类突发性事故的发生,有必要对城市管道进行防腐检测,目的在于通过对管体、防腐层、埋设环境的考察,确定管网可能存在的腐蚀隐患,以便有的放矢地对管网进行维护和改造,从而做到防患于未然。

一、方法介绍

1.皮尔逊法

该法又叫做电位分布与电位梯度法(DCVG),是用来找出涂层缺陷和缺陷区域的方法。此方法不需阴极保护电流,只需将发射机的交流信号(1 000 Hz)加载在管道上。因操作简单、快速,曾广泛使用于涂层监测中。但检测结果准确率低,受外界电流的干扰,不同的土壤和涂层段组都能引起信号的改变,判断缺陷及缺陷大小依赖于操作员的经验。该法主要用来查找防腐层的破损点,严格地说是查找"漏铁"部位,不能对包覆层的绝缘性能做分级评价,但与其他方法共同使用可得到较好的检测效果。该法效率高,成本较低,操作简便,能实地标定防腐层破损点的位置,不需要进行烦琐的内业计算工作。

该法基于"点电流源"的电位分布理论,无论交流电或直流电,电位分布都与介质的均匀程度密切相关。管道周围土壤电阻率的变化,特别是管沟回填土不均匀最容易造成假异常,也就是出现假变向点。当发现变向点时,如果再用磁场分布法予以检验核查,可以排除大部分假异常。

2.等效电流梯度法

该法是检测破损点、缺陷点最常用的手段之一。采用等效电流梯度法查找存在防腐(保温)层破损缺陷的管段非常方便,但准确地确定空间位置并不简单。不受深度变化的影响是利用等效电流梯度法查找破损点、缺陷点的方便之处。但精确定位却强烈地依赖于测点间距的选择和测点间距的测量精度。

3.磁场分布法

从原理上讲,如果管道沿线周围没有铁磁性回填物质,磁场分布法不受土壤介质不均匀的影响,而且观测时不用接地,这是磁场分布法的一大优势。但该法易受深度变化的影响。在其他条件不变的情况下,破损、缺陷点的埋深越大,磁场值就越小。对磁场分布法而言,地貌变化的影响实质上是埋深变化的影响,往往造成磁场曲线的严重畸变,甚至出现假异常。实际工作中,管道以及破损、缺陷点的埋深变化最为常见,磁场分布法的应用并不普遍。但在土壤介质电阻率变化较大或者接地条件非常差(例如水泥路面和沥青路面)的情况下,磁场分布法依然有用武之地。

4.变频选频法

变频选频法最初是为石油长输钢质管道防腐层大修理选段而开发的一种评估防腐层绝缘电阻"优""劣"的检测技术,在埋地管道防腐层不开挖检测评价技术发展过程中发挥了重要作用。检测结果可作为防腐层检漏、维修、大修的依据。

二、检测技术

1.直流电位梯度检测技术

该法通过检测流至埋地管道涂层破损部位的阴极保护电流在土壤介质上产生的电位梯度(即土壤的 IR 降),并依据 IR 降的百分比来计算涂层缺陷的大小,优点在于不受交流电干扰。通过确定电流是流入还是流出管道,还可判断管道是否正遭受到腐蚀。

2.密间距电位测试技术

密间距电位测试(close interval survey,CIS)和密间距极化电位监测(close interval potential survey,CIPS)类似于标准管/地电位(P/S)测试法,本质是管地电位加密测试和加密断电电位测试技术。通过测试阴极保护在管道上的密集电位和密集化电位,确定阴极保护效果的有效性,并可间接找出缺陷位置、大小,反映涂层状况。该法的局限性在于:准确率较低,依赖于操作者经验,易受外界干扰,有的读数误差达 200～300 mV。

3.多频管中电流检测技术

这是以管中电流梯度测试为基础的、检测涂层漏电状况的新技术。它选用了目前较为先进的 RD-PCM 仪器,按已知检测间距测出电流量,测定电流梯度的分布,描绘出整个管道的概貌,可快速、经济地找出电流信号漏失较严重的管段,并通过计算机分析评价涂层的状况,再使用 RD-PCM 仪器的"A"字架检测地表电位梯度,精确定位涂层破点。该技术适用于不同规格、材料的管道,可长距离地检测整条管道,受涂层材料、地面环境变化影响较小,适合于复杂地形,并可对涂层老化状况评级;可计算出管段涂层面电阻 R_g 值,对管道涂层划分技术等级,评价管道涂层的状况,提出涂层维护方式。该法采用专用的耦合线圈,还可对水下管道进行涂层检测。

三、检测仪器

(1)防腐层破损、缺陷点检测常用的仪器见表 1-4-7。

表 1-4-7　防腐层检测常用仪器

检测方法	常用仪器(型号)
电位分布与电位梯度法	RD-PCM、SL-2098 系列
磁场分布法	RD-PCM、C-SCAN
等效电流梯度法	RI-PCM、C-SCAN

(2)评价防腐层防护性能的常用仪器见表 1-4-8。

表 1-4-8　评价防腐层防护性能的常用仪器

检测评价方法	评价参数	常用仪器
视综合参数 异常评价法	绝缘电阻(F)、 视电容率(E)	RD-PCM RI-4000
变频选频法	绝缘电阻(R_t)	AY508Ⅲ
阴极保护参数法	空隙系数(K_s)	电位差计、电流计
NACE 检测方法	归一化的防腐层电导率	电位差计、电流计

四、应用效果

在某城市的燃气管道防腐层检测过程中,利用多频管中电流法对所属范围的地下燃气管道进行防腐层检测。图 1-4-19 为某段管线检测的电力曲线,在电流衰减梯度最大处显示了防腐层破损点位置。开挖验证了检测结果是准确的。

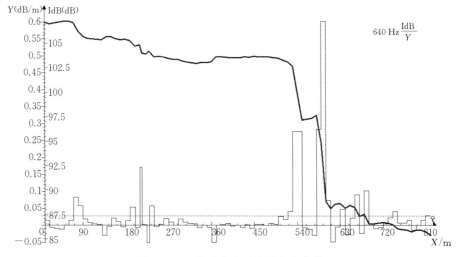

图 1-4-19　管道防腐层检测电流曲线

子学习情境 1.5　国产 BK-6A 型地下金属管线探测仪的使用

教学要求：掌握国产 BK-6A 型地下金属管线探测仪的结构、工作原理和工作方式。

BK-6A 型地下金属管线探测仪是北方中兵科贸有限公司开发研制的 BK 系列探管仪的第六代产品。作为新一代产品，BK-6A 技术成熟，性能稳定，通过了中国兵器工业总公司组织的技术鉴定，被国家科委和建设部同时确定为"国家级科技成果重点推广项目"。自 1994 年上市以来，广泛应用于公路铁路施工、市政工程、管道敷设、地质勘察、工程测绘及城市地下管网管理等各个领域。

1.5.1　电磁法仪器的结构

电磁法工作的仪器分为两大部分：发射机及其附件、接收机及其附件。图 1-5-1 是 BK-6A 型地下金属管线探测仪外形。

（a）发射机　　　　　　（b）接收机　　　　　　　（c）探头

图 1-5-1　BK-6A 型地下金属管线探测仪外形

BK-6A 型地下金属管线探测仪的发射机采用可充电电池；接收机采用分体式，即接收线圈（探头）与信号处理分开，用一根电缆连接。

1.5.2　电磁法仪器的工作原理和工作方式

一、发射机

发射机的作用是给管线注入一个特定频率的信号电流。电流加注的方式有三种：直接方式、充电方式、感应方式。

1.直接方式

发射机的信号电流通过导线直接注入管线，能够获得较大的信号电流，因此在管线密集的地区使用该方式可以提高信噪比，有利于分辨率的提高。但是直接方式要求与管线相接触，现场必须找到管线的暴露点。因而受工作环境条件的限制较大。其工作原理如图 1-5-2 所示。

2.充电方式

充电方式是指发射机的信号电流通过两个跨过管线的接地棒加注到管线上，一般用于低频仪器上。这种方式虽然不需要与管线相接触，但事先必

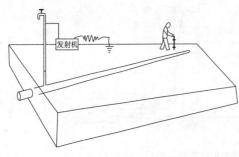

图 1-5-2　直接方式示意

须知道局部管线的位置,因而同样受工作环境条件的限制。其工作原理如图 1-5-3 所示。

3.感应方式

感应方式是目前电磁法仪器最常用的方式,它打破了直接方式和充电方式受环境条件的限制而被广泛采用。BK-6A 型地下金属管线探测仪就采用了感应方式。其工作原理如图 1-5-4所示。

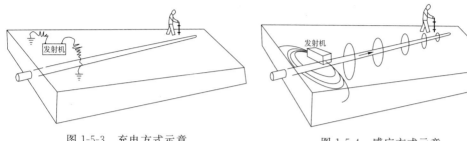

图 1-5-3　充电方式示意　　　　　　图 1-5-4　感应方式示意

根据电磁感应的原理,在一个交变电场周围空间存在着交变磁场,在交变磁场内如果有一导体穿过,就会在导体内部产生感应电动势 E,如果导体能够形成回路,导体内便有电流 I 产生,这一交变电流的大小同发射机内磁偶极所产生的交变磁场(一次场)的强度,导体周围的介质,导体的电阻率,导体与一次场源(发射机)的距离有关。一次场越强,导体电阻率越小,导体与一次场源距离越近,则导体中的电流就越大;反之则越小。对于仪器来说,其一次场的强度是相对不变的,因此,管线中产生的感应电流的大小主要取决于管线的导电性和管线与一次场源(发射机)的距离,其次还与管线周围介质的阻抗及探管仪的工作频率有关。

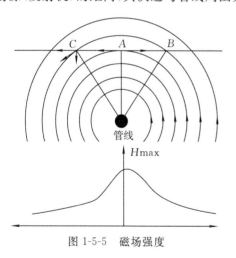

图 1-5-5　磁场强度

二、接收机

接收机的作用是探测发射机加注到管线上的特定频率的电流信号,物探上称为磁异常(地下管线在加注信号后所表现的异常特性)。根据探测到的异常判断管线的空间状态,并通过一定的方式显示出来,由于对信号的处理方法和显示方式不同,就有了不同的接收机。

根据电磁场原理,带电导体周围存在磁场,且相对于管线的中心截面内的磁力线是近似于同心圆分布的。那么在垂直于管线方向上测出一系列点的磁场强度并绘制出图形的话,可以用图 1-5-5 表示,图中的峰值 A 就是物理异常。

1.5.3　BK-6A 型地下金属管线探测仪的基本使用方法

一、放置发射机

打开发射机电源开关,放置在目标管线的正上方(见图 1-5-6),使发射机长边方向垂直于管道上方向。

二、判断管线位置和埋深

使接收机与探头连接好,旋动接收机测量方式至

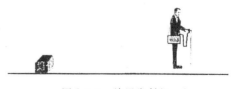

图 1-5-6　放置发射机

自动挡,距发射机15 m处开始探测。保持探头自然下垂,垂直于管线方向左右移动探头,同时注意接收机所发出的信息。

探测管线的过程实际上就是用探测线圈(探头)探测发射机加注到管线上的电磁信号的过程。当探头在地面上扫描探测时,如果地下有管线,探头在管线上方截面方向上移动时,接收机将通过扬声器、表头指针和液晶显示窗分别以声音变换、表头指针的摆动、信号强度的大小三种指示方式来表示信号的异常,从而判断地下管线的空间位置。

1.自动挡探测

将接收机功能旋扭转到自动挡位置。

(1)如果管线在探头的左边,接收机的机械表指针会向左指示,并发出断续音响(嘟、嘟、嘟…),此时应顺指针方向向左移动探头,移动过程中表头指针会逐渐向中间摆动,声音逐渐变小,液晶显示窗的信号数字逐渐增大,如图1-5-7所示。

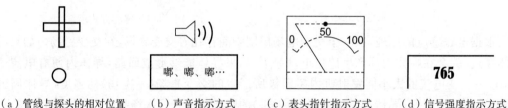

(a)管线与探头的相对位置　(b)声音指示方式　(c)表头指针指示方式　(d)信号强度指示方式

图1-5-7　接收机功能旋钮转到自动挡位置信号显示

(2)当表针指示正中,音响指示为哑音(无声…),数字信号最大时,探头在管线的正上方,此时探头的平面位置就是管线的平面位置,如图1-5-8所示。

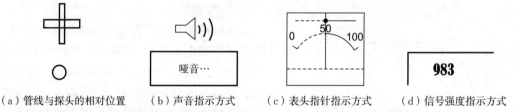

(a)管线与探头的相对位置　(b)声音指示方式　(c)表头指针指示方式　(d)信号强度指示方式

图1-5-8　接收机功能旋钮转到自动挡位置信号显示

(3)如果继续向左移动探头,管线的位置在探头的右边,接收机的机械表指针会偏离中心向右摆动,声音由哑音变为连续音响(嘟、嘟、嘟…),信号数字逐渐减小,此时应顺指针方向右移动探头,如图1-5-9所示。

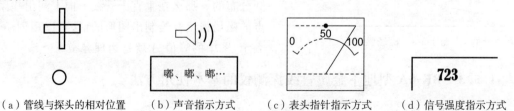

(a)管线与探头的相对位置　(b)声音指示方式　(c)表头指针指示方式　(d)信号强度指示方式

图1-5-9　接收机功能旋钮转到自动挡位置信号显示

(4)按上述步骤确定管线位置后,将探头静止在信号最强处,即管线的正上方,按动探头手柄上的自动测深按钮,液晶显示窗即会显示管线深度。

2.手动挡探测

手动挡探测是自动挡探测的补充,在地下管线较复杂或信号较弱的情况下,用手动方式探测效果较好。

　　手动方式探测时,信号强度是判断地下管线位置的唯一标准,声音指示和指针指示都没有意义。当信号出现明显峰值时,此时探头的位置就是管线的正上方。如果探头扫描的区域内并排多根管线,信号就会连续出现多个明显峰值。此法又叫峰值法。

　　用峰值法确定管线的平面位置后,记下探头在此位置的信号强度(峰值),然后垂直于管线向右慢慢移动探头,同时注意信号显示窗中的数字会逐渐减小,当数字衰减到峰值的一半时,用尺子测量此时探头所在的位置点到管线平面位置点的距离 H_1,用同样的方法向左移动探头测得 H_2,理论上 $H_1 = H_2 =$ 管线的埋深,为了避免其他干扰造成的误差,通常用 $H = (H_1 + H_2)/2$ 来计算管线的埋深。此法称为半极值法。

　　当探头左右移动受现场条件限制时,也可将探头垂直向上提起,当信号衰减到峰值的一半时,测量探头底部到地面的距离即为管线的埋深。

　　为了使半极值法测深更为直观,通常在峰值点的位置调节接收机的手动调节旋钮和发射机的功率调节旋钮,使表头指针指向表盘的满刻度100(此时液晶显示窗的信号强度为1000),然后左右或向上移动探头,当表头指针指向中间刻度50时(此时液晶显示窗的信号强度为500),测量探头到起始位置的距离,即为管线埋深。

1.5.4　BK-6A 型管线探测仪的使用原则

　　(1)使用探管仪前必须检查发射机和接收机的电源电压是否处于正常工作状态(见产品说明书)。

　　(2)当仪器长期搁置不用时,应定期(3 个月)检查仪器的电池,如果电池电压过低,应及时充电。充电时一定要先将充电器的输出插头插入相应的充电插座内,然后再接通电源。

　　(3)一般情况下,接收机应离开发射机 15 m 以上进行探测,以免发射机直接影响接收机。

　　(4)不可在拐弯点处测深,应在离开拐弯点 2 m 的两边测深取均值。

　　(5)当信号显示值大于 500 的情况下探测结果才是可靠的,所以发射机要尽可能靠近管线,同时要保持发射机与接收机的适当距离。

1.5.5　管线探测的常用方法

　　根据管线探测的现场条件,可分为目标探测和盲测两种方法。

一、目标探测

　　目标探测是指探测现场有一定的已知条件,如管线的出地点、入地点、窨井或其他暴露点,根据已知条件我们可以确定管线的局部位置,这时可将发射机放置在管线出入地面的地方或窨井里面,使发射机直接感应管线以获得最大信号,然后根据不同情况选用自动或手动方式进行探测。

二、盲测

　　盲测是指探测现场没有管线的暴露点,对地下管线的情况一无所知的情况下进行管线探测。根据管线探测的目的不同盲测又可分为点探测和面探测两种。

　　1.点探测

　　点探测主要用于钻孔定位。如勘探施工时,为了避免地下管线被钻机打断,必须探测出钻孔下有无管线通过。这种情况下用点探测方法省时、省力,不需调查管线的来龙去脉,只要确定钻孔下有无管线通过即可。具体方法如下：一人持发射机置于钻孔处，另一人持接收机离开发射机 15 m 左右，使接收线圈正对着发射机，慢慢地绕发射机转一圈，探测信号的异常。转圈过程中持发射机者配合转动发射机，始终使发射机正对着探测线圈。

探测过程中如果发现异常点（$A_1,A_2,\cdots,A_n$）。做好标记，然后将发射机置于标记处，向钻孔方向跟踪探测管线，确定出管线距钻孔的距离（$B_1,B_2,\cdots,B_n$）。根据管线与钻孔距离的大小确定钻孔是否处于安全位置，如图 1-5-10 所示。

当探测到钻孔下面有地下管线，如果为单根管线并且管线直径较小时，就会很容易确定钻孔偏移管线的距离，然后重新定位。如果管线为一匝管线，探管仪无法辨别单根管线，只能视为一根。因为管线探测仪的定位和测深是相对于管线中心而言的，如果不知道管线的直径或匝管线的粗细，就要确定一个危险区域。

危险区域的概念是针对管线直径大或匝管线提出的一个经验常数。其确定方法是以管线中心（峰值）为基准，分别向左右移动探头，当信号衰减 10% 时的范围内，即为危险区域。钻孔定位应在危险区域之外并尽量远离该区域。例如，测得一匝管线中心位置 A 处信号为 1000，左右移动探头到信号衰减 10%（900）的 B 处和 C 处，那么 B 和 C 之间的范围就是危险区域，如图 1-5-11 所示。

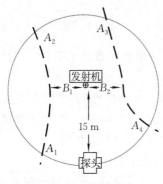

图 1-5-10　点探测

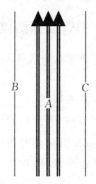

图 1-5-11　危险区域

2. 面探测

面探测即区域扫描探测，是指探测某个区域内的地下管线。该探测方法适用于管道敷设、公路铁路施工、市政工程、基坑开挖等施工场地。假如图 1-5-12 虚线范围是某施工范围，为避免施工造成地下管线的损坏，须事先探测地下管线的状态。具体探测方法如下。

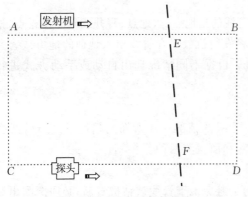

图 1-5-12　双向平行扫描法

（1）双向平行扫描法。

一人持发射机，另一人持接收机分别沿区域的两边 AB 方向同步同方向移动（见图 1-5-12）。探测过程中，保持发射机的长边垂直于接收机方向，接收机与发射机的距离保持在 15～50 m，如果探测区域过大，可分段探测。

如果有管线 EF 通过该区域，那么发射机会在 E 点附近感应管线，则接收机在 F 点出现信号异常，做好标记；将发射机置于 F 点，跟踪探测出 EF 的位置并测深。这样可以探测出 AB 方向上的所有管线。

用同样方法探测出 AC 方向上的管线。

双向同步扫描探测方法简单易行,故经常被采用。如果现场管线复杂,要重复探测,以免遗漏管线。同时要注意探测出的管线是基本平行于发射机—接收机方向的。如果不能排除有与此方向交叉的管线,则须用多方向同步扫描探测或异步扫描探测法。

(2)多方向同步扫描探测。

如图 1-5-13 所示,EF 管线方向既不平行 AB,又不平行 CD,采用双向同步扫描法容易造成漏测。如果发射机和接收机同步移动,当发射机在 E 点时,虽然发射信号感应到 EF 管线,由于接收机距离管线 F 点较远,可能接收不到加注到管线上的信号;当接收机移动到 F 点时,发射机又距离管线 E 点较远,加注到管线上的信号较弱,同样造成接收机接收不到信号,造成漏测。

所谓多方向同步扫描探测,就是除了在 AB、AC 方向进行同步扫描探测外,再增加 AD、BC 两个方向或更多方向上的扫描探测。

(3)异步扫描探测。

异步扫描探测是指管线探测时发射机与接收机非同步移动。由于发射机的感应范围在 2～3 m 时,信号才是稳定可靠的。所以探测时,将发射机每隔 2 m 移动一次位置,并且发射机每移动一次位置,接收机就在垂直于发射机长边的方向上(沿 CD 方向)扫描一遍(见图 1-5-14)。当发射机在 E 点时,接收机在扫描过程中就会在 F 点发现信号异常。同样方法在另一方向(AC 方向)做异步扫描探测。

异步扫描探测虽然烦琐,可使工作做得细致,不容易造成漏测。几种探测方法的选择可根据实际情况而定。

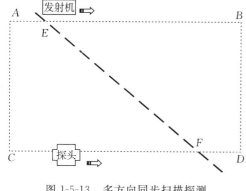

图 1-5-13　多方向同步扫描探测

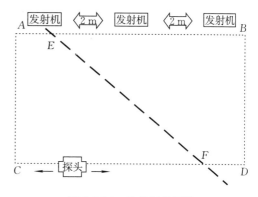

图 1-5-14　异步扫描探测

1.5.6　管线探测的常规经验和信号判断的原则

通常在管线比较单一的情况下,采用以上方法完全可以准确探测出地下管线的位置和深度。但在地下管线较复杂的地区,仅仅依靠以上的基本知识是不够的,还需借助一定的经验常识,掌握一定的分析判别方法。

一、测前调查

测前进行现场调查,最大限度的利用已知条件。如收集相关图纸资料、问询有关知情人、寻找管线的暴露点等。从已知条件入手,根据先易后难的原则,先用目标探测法进行局部探测,再用盲测法进行大面积整体探测。

二、利用逆测法解决串测问题

当发射机置于一位置时,如果地下有多根管线,发射信号会同时不同程度地加注到多根管线上,这样接收机就有可能探测出几个异常点;或者当把发射机放置于某一管线上(如水管),由于该管线电磁传导性能差,随着距离的增加信号衰减很快,而其他传导性能好的管线(如电缆)信号衰减慢,随着探测距离的增加,目标管线的信号强度小于其他管线的信号强度而被覆盖造成误判。这种现象叫做串测。

将发射机置于异常点,与接收机对调位置进行反向探测,即逆测法。串测现象虽然容易引起误判的问题,但串测往往为地下管线探测提供更多的信息。逆测法不仅可以解决串测问题,同时也是管线探测中一种常用的十分有效的方式。

三、运用信号最大原则

接收机同时出现几个异常信号时,说明地下并排多根管线。此时除了注意用逆测法去反向跟踪外,同时还要注意接收机的液晶显示窗中信号强度的大小。信号最强的一个应该是离发射机最近的管线;如果发射机的位置与管线位置的距离大致一样,在埋深相近的情况下,管线的导电性越强,异常信号越强。在导电性相近的情况下,管线的埋深越浅,其异常信号越强。这些原则是管线探测中根据信号强度进行分析判断的重要依据。

四、避免发射机直接干扰的方法

当发射机距离接收机较近时,接收机可能直接接收发射机的信号,造成干扰。此时接收机对发射机时同样产生一个峰值,容易造成误判。用以下方法判断这个峰值是否为发射机的信号。

(1)用自动测深检测。按自动测深钮,如果正常显示深度,说明地下有管线;如不显示深度,只显示"1",再用下面方法检测。

(2)左右旋转发射机约45°,如果接收机信号强度变小的同时,表头指针随着发射机的旋转也向左右偏离中心,说明是直接接收的发射机信号,地下无管线。如果随着发射机旋转,表头指针居中不动,只是信号衰减,说明地下有管线。

五、信号突变的分析判断

一般情况下,在跟踪探测管线的过程中,发射机加注到管线上的信号是沿管线传导,而且是逐渐衰减的,这个衰减过程是连续的。如果接收机所接收到的信号出现突变,即突然变大或变小,此时要注意可能是管线出现了串测、拐弯、分支、变坡或断开等现象。

如果信号突然变大,可能是串测到导电性强的管线上,或此处管线埋深突然变浅(变坡)。用逆测法和测深功能可以解决。

如果信号突然变小,先判断是否是管线拐弯引起的,将发射机以约 5 m 为半径绕突变点转一圈,探测拐弯管线。如图 1-5-15 所示,在 A 点信号突然变小,绕 A 点探测一周:如果是拐弯,测得 B 点、C 点,然后交会拐弯点 A(见图 1-5-15(a));如果是分支点(三通或四通),则分别测出 B 点、C 点、D 点、E 点,交会出分支点 A(见图 1-5-15(b))。

如果能够排除管线拐弯、变坡和串测的可能性,并且继续探测没有信号,那么很有可能是管线裂断造成的或管线到了终点(管线预留的衔接头)。

六、BK-6A 型地下金属管线探测仪使用注意事项

(1)一般情况下,接收机的声音指示、表头指针指示和信号强度指示是统一的。当地下管线复杂、有干扰场存在时,可能出现三种指示不统一的情况,此时应以信号强度指示为准。

(2)一般情况下,自动方式和手动方式探测结果是一致的,如果管线较复杂,自动方式下探

测信号不明显,则用手动方式仔细探测。同时,测深时要注意:如上方有架空管线,要避免用自动测深;如几根管线并排走向,避免使用手动挡半极值测深。

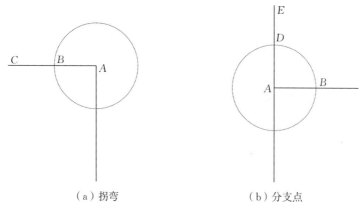

（a）拐弯　　　　　　　　　　　（b）分支点

图 1-5-15　信号突变的分析判断

（3）注意调整接收机和发射机的距离。接收机距发射机 15 m 以外,探测结果才是有效的。至于最远距离,要根据管线种类、埋深情况而定。如电缆一类的导电性强的管线,其有效探测范围可达 200 m 以上,而像铸铁水管的有效探测范围在 50 m 以内。一般根据信号强度来确定,当信号强度小于 500 时,建议适当移动发射机位置,调整接收机与发射机的距离。

子学习情境 1.6　SIR-3000 型地质雷达的使用和图像解译

教学要求:掌握美国 GSSI 公司的 SIR-3000 型地质雷达参数的选择和图像解译。

1.6.1　美国 GSSI 公司的 SIR-3000 型地质雷达的组成

美国 GSSI 公司的 SIR-3000 型地质雷达出雷达系统和显示处理系统两大部分组成,雷达系统由发射脉冲源、收发天线、取样接收电路和主机控制电路等组成。用来获得目标的回波信息。显示处理系统由工控机和地质雷达专用测量、处理软件组成,具备动态测试,实时图像连续显示和数据处理功能。图 1-6-1 和图 1-6-2 为美国 GSSI 公司的 SIR-3000 型地质雷达主机和 100 MHz 收发单置式天线。

图 1-6-1　SIR-3000 型地质雷达主机

图 1-6-2　SIR-3000 型地质雷达 100 MHz 收发单置式天线

工作时,由发射脉冲发出的脉宽为毫微秒量级的射频脉冲,经宽带发射天线耦合到地下,当发射脉冲波在地下传播过程中遇到介质分界面、目标或其他、非均匀体时,一部分脉冲能量反射回到地表,由地表上的宽带接收天线接收。取样接收电路在雷达主机取样控制电路的控制下,按等效时间采样原理将接收到的高速重复视脉冲信号转换成低频信号,发送到显示系统进行实时显示和处理。

实际探测过程中,天线沿测线移动,脉冲信号不断地被发射和接收。显示处理系统将 A/D 转换后得到的数字信号按一定方式进行编码排列及处理,以二维形式给出连续的地下剖面图像。在剖面图中,不同的介质分界面将有异常显示,依次可对地下结构进行分析和判断。

1.6.2　地质雷达仪器参数的选择

参数的选择贯穿于整个数据的采集和处理的全过程。现场测量开始前应该对雷达的采集参数进行设定,该工作最好在进入现场前在室内完成,进入现场后可根据情况略加调整。参数设定的内容包括时间窗口大小、扫描样点数、每秒扫描数、模拟与数字(A/D)转换位数、增益点数等内容。参数设置是否合理至关重要,会影响到最终采集数据质量。图 1-6-3 为 SIR-3000 型地质雷达参数设置与数据采集界面。

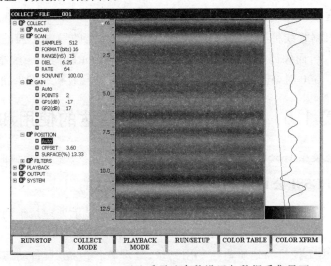

图 1-6-3　SIR-3000 型地质雷达参数设置与数据采集界面

一、探测深度与时窗长度

探测深度的选取非常重要,既不要选得太小丢掉重要数据,也不要选得太大降低垂向分辨率。一般选取探测深度 H 为目标深度的 1.5 倍。根据探测深度 H 和介电常数 ε 确定采样时窗长度(Range,单位为 ns),即

$$\text{Range} = 2H(\varepsilon)^{1/2}/0.3$$

例如对于地层岩性为含水的砂层时,介电常数为 25,探测深度为 3 m 时,时窗长度应选为 100 ns,时窗选择应略有富余,宁大勿小。

二、A/D 采样分辨率

雷达的 A/D 转换有 8 bit、16 bit、24 bit 可供选用。选择 24 bit 动态大,强弱反射信号都能记录下来,探测深度大、时窗长时采用;16 bit 动态中等,中高频天线、探测 2～5 m 时采用;8 bit 动态小,采集速度快,探测深度小于 1 m、时窗小时采用。

三、扫描样点数

扫描样点数有 128、256、512、1 024、2 048 可供选用,为保证高的垂向分辨,在容许的情况下尽

量选大。对于不同的天线频率(Fa)、不同的时窗长度(Range),选择样点数(Samples)应满足

$$Samples \geqslant 10^{-8} \times Range \times Fa$$

该关系式保证在使用的频率下一个波形有 10 个采样点。例如:对于 900 MHz 天线、40 ns 采样长度的时窗,要求每扫描线样点数大于 360,可以选择接近的值 512;对于 100 MHz 天线、500 ns 采样长度,样点数应大于 500,因而可以取 512 或 1 024。样点数大对提高资料的质量有利,但耗时较大,影响工作速度。

四、扫描速率

扫描速率是定义每秒钟雷达采集多少扫描线记录,扫描速率大时采集密集,天线的移动速度可增大,因而尽可能地选大些。但是它受仪器能力的限制。对于一种类型的雷达,他的A/D采样位数、扫描样点数和扫描速度三者的乘积应为常数。当扫描速率决定后,要认真估算天线移动速度(TV)。估算移动速度的原则是要保证最小探测目标尺寸(SOB)内至少有 20 条扫描线记录,例如:探测目标最小尺度为 10 cm(相当于每扫描线 0.5 cm),扫描速率为 64 时,推算天线运动速度应小于 32 cm/s;如果最小目标为0.5 m,则天线移动速度可达 1.6 m/s。

五、增益点数的选择

增益点(gain)的作用是使记录线上不同时段有不同放大倍数,使各段的信号都能清楚地显现出来,增益点的位置最好是在反射信号出现的时段附近。SIR 型雷达设计的增益点为 2~8个,时窗短时选 2 点增益,时窗长时选 4 或 5 即可。点之间的增益是线性变化的,增益的变化是平滑的。增益大小的调节是使多数反射信号强度达到满度的 60%~70%,增益太大将造成信号削顶,增益太小将丢失弱小信号。

六、滤波设置

滤波设置是为了改善记录质量。滤波分为垂向滤波和水平滤波。垂向滤波分高通和低通,高通频率选为天线频率的 1/4,高于这个频率的信号顺利通过,这相当于带通滤波器里的低截频率。垂向低通频率选为天线频率的 2 倍,低于该频率的波顺利通过,这相当于带通滤波器里的高截频率。水平滤波分为水平平滑和背景剔除,目的是消除仪器和环境的背景干扰。水平平滑通常取 3 道平滑,背景剔除功能只在回放时起作用。

七、选择合适的采集方式

雷达的采集方式有多种,对 SIR 型仪器有连续采集、逐点采集、控制轮采集。连续采集是最常用的采集方式,具有工作效率高的特点,便于界面连续追踪。逐点采集一般在表面起伏变化大的情况下采用,或是使用低频拉杆天线时采用。控制轮采集是通过控制轮行走为记录打标记,资料位置标记均匀准确,一般在表面平整的机场跑道、高速公路路面等场合采用。

八、选择适宜的显示方式

雷达显示是现场观察探测结果的直观展示,仪器预设了几个可供选择的彩色显示方式,可以根据不同对象选用,通过比较选择效果最好的方案。

九、分辨率

与地震弹性波相似,可将电磁波在纵向和横向上所能区分地层单元的最小尺度称为地质雷达的垂直分辨率和水平分辨率。显然,分辨率与雷达波的波长和地质体的埋深有关,当地质体埋深一定时,波长越短,雷达波频率越高,其分辨率越高。如:混凝土中电磁波速度 $V = 0.12$ m/ns,主频 $F = 400$ MHz,则其波长 $\lambda = V/F = 0.3$ m,若按 $\lambda/4$ 作为垂直分辨率的下限,则可分辨的最薄地层的厚度为 0.075 m(7.5 cm),若按 $\lambda/8$ 作为分辨率的极限,则可分辨的最

薄地层厚度为 3.75 cm。可见,地质雷达的纵向分辨率是很高的。对于横向分辨率,经类似地分析,也在数厘米到数十厘米的范围。

1.6.3 地下管线的地质雷达图像

一、地下管线二维成像

地下管线的种类繁多,其雷达反射波场特征也表现各异,它们共同的特征是反射波同相轴呈向上凸起的弧形,顶部反射振幅最强,弧形两端绕射波振幅最弱,它们的差异性表现如下。

(1)由于金属管的相对介电常数较小(1~2.5),导电率极强,衰减极大,则金属管顶部反射会出现极性反转,无管底反射。而非金属管的介电常数一般较高,导电率小,衰减小,顶部反射极性正常,管底部反射同相轴明显。

(2)对非金属管而言,管内流动的物质不同,管线的波形特征不同,当管线内部充水时,在水界面发生极性反转,来自管底的反射需要较大的旅行时。

(3)管的直径越大,反射弧的曲率半径越大,对非金属管而言,管顶部与管底部反射时间相差越大。

图 1-6-4~1-6-6 为一些常见地下管线雷达剖面特征。

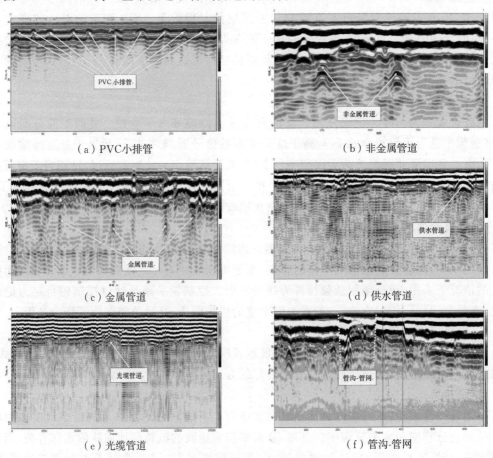

（a）PVC小排管　　（b）非金属管道
（c）金属管道　　（d）供水管道
（e）光缆管道　　（f）管沟-管网

图 1-6-4　常见地下管线雷达剖面特征

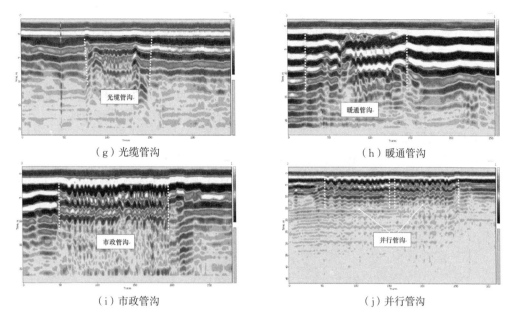

（g）光缆管沟　　　　　　　　　（h）暖通管沟

（i）市政管沟　　　　　　　　　（j）并行管沟

图 1-6-4（续）　常见地下管线雷达剖面特征

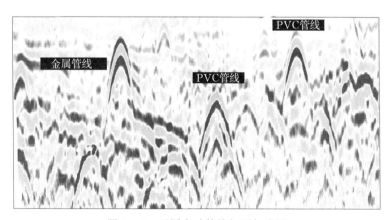

图 1-6-5　不同市政管线探测与成图

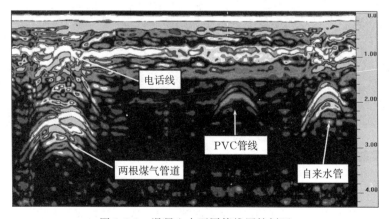

图 1-6-6　混凝土中不同管线原始剖面

通过以上列出的各类雷达图,可以看出不同材质、不同性质的管线在图上有不同的表现,不同埋深、不同大小的管线也有不同的表现,即使是同一种管线,其埋入的土质(即周围环境不同)存有差异,其表现也是不同的。也就是说管线探测是通过管线与其周围介质的物性差异进行的,而这种差异的大小直接影响到探测的有效性和精度,管线埋入的介质如果本身物性差异就很大,将会直接影响到探测工作的有效性,再加上周围环境条件的影响,对资料处理和解释工作都有影响,所以管线探测结果与实际情况可能会有一定的出入,尤其是盲探。

二、金属管线探测实例

使用 400 MHz 天线在马路边缘处探测金属自来水管,探测方向垂直于马路。图 1-6-7 为实测得到的雷达图,图中圆圈表示自来水管的位置,管线顶部的埋深为 1.1 m。经过实际开挖验证,该结果和实际情况吻合。

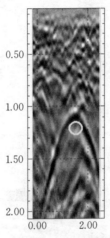

图 1-6-7　金属自来水管探测雷达图

三、PVC 管线探测实例

使用 200 MHz 天线在深圳某小区测量聚氯乙烯(PVC)自来水管道。图 1-6-8 为实测得到的雷达图,图中方框表示 PVC 自来水管的位置,管线顶部的埋深约为 0.75 m。

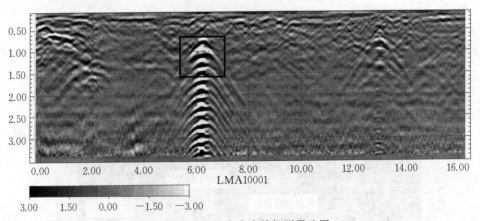

图 1-6-8　PVC 自来水管探测雷达图

使用天线阵雷达系统在北京百万庄大街探测一处 PVC 材料煤气管线。图 1-6-9 为实测得到的雷达图。其中,左部的圆圈标记出的是一污水管,中部的圆圈标记出的是一自来水管,右部的圆圈为 PVC 材料的煤气管,抛物线波形的两叶较短,但由于 PVC 管内是气体,因此反射较强烈,抛物线波形的黑白相间比较明显。

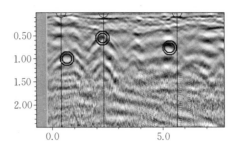

图 1-6-9　PVC 煤气管探测雷达图

四、水泥管线探测实例

使用 80 MHz 天线在首钢检测水泥管。图 1-6-10 为实测得到的雷达图,图中方框表示水泥管的位置,水泥管管顶深度为 3.4 m,外径 600 mm。

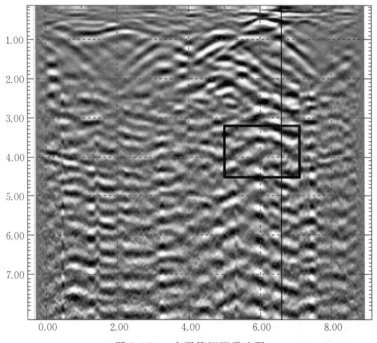

图 1-6-10　水泥管探测雷达图

五、电缆探测实例

使用 200 MHz 天线在深圳某小区探测电缆。图 1-6-11 为实测得到的雷达图,图中电缆及金属管的反映均很明显。

六、铸铁管线探测实例

使用 200 MHz 天线在北京污水处理厂外进行探测,目的是探出一根铸铁自来水管。图 1-6-12为实测得到的雷达图,图中方框表示铸铁管的位置,铸铁管的反映非常明显,深度在1.5 m。

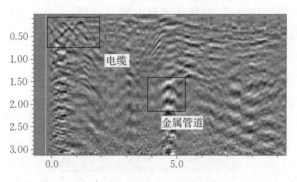

图 1-6-11　电缆探测雷达图

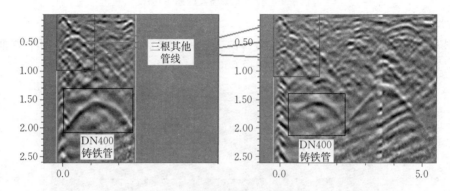

图 1-6-12　铸铁管探测雷达图

七、深部管线探测实例

使用 40 MHz 半屏蔽天线在北京花园桥东马路边探测热力涵洞。图 1-6-13 为实测得到的雷达图,方框表示热力涵洞的位置,从图中可以清晰地看到热力涵洞的反映。

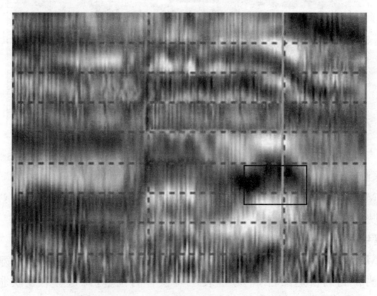

图 1-6-13　热力涵洞探测雷达图

八、地下复杂管线探测实例

使用天线阵雷达系统对某单位进行管线探测，该区域内管线纵横交错，且管线之间相距很近，探测难度很大。扫描方向垂直于管线走向，扫描间隔为 2 m，图 1-6-14 和图 1-6-15 为实测得到的雷达图。

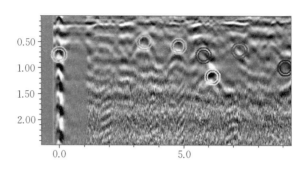

图 1-6-14　横向管线雷达图

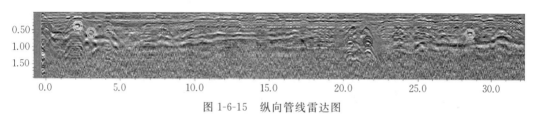

图 1-6-15　纵向管线雷达图

由上图中各管线的埋深、雷达图上估计出的管径大小，并结合现场的实际情况，可以确定管线的种类：从左至右分别是煤气、电缆、自来水、两条电缆、污水管和两条热力管线；从上到下分别是污水管、电力、自来水、雨水、电力和热力管线。

习　题

1. 简述地下管线在城市规划建设和管理中的作用与地位。
2. 地下管线探测的目的是什么？有何意义？
3. 地下管线的种类有哪些？地下管线的材质有哪些？有几种敷设方式？
4. 简述地下管线隐蔽管线点的探查精度。
5. 简述地下管线点的测量精度和地下管线图测绘精度。
6. 地下管线探测的工作模式有几种？
7. 简述管线调查的内容。
8. 简述频率域电磁法的基本原理。
9. 简述频率域电磁法的应用条件和适用范围。
10. 简述频率域电磁法的工作方法。
11. 简述国产 BK-6A 型地下金属管线探测仪的基本使用方法。
12. 简述管线探测的常规经验和信号判断的原则。
13. 简述美国 GSSI 公司的 SIR-3000 型地质雷达参数的选择。

学习情境 2　管线测量的外业工作

知识的预备和技能的要求

 (1)能根据任务书选择管线探测的平面控制网和高程控制网。

 (2)能进行管线带状数字化地形图的测绘。

 (3)能完成管线点的测量。

 (4)能进行管线的定线测量。

 (5)能完成管线的竣工测量。

 (6)能熟练使用全站仪和水准仪。

教学组织

 本学习情境的教学为 22 学时,分为 4 个相对独立又紧密联系的子学习情境,教学过程中以小组为单位,每组根据典型工作任务完成相应的学习目标。在学习过程中,教师全程参与指导,对涉及实训的子学习情境,要求尽量在规定时间内完成外业作业任务,个别作业组在规定时间内没有完成的,可以利用业余时间继续完成任务。在整个教学和实训过程中,教师除进行教学指导外,还要实时进行考评并做好记录,作为成绩评定的重要依据。

教学内容

 在探测的基础上,地下管线测量工作基本内容有:测区已有控制成果和地形图的收集;地下管线点的联测;测量成果资料的整理,以及管线图的绘制。

 本情境围绕项目载体——地铁工程线路穿越城市主干道范围内地下管线的探测技术要求,分解为平面和高程控制测量、已有管线的测量、新建管线的测量和地下管线图测绘 4 个子学习情境。

 子学习情境 2.1　讲述了地下管线测量的工作内容与特点,平面控制测量和高程控制测量作业方法。

 子学习情境 2.2　重点介绍了测量时管线特征点位置的确定和管线点测量基本精度规格以及管线点的平面位置测量方法与要求。

 子学习情境 2.3　主要讲述新建地下管线施工测量时管线点测设的各种方法、地下管线点测量成果整理和验收等内容。

 子学习情境 2.4　主要讲述了地下管线图测绘的工作内容与要求和地下管线图测绘内业成图与整理等内容。

子学习情境 2.1　平面和高程控制测量

 教学要求:掌握地下管线测量的工作步骤、地下管线控制测量的基本精度规格;掌握平面控制测量和高程控制测量的作业方法。

2.1.1　地下管线测量

一、地下管线测量的工作内容与特点

地下管线测量可分为已有地下管线的整理测量(普查)和新埋设管线的竣工测量或新建地

下管线的施工测量(规划放线)。对管线测量本身而言,不管是管线普查测量、管线施工放线还是竣工测量,都称为地下管线测量。它们不同之处在于竣工测量是在管线施工后回土前,地下管线特征点部位明显的情况下进行,施测对象明确,管线变化情况清楚,无须采用管线仪或其他探测手段来查明管线点位置,即可进行管线测量;而普查测量必须先对已埋设的地下管线用探查手段探查出管线在地面上投影位置后,才能开始测量,由于增加了管线的探查,不仅增加了工作量,而且管线点的位置精度比竣工测量要差。普查测量除增加了探查误差,同时还可能对一些复杂地段,留下一些一时查不清的情况,所以从提高地下管线测量的质量出发,应尽量能做到边施工边测量。不论何种测量,最终目的是测量出管线点(或地面标志点)的平面坐标、高程,或直接测绘出地下管线图,或利用获得的管线点成果绘制地下管线专业图、综合管线图等。

地下管线测量与地形图测绘的区别在于,地形图测绘只测绘地面的地物、地貌,而地下管线测量除测绘管线两侧地物、地貌外,还要测量出地下管线特征点的位置(平面坐标和高程)和特征点之间的相互关系。地下管线测量工作基本内容为:测区已有控制成果和地形图的收集、地下管线点的联测、测量成果资料的整理,以及管线图的绘制。对缺少已有控制成果和地形图的测区,还需进行管线点联测所需的基本控制网和补测管线经过区域的地形图;对已有控制成果和地形图检测和修补测。

二、地下管线测量的工作步骤

鉴于地下管线测量的地理环境复杂,管线结构各异、种类繁多、分布密度不匀,以及已有资料可利用程度不高等原因,在管线测量前,应进行测区踏勘和对已有各类资料的全面分析,并结合作业单位的技术设备状况,按"实事求是,切实可行,满足当前,考虑发展"的原则选择最佳测量方案。

1.地下管线测量前的工作准备

(1)对已有资料的收集。

测量方案制订前,应收集测区已有的各种资料并进行分析,包括平面控制、高程控制及地形图等有关技术文件、资料。

——平面控制。

被利用的平面控制点等级应能满足开展管线测量的需要,一般不得低于城市三级导线。点位精度应符合 CJJ/T 8—2011《城市测量规范》中相应等级的技术精度指标。坐标系统应与当地所使用的坐标系统相一致,如果不一致,应有相应的坐标转换关系式;对不一致的坐标成果,又没有转换关系式的,应考虑联测转换参数的方法。同时还应了解点位分布、点的密度、测量年代、施测方法、采用的规范等情况,以确定已有测量成果的可利用程度。对成果质量不清楚的,应提出实地检测方案、检测数量、分布位置、技术方法。

——高程控制。

对被利用的高程起始点成果,其精度不得低于 CJJ/T 8—2011《城市测量规范》中四等水准点精度指标。高程系统应为 1985 国家高程基准,如当地所使用的高程系统与国家系统不一致时,应有相应的转换常数,同时还需了解水准点的分布、密度、施测年代、作业方法及采用的规范等是否满足管线点高程测量所需起始点的数量、位置和精度指标,以确定成果的可利用程度。对质量有怀疑的和高程系统不一致的应提出实地检测方案、技术方法和检测数量。

——地形图及管线资料。

检查地形图比例尺、地形图精度、地形图现势性是否与要求施测的管线图比例尺、精度相一致,现势性能否满足管线图要求,对比例尺和精度符合要求,但现势性稍差的地形图应提出修测方案。其他管线资料(如管线设计图、施工图、竣工图、探查工作草图等)是管线测量的参考图件,主要分析管线信息的准确性、可靠性,以减少管线测绘工作的盲目性,提高作业效率。所以对各类管线资料应进行综合分析,去伪存真,使作业结果能真实反映实际情况。

(2)工具材料准备。

仪器设备是完成测量工作的重要条件,应与选取的作业方法相匹配。当选用解析法测绘管线图测绘时,应选择全站仪或测距仪配合经纬仪电子手簿记录方式。当用常规方法成图时,可选用大平板仪,经纬仪配合小平板仪或小平板仪配合皮尺的传统测图方法;当利用原地形图展绘管线点作业时,在完成地形图修测后,可按传统图根测量(附(闭)合导线、支导线、极坐标)方法选择测量仪器设备,测出管线点坐标,然后展绘到现势地形图上。这些方法作业时,都离不开经纬仪、测距仪、水准仪,仪器质量是否符合要求直接关系到成果精度的好坏。上述仪器的设计和制造不管如何精密、严格,其轴线与其他部件的位置关系在一定的条件下,只能达到相对的正确,仪器误差是绝对存在的。另外,在长途运输、野外作业的使用与搬迁中,都会使它们的关系发生变化,因此要求对投入作业的各类仪器,在工程开始前和作业结束后,应进行必要的检验与校正。由于仪器类型繁多、等级各异,其检验和校正的方法也有所不同。仪器的检验可参考 CJJ/T 8—2011《城市测量规范》中有关章节。

2.实地踏勘

实地踏勘是测量作业不可缺少的一环。踏勘应根据合同或委托书规定的任务区域、作业范围、管线情况以及上工序移交过来的查勘工作草图,在全面分析已有资料基础上,到实地进行踏勘。踏勘的目的在于:查看已有控制点的实地位置、完好程度和控制点的密度分布等情况;了解测量的通视条件;了解现场地物、地貌、地形类别;同时还应核查已有地形图的现势性、可靠性,达到充分利于作业的有利因素,避免对作业的不利因素。在踏勘过程中应随时记录现场情况,并在原有资料上标注变化情况,为优化作业方案提供第一手资料。

3.测量方案制定

在对已有资料分析和现场踏勘的基础上,可着手测量方案的选择。制定作业方案,首先应考虑如何保证质量,在保质保量的前提下,再考虑尽量充分利用城市已有测量资料,减少重复测绘,加快工作周期,节省测绘成本。管线测量按内容可分为地下管线与地形同时测绘和利用原地形图增测管线。前者多属新建管线竣工测量,用于无图地区或管线建设后地形变化过大,需新测地形的情况;而后者多属已建管线普查测量。按测量方法,可分为全解析法、部分解析法和图解法。全解析法指利用基本控制点对管线点和管线两侧地形,测量各个点的平面坐标和高程的方式成图;部分解析法,即管线点和主要地物点用解析法,次要地物点、地貌用图解方法成图(包括利用原有地形图);图解法就是用平板仪测图方法测绘管线点和地形。解析法与图解法相比较,解析法不仅测量结果精度高,直接以平面坐标和高程数据表示点的空间位置,而且解析数据具有独立性,可展于不同比例尺的图上,不受基础地形图精度和地物、地貌的影响,是机助成图和建立数据库的数学基础,具有较强的整体性、科学性,能较快地实现测图数字化、成图自动化,利于标准化和现代化管理。而图解法则是采用测绘地形图的基本方法,测绘出管线和管线两侧地形,用图形形式表示管线及地形,不直接反映管线点的空间数据,难以直接采用计算机进行现代化管理。若要建立管理数据库,尚需经过图形数字化过程、数据精度降低。所以地下管线测量一般宜采用解析法,对实在有困难,且短期内又急需进行地下管线测量的,也可采用图解法。部分解析法实际上就是解析法与图解法相结合的方法,结合的程度应根据设备和要求情况而定。但解析法作业:如采用常规仪器,内外业工作量较大;如采用全站仪施测,就能大幅度减轻劳动强度,提高工作效率。不论哪种类型、采用什么测量方法成图,在确定作业方案时,均需考虑以下几点。

(1)管线图的比例尺及坐标高程系统。

成图比例尺应选择与城市规划部门所使用的基本比例尺地形图,平面坐标和高程系统相一致,以便充分利用原有图件和成果,且便于城市规划、设计和管理人员的直接使用。当城市有多种比例尺系列地形图时,一般应选择现势性较好,又能满足用户在不同工作阶段用图需要的比例尺。管线图比例尺选择可参照表 2-1-1。

表 2-1-1　管线图比例尺选择

比例尺	用途
1：10 000	城市规划设计(城市总体规划、厂址选择、区域位置、方案比较)等
1：5 000	
1：2 000	城市详细规划和工程项目的初步设计等
1：1 000	城市详细规划设计、管理,地下管线和人防工程的竣工图,工程项目的
1：500	施工图设计等

对现势性较差的地形图,应按现行 CJJ/T 8—2011《城市测量规范》中对地形图的修补测要求进行修测。当修测面积大于使用面积 1/2 时,一般应考虑重测,以确保地形图的最终质量。

(2)作业方法的选择。

作业方法的选择,首先应考虑原有资料的可利用程度和被利用资料的质量指标。被利用的资料必须符合 CJJ/T 8—2011《城市测量规范》和 CJJ 61—2003《城市地下管线探测技术规程》的有关规定。凡能达到管线点测量要求的应尽量加以利用,达不到要求的一律舍弃,不可能勉强凑合。其次,还应考虑用户提出的要求:如用户提出要求提供数字化管线图成果,就要考虑采用解析法成图作业进行技术设计;如果要求常规方法成图,就可采用测制地形图的传统工艺作业,也可选择半解析法在现势地形图上展绘管线点坐标成图。不同成图方法,其成图质量和原有资料的被利用程度差异很大。当选用解析法成图时,除控制点外,原有资料的利用率较低,但质量很好,符合数字化成图和建立数据库的要求;如选择常规地形图成图方法,其管线点、地物的精度与图解法一致;采用部分解析法,在地形图上展绘管线点,其质量在二者之间,而管线点的精度明显高于地物、地貌点。

(3)测量方案的基本内容。

——测区概况:作业位置、环境条件、任务量、完成期限。

——已有资料情况:控制点、地形图、有关资料。

——技术依据:执行的规范图式等技术标准。

——作业实施:作业方法、要求、措施。

——仪器设备、人员的组织。

——质量管理办法:质量管理措施、检查验收方法与要求。

——提交成果资料。

2.1.2　地下管线控制测量

城市地下管线测量的内容与一般工程测量工作一样,其实质是将已有的地下管线利用一定的仪器和方法按一定的比例尺测绘在图纸上，或是将图上设计的各种管线和地下设施按一定的精度要求测设到实地上，这两项工作都要通过测量管线点来实现。此外，为便于大规模工程分区、分阶段作业和限制误差的传播和积累，控制测量工作也是必不可少的。所以管线控制测量是管线点在地面及图上相互转换的桥梁，是便于有组织地分区进行生产和保障各阶段地下管线测量工作达到规定精度指标必不可少的工作。从 CJJ 61—2003《城市地下管线探测技术规程》可以看出，这一精度指标与城市 1∶500 测图区的精度指标是完全一致的，故地下管线控制测量的分级和主要技术要求可直接套用 CJJ/T 8—2011《城市测量规范》中有关规定，无须另行设计。控制网的网形设计、选点埋石、主要作业方法、仪器检校均可参照测绘出版社出版的《城市测量手册》。本节仅就管线测量所必须的四等以下平面及高程控制测量基本精度、规格、作业方法等方面进一步论述，以作为地下管线测量作业时参考。

一、地下管线控制测量的基本精度规格

地下管线测量一般是在城市基本测绘的基础上进行的，因而地下管线控制测量应以城市基本控制网为依托，只需适当的做些加密或补漏工作。目前我国城市规划区域内均建有高精度的平面控制网(一般为二、三等三角网，边角网或 GNSS 网)和高程控制网(一般为二、三等水准网)。因此，地下管线控制测量一般只需在城市基本网控制下，根据城市建筑物密集程度、通视条件和管线分布情况，布设四等以下的电磁波测距导线和四等水准附合路线或水准结点网。为作业方便，现将 CJJ/T 8—2011《城市测量规范》和 CJJ 61—2003《城市地下管线探测技术规程》中有关精度指标和主要技术要求汇集于下。

1. 平面控制测量的精度规格

(1)导线测量。

随着全站仪和电磁波测距仪的迅速发展、广泛应用，在城市控制测量、工程勘察与地下管线施测中，以往常规的三角网、边角网、小三角锁的加密方法已被电磁波测距导线替代。电磁波测距导线具有布网灵活方便、通视条件要求低、计算简单、精度易保证等特点。四等以下的电磁波测距导线的主要技术要求见表 2-1-2。

表 2-1-2　电磁波测距导线的主要技术要求

等级	附合导线长度/km	平均边长/m	每边测距中误差/mm	测角中误差/(″)	导线全长相对闭合差
三等	≤15	3 000	±18	±1.5	≤1/60 000
四等	≤10	1 600	±18	±2.5	≤1/40 000
一级	≤3.6	300	±15	±5	≤1/14 000
二级	≤2.4	200	±15	±8	≤1/10 000
三级	≤1.5	120	±15	±12	≤1/6 000

注：①一级、二级、三级导线的布设可根据高级控制点的密度、道路曲折、地物疏密的具体条件，选用两个等级；②导线网中的结点与高级点间或结点间的导线长度不应大于附合导线规定长度的 0.7 倍；③当附合导线长度短于规定长度的 1/3 时，导线全长的绝对闭合差不应大于 13 cm；④光点测距导线的总长度和平均边长可放长至 1.5 倍，但其绝对闭合差不应大于 26 cm，当附合导线的边数超过 12 条时，其测角精度应高于一个等级。

(2)GNSS 定位测量。

卫星定位测量即全球导航卫星系统(GNSS)定位测量。随着空间技术的发展，以卫星为基础的无线电导航定位系统，即 GNSS 技术成为最新的空间定位技术，该系统具有全球性、全天候、高效率、多功能、高精度的特点，用于大地点定位时，测站间无须互相通视，无须造标，不受天气条件影响。同时可获得三维坐标,该技术的应用导致传统的控制测量的布网方法、作业手段和内外作业程序发生了根本性的变革,为测量工作提供了一种崭新的新技术手段和方法。

GNSS 技术发展迅速,20 世纪 80 年代只有美国 GPS 卫星定位系统,20 世纪 90 年代有俄罗斯 GLONASS 卫星定位系统,21 世纪初又出现了欧盟 Galileo 定位系统以及我国的北斗(BD)卫星定位系统。现在已有 GPS、GLONASS 兼容接收机,GPS、GLONASS、BD 三系统兼容机。GNSS 定位根据不同用途有多种作业方法,如连续运行基准站(CORS)、静态、实时动态(RTK)、网络 RTK 等方法。CORS 是 GNSS 连续运行观测;静态用于建立高等级控制网;RTK 和网络 RTK 定位用于建立低等级控制、地形数据采集、工程放线以及地理信息采集等。有关技术标准参照 CJJ/T 73—2010《卫星定位城市测量技术规范》。GNSS 静态定位测量主要技术要求和接收机的选用分别见表 2-1-3 和表 2-1-4。

表 2-1-3　GNSS 网的主要技术要求

等级	平均边长/km	a/mm	b/$(1\times10^{-6}D)$	最弱边相对中误差
二等	9	≤5	≤2	1/120 000
三等	5	≤5	≤2	1/800 000
四等	2	≤5	≤5	1/45 000
一级	1	≤10	≤5	1/20 000
二级	<1	≤10	≤5	1/10 000

注:表中 a 为固定误差;b 为比例误差系数。

表 2-1-4　GNSS 接收机选用

等级	二等	三等	四等	一级	二级
接收机类型	双频	双频或单频	双频或单频	双频或单频	双频或单频
标称精度	≤(5 mm+2× $10^{-6}D$)	≤(5 mm+2× $10^{-6}D$)	≤(10 mm+5× $10^{-6}D$)	(10 mm+5× $10^{-6}D$)	≤(10 mm+5× $10^{-6}D$)
同步观测接收机数	≥4	≥4	≥3	≥3	≥3

2.高程控制测量的精度规格

城市地下管线的高程控制测量工作分为直接水准测量和电磁波三角高程测量,其等级一般为四等,为保证四等水准网中最弱点的高程中误差(相对于起算点)不得劣于 ±2 cm,各等水准测量的主要技术要求不得超过表 2-1-5 的规定。

表 2-1-5　各等水准测量的主要技术要求

等级	每千米高差中数中误差/mm		不符值、闭合差限差/mm				
	全中误差	偶然中误差	测段、区段往返测高差不符值	测段、路线的左右路线高差不符值	附合路线或环线闭合差		检测已测测段高差之差
					平原、丘陵	山区	
二等	≤1	≤2	$\pm4\sqrt{L_s}$		$\pm4\sqrt{L}$		$\pm6\sqrt{L_i}$
三等	≤3	≤6	$\pm12\sqrt{L_s}$	$\pm8\sqrt{L_s}$	$\pm12\sqrt{L}$	$\pm15\sqrt{L}$	$\pm20\sqrt{L_i}$
四等	±10	±5	$\pm20\sqrt{L_s}$	$\pm14\sqrt{L_s}$	$\pm20\sqrt{L}$	$\pm25\sqrt{L}$	$\pm30\sqrt{L_i}$

注:①L_s 为测段、区段或路线的长度,L 为附合或环线的长度,L_i 为已测测段的长度,均以 km 计算;②山区指路线中最大高差超过 400 m 的地区;③检测已测测段高差之差的限差,对单程及往返检测均适用,检测测段长度小于 1 km 时,按 1 km 计算。

随着电磁波测距的广泛使用,电磁波测距三角高程的精度已达到三、四等水准测量的精度指标。施测四等电磁波测距三角高程控制网,应起讫点不低于三等的已知水准点上,其边长一般不应超过 1 km。高程导线全长不应超过四等水准最大长度。

四等电磁波测距高程导线的主要技术要求应符合下列规定。

(1)高程导线边长的测定,应采用不低于二级精度的测距仪往返观测各一测回,测距的各项限差和要求同 CJJ/T 8—2011《城市测量规范》,每站需读取气温、气压值。

(2)垂直角观测应采用觇牌为照准目标,用 DJ2 级经纬仪按中丝法观测 3 个测回。光学测微器两次读数的差:DJ1 级仪器不应大于 1″,DJ2 级仪器不应大于 3″。垂直角测回差和指标差较差均不大于 7″。对向观测高差较差不应劣于 $\pm 40\sqrt{D}$ mm(D 为测距边水平距离,单位取km),附合路线或环线闭合差与四等水准测量要求相同。

(3)仪器高、觇牌高应在观测前后用检验过的钢尺各量测一次,读至 mm,当较差不大于 2 mm 时,取用中数。

(4)每边往返测的不符值可超过水准测量规定的限差值,因为三角高程测量计算用的大气折光系数与测区实际折光系数不一致,在往返观测高差中还剩余不少大气折光改正的影响,但在往返观测结果的平均数中,能较好地抵消大气折光的影响,故路线的闭合差应达到相应等级水准测量规定的限差。

(5)内业计算时,垂直角取位应精确至 0.1″,距离与高程的取位应精确至 1 mm。

3．电磁波测距导线的精度估算

在地下管线控制测量中往往涉及一些超常规的导线,如导线超长或多种形式的支导线。当遇到此种导线的设计时,就需要对最弱点的精度予以估算,确定能否满足规定要求。

(1)导线精度估算的基本方法。

任何形式的导线(如附合导线、支导线、结点网、独立网)均可分解成若干条单一导线。如附合导线可分解为导线起点至最弱点、导线终点至最弱点的两条单一支导线,其加权平均值作为估算该点的点位中误差。又如结点网可分解为结点至相邻高级点、结点与结点间的单一导线。一般精度估算都可通过单一导线的估算方法进行。

(2)精度估算公式。

单一导线最弱点对起算点的点位中误差公式(供近似估算用),即

$$M^2 = na^2 + 2ab[s] + b^2[s^2] + (m_\beta/\rho'')^2[D^2] \tag{2-1-1}$$

式中,n 为导线边数,a 为测距仪标称精度中的固定误差值,b 为测距仪标称精度中的比例误差系数,s 为导线各边边长,由选点图上量取,取至 10 m,m_β 为经纬仪测角的标称精度,D 为导线终点至各点的距离,由选点图上量取,取至 10 m,$\rho'' = 206\,265$。

(3)算例。

[例题]　某一支导线如图 2-1-1 所示,其中 $s_1 \sim s_4$ 为导线边长;$D_1 \sim D_4$ 为导线终点至各点的直线距离;该导线用尼康 C-100 全站仪施测,试估算该支导线最弱点的点位中误差。

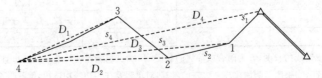

图 2-1-1　支导线最弱点中误差估计

解：尼康 C-100 全站仪标称精度为，水平角一测回测角中误差±6″，测距的固定误差±5 mm，测距的比例误差±5×10⁻⁶D，从选点图上量得 $s_1=120$ m，$s_2=130$ m，$s_3=150$ m，$s_4=150$ m，$D_1=150$ m，$D_2=350$ m，$D_3=430$ m，$D_4=540$ m，$n=4$。

则 $[S]=550$ m，$[S^2]=76\ 300$ m²，$[D^2]=621\ 500$ m²

$$M^2=4\times(5\times10^{-3})^2+2\times(5\times10^{-3})(5\times10^{-6})\times550+(5\times10^{-6})^2\times76\ 300+$$
$$(6/206\ 265)^2\times621\ 500=100\times10^{-6}+27.5\times10^{-6}+1.9\times10^{-6}+525.9\times10^{-6}$$
$$=655\times10^{-6}(\text{m}^2)$$

$$M=\pm\sqrt{655\times10^{-6}}=\pm0.026(\text{m})$$

二、平面控制测量作业方法

1. 导线测量

(1)选点埋石。

各级导线点的选点，应按下列步骤。

——选点前应对地下管线走向，管线周围地物、地貌分布情况进行全面踏勘。将收集的已有控制点分布图、点之记，在已有地形图上进行导线设计，对超长导线进行精度估算。

——选点开始前，应先到已知点上，检查点名与实地是否相符，标志是否完好。

——按设计图选定点位，并根据实地情况调整设计图；如点位有较大变动，应及时向技术负责人报告。

——选点完成后，应绘制选点略图，并向后续工序提供有关情况。

各级导线点点位应符合下列要求。

——相邻点之间应通视良好，以能相互看到目标下部为佳。观测视线与障碍物的距离不应小于 1.5 m，并应避免通过烟囱上部或通风筒的出口。

——点位应设在土质坚实，且利于加密和扩展的开阔地点。

——点位与公路、铁路、高压输电线等应保持适当距离，不宜选在垃圾堆及未经夯实的填土、沟渠边坡等处。

各类标石埋设应符合下列要求。

——混凝土标石的水泥标号不应低于 400 号，砂粒直径为 0.1～0.3 mm，碎石颗粒径应为 10～40 mm，水、水泥、砂、石的体积比为 0.9∶1∶2∶4。

——标石埋设应稳固、耐久，顶面水平。坑底应充填砂石，整平、捣固、夯实，埋石入土后，四周的土应夯实。埋设屋顶标石时，应先除去房顶防水涂层或遮盖层，使标石底部与房顶水泥层结合牢固。

——标石的中心标志应明显，最好采用不锈钢标心，标心应露出标石顶面且不大于 10 mm。

——在岩石地区埋石，可在稳固坚实的岩石上采用现场灌注混凝土。在岩石上凿挖深度不小于 10 cm 的孔穴后，灌入混凝土并插入标志，拍实、整平标石面。

——各类标志、标石的尺寸和埋设深度规格应符合 CJJ/T 8—2011《城市测量规范》的相关规定。

——标石埋设后应绘制点之记。

(2)水平角观测。

水平角观测所用的经纬仪必须进行严格的检验；一个测区开始作业前应对经纬仪进行以

下项目的检验。

——照准部旋转正确性的检验。

——光学测微器行差与隙动差的测定。

——水平轴不垂直于垂直轴之差的测定。

——垂直角微动螺旋使用正确性的检验。

——照准部旋转时，仪器底座位移而产生的系统误差的检验。

——光学对中器的检验和校正。

水平角观测应在通视良好、成像清晰稳定时进行。日出、日落和中午前后，如成像模糊或视线跳动剧烈时，不应进行观测。为消除或减弱度盘分划长短周期误差、测微器分划误差及行差的影响，应使水平角观测各测回均匀分配在度盘和测微器的不同位置上。为此，需事先编制观测度盘表，其变换值可计算为

$$\sigma = (180°/m)(j-1) + i'(j-1) + (w''/m)(j-1/2) \tag{2-1-2}$$

式中，σ 为度盘和测微器位置变化值，单位为（° ′ ″），j 为测回序号（$j=1,2,3,\cdots,n$），m 为测回数，i' 为水平度盘最小间隔分划值，DJ1 型为 $4'$，DJ2 型为 $10'$，w'' 为测微盘分格数（值），DJ1 型为60格，DJ2 型为600″。

导线水平角观测可采用方向观测法，当方向数不多于 3 个时，可不归零。

水平角观测过程中，仪器不应受日光直接照射，日光强烈时应打测伞。测站观测过程中仪器气泡中心位置不应偏离整置中心超过一格。若超过一格，应在测回间重新整置仪器。

为减弱导线测量中仪器整置的对中误差对测角量距的影响，各等级导线宜采用三联脚架法。

导线测量水平角观测的技术要求、方向法观测各项限差分别不应超过表 2-1-6、表 2-1-7 的规定。

表 2-1-6　导线测量水平角观测技术要求

等级	测角中误差	测回数			方位角闭合差/(″)
		DJ1	DJ2	DJ6	
三等	±1.5	8	12	—	$±3\sqrt{n}$
四等	±2.5	4	6	—	$±5\sqrt{n}$
一级	±5	—	2	4	$±10\sqrt{n}$
二级	±8	—	1	3	$±16\sqrt{n}$
三级	±12	—	1	2	$±24\sqrt{n}$

注：n 为测站数。

表 2-1-7　方向观测法的各项限差

仪器型号	光学测微器两次重合读数差/(″)	半测回归零差/(″)	一测回内 2C 互差/(″)	同一方向值各测回互差/(″)
DJ1	1	6	9	6
DJ2	3	8	13	9
DJ6	—	18		24

（3）成果的记录和计算。

一切原始观测值和记事项目，必须现场用钢笔或铅笔记录在规定的外业手簿中，记录字迹要清楚、整齐、美观。各级导线水平角观测记录中秒值读错、记错，应重新观测，度、分读记错误可在现场更正，但同一方向盘左、盘右不得同时更改相关数据。观测结束后，应及时整理和检

查外业观测手簿,检查手簿中所有计算是否正确,观测成果是否符合各项限差要求。确认观测成果全部符合规范规定要求后,方可进行计算。

导线(网)测角中误差计算公式为

$$m_\beta = \pm \sqrt{(1/N)f_\beta f_\beta /n} \tag{2-1-3}$$

式中,m_β 为附合导线或闭合导线环的方位角闭合差,n 为计算 f_β 时的测站数,N 为 f_β 的个数,f_β 为闭合差。

四等导线测量的内业计算应采用严密平差法,平差后应进行精度评定。精度评定内容包括单位权中误差、最弱相邻点点位中误差、最弱边的边长及方位角误差等。四等以下导线测量的计算可采用近似平差法和按近似平差法评定其精度。平差计算程序软件类型众多,在此不做介绍。如不用计算机,应由两人各自独立计算,以确保无误。

内业计算的数字取位应符合表 2-1-8 的要求。

表 2-1-8　内业计算数字取位

等级	观测方向值及各项改正数 /(″)	边长观测值及各项改正数 /m	边长与坐标 /m	方位角 /(″)
四等	0.1	0.001	0.001	0.1
四等以下	1	0.001	0.001	1

(4)导线边长观测与电磁波测距。

目前各单位一般均采用电磁波测距仪(主要指红外光电测距仪)施测各等级导线边长,测距仪精度分级暂按 1 km 测距中误差划分为三级:Ⅰ级 $m_D \leqslant 5$ mm;Ⅱ级 $m_D \leqslant 10$ mm;Ⅲ级 $m_D \leqslant 20$ mm。当 $D = 1$ km 时

$$m_D = a + bD \tag{2-1-4}$$

式中,a 为仪器标称精度中的固定误差,以 mm 为单位,b 为仪器标称精度中的比例误差系数,以 mm/km 为单位,D 为测距边长度,以 km 为单位。

电磁波测距的技术要求可根据测距边精度要求和所采用的测距仪类型进行技术设计,一般情况可按下列规定作业。

——四等导线边应在两个时间段内往返测量,其测回数不少于 4 个测回,一测回的读数一般为 4 次。

——四等以下各级导线边的测定,可根据仪器的精度和稳定情况,采取往返观测或单向观测。测回数不少于 2 个测回,一测回内读数次数应根据仪器读数的离散程度和大气透明度做适当增减。

——电磁波测距仪测边、气象数据测定的各项限差可参照表 2-1-9、表 2-1-10 的规定。

表 2-1-9　电磁波测距的各项限差

等级	一测回读差较差/mm	单程测回间较差/mm	往返或不同时间段较差/mm
Ⅰ级	5	7	
Ⅱ级	10	15	$2(a+bD)$
Ⅲ级	20	30	

注:往返较差必须将斜距化算到同一水平面上方可进行比较。

表 2-1-10　气象数据的测定

等级	最小读数		测定的时间间隔	气象数据的取用
	温度/℃	气压/Pa		
四等	0.2	50(或 0.5 mmHg)	一测站同时段观测始末	测边两端的平均值
Ⅰ级	0.5	100(或 1 mmHg)	每边测定一次	观测一端的数据
Ⅱ级、Ⅲ级	0.5	100(或 1 mmHg)	一时段始末各测定一次	取平均值作为各边测量的气象数据

测距边的倾斜改正可用两端点的高差(用水准测量或三角高程测定),也可用观测的垂直角进行倾斜改正。采用垂直角直接计算平距时,垂直角测定精度可计算为

$$m_a = \sqrt{2}\rho''/5T\sin\alpha \tag{2-1-5}$$

式中,m_a 为单程观测时所需垂直角测角中误差,α 为垂直角,T 为测距边要求的相对中误差分母对应的数值。

测距边的水平距离计算式如下。

测定两点间高差计算式为

$$D = \sqrt{s^2 - h^2} \tag{2-1-6}$$

观测垂直角计算式为

$$D = S\cos\alpha \tag{2-1-7}$$

上两式中,D 为测距边的水平距离,S 为经气象、加常数、乘常数等改正后的斜距,h 为测距仪与反光镜之间的高差,α 为经地球曲率与大气折光改正后的垂直角,其改正值计算式为

$$f = (1 - K)(D\rho''/2R)$$

式中,K 为当地的大气折光系数,R 为地球平均曲率半径。不论 α 是仰角或俯角,计算的 f 恒为正。测距边水平距离的高程归化和投影改正请参见 CJJ/T 8—2011《城市测量规范》的相关规定。

2. GNSS 定位测量

1)GNSS 静态定位测量

GNSS 以其快速、优质、全天候、不受通视条件约束等优点,越来越受到测量用户的青睐。当地下管线测量遇到起始点稀少、布设导线超长或被联测的高级点不通视等情况时,采用 GNSS 定位测量,将得到事半功倍的效果。按 CJJ/T 73—2010《卫星定位城市测量技术规程》实施,GNSS 测量的主要技术要求应符合表 2-1-11 的规定。

表 2-1-11　GNSS 测量各等级作业的基本技术要求

项目	观测方法	等级				
		二等	三等	四等	一级	二级
卫星高度角/(°)	静态	≥15	≥15	≥15	≥15	≥15
有效观测同类卫星数	静态	≥4	≥4	≥4	≥4	≥4
平均重复设站数	静态	≥2.0	≥2.0	≥1.6	≥1.6	≥1.6
时段长度/min	静态	≥90	≥60	≥45	≥45	≥45
数据采样间隔/s	静态	10~30	10~30	10~30	10~30	10~30
位置精度衰减因子(PDOP)值	静态	<6	<6	<6	<6	<6

GNSS 网相邻点间不要求全部通视,为利于四等以下常规仪器控制作业,每一个 GNSS 点至少与测区内的另外一个同级或高级点通视。布设 GNSS 网应与原城市地面控制点联测。

联测点的总数一般不得少于三个。

(1)GNSS 选点应符合下列要求：①点的周围应便于安置接收设备和操作，视野开阔，点周围 15°以上空间范围内不应有障碍物；②点周围 200 m 范围不应有大功率无线电发射源(如电视台、微波站等)，50 m 以内不应有高压输电线；③点附近不应有强烈干扰卫星信号接收的物体，并应尽量避开大面积水域和大森林；④交通方便且利于用其他测量手段扩展和联测。

(2)GNSS 点的埋石规格与相应等级城市控制测量埋石规格相同。

(3)GNSS 观测应按下列基本步骤进行：①将天线固定在脚架上，对中、整平、量取天线高(至 mm)，观测前后各量一次，其差值不应超过±3 mm。二次取中数作为最后值；②检查天线连接情况，确认无误后，启动接收机，进行自检。自检符合要求后，设置控制参数(卫星截止高度角、观测历元等)；③设置本时段观测时间，按预定时间开始同步观测同一组卫星，不得延误；④填写外业测量手簿中各记事项目，绘观测略图与点之记；⑤观测结束时，应检查各规定项目是否完成并符合要求，无误后方可关机迁站。观测结束时间必须依照规定，不得提前。

(4)GNSS 静态测量的内业数据处理。

静态数据处理流程：数据加载、数据预处理、基线解算、网平差、高程计算、成果输出。

GNSS 测量的数据检验应符合下列规定。

——同一时段观测值的数据剔除率不宜大于 20%。

——复测基线的长度较差应满足

$$dS \leqslant 2\sqrt{2}\sigma \qquad (2-1-8)$$

式中，dS 为复测基线的长度较差。

——采用同一种数学模型解算的基线，GNSS 网中任何一个三边构成的同步环闭合差应满足

$$\left.\begin{array}{l} W_X \leqslant \dfrac{\sqrt{3}}{5}\sigma \\[2mm] W_Y \leqslant \dfrac{\sqrt{3}}{5}\sigma \\[2mm] W_Z \leqslant \dfrac{\sqrt{3}}{5}\sigma \\[2mm] W_S \leqslant \sqrt{W_X^2 + W_Y^2 + W_Z^2} \end{array}\right\} \qquad (2-1-9)$$

式中，W_X、W_Y、W_Z 为环坐标分量闭合差，W_S 为环闭合差。

——GNSS 网外业基线预处理结果：异步环或附合线路坐标闭合差应满足

$$\left.\begin{array}{l} W_X \leqslant 2\sqrt{n}\sigma \\ W_Y \leqslant 2\sqrt{n}\sigma \\ W_Z \leqslant 2\sqrt{n}\sigma \\ W_S \leqslant 2\sqrt{3n}\sigma \\ W_S \leqslant \sqrt{W_X^2 + W_Y^2 + W_Z^2} \end{array}\right\} \qquad (2-1-10)$$

式中，W_X、W_Y、W_Z 为环坐标分量闭合差，W_S 为环闭合差，n 为闭合环边数。

无约束平差应符合下列规定。

——基线向量检核符合要求后，应以三维基线向量及其相应的方差-协方差作为观测信

息,并按基线解算时确定的一个点的地心系三维坐标作为起算依据,进行 GNSS 网的无约束平差。

——无约束平差应提供各点在地心系的三维坐标、各基线向量、改正数和精度信息。

——无约束平差中,基线分量的改正数绝对值应满足

$$\left.\begin{array}{l} V_{\Delta X} \leqslant 3\sigma \\ V_{\Delta Y} \leqslant 3\sigma \\ V_{\Delta Z} \leqslant 3\sigma \end{array}\right\} \qquad (2\text{-}1\text{-}11)$$

式中,$V_{\Delta X}$、$V_{\Delta Y}$、$V_{\Delta Z}$ 为基线分量改正数绝对值。

约束平差应符合下列规定。

——可选择国家坐标系或城市坐标系,对通过无约束平差后的观测值进行三维约束平差或二维约束平差。平差中,可对已知点坐标、已知距离和已知方位进行强制约束或加权约束。

——约束平差中,基线向量的改正数与经过删除粗差的无约束平差结果的同一基线相应改正数应满足

$$\left.\begin{array}{l} dV_{\Delta X} \leqslant 2\sigma \\ dV_{\Delta Y} \leqslant 2\sigma \\ dV_{\Delta Z} \leqslant 2\sigma \end{array}\right\} \qquad (2\text{-}1\text{-}12)$$

式中,$dV_{\Delta X}$、$dV_{\Delta Y}$、$dV_{\Delta Z}$ 为同一基线约束平差基线分量的改正数与无约束平差分量的改正数差值。

——当平差软件不能输出基线向量改正数时,应进行不少于 2 个已知点的部分约束平差。

——方位角应取至 0.1″,坐标和边长应位至毫米(mm)。

2)GNSS RTK 测量作业

(1)基本要求。

在应用 GNSS RTK 测量时,开始作业或重新设置基准站后,应至少在一个已知点上进行检核,并应符合下列要求。

——在控制点上检核,平面位置较差不应大于 5 cm。

——在碎部点上检核,平面位置较差不应大于图上 0.5 mm。

——利用 GNSS RTK 测设的平面控制点应进行常规图形检核。

——利用 GNSS RTK 测设的高程控制点应与附近的水准点进行水准连测。

——GNSS RTK 测量时,GNSS 卫星的状态应符合表 2-1-12 的规定。

表 2-1-12 GNSS 卫星状态的基本要求

观测窗口状态	15°以上的卫星个数	PDOP 值
良好	≥6	<4
可用	5	<6
不可用	<5	≤6

(2)RTK 的系统基本配置。

RTK 的系统配置包括参考站、移动站和数据链三个部分。在 RTK 作业模式下,参考站通过数据链将其观测值和测站坐标信息一起传送给流动站。流动站不仅通过数据链接收

来自参考站的数据,还要采集 GNSS 观测数据,并在系统内组成差分观测值进行实时处理。

流动站可处于静止状态,也可处于运动状态。RTK 技术的关键在于数据处理技术和数据传输技术。

——参考站。

在一定的观测时间内,一台或几台接收机分别在一个或几个测站上,一直保持跟踪观测卫星,其余接收机在这些测站的一定范围内流动作业,这些固定测站称为参考站,也称基准站。

——流动站。

在参考站的一定范围内流动作业,并实时提供三维坐标的接收机所设立的测站。

——数据链。

RTK 系统中基准站和流动站的 GNSS 接收机通过数据链进行通信联系,因此参考站与流动站系统都包括数据链。数据链由调制解调器和电台组成。

RTK 系统配置如表 2-1-13 所示;RTK 接收机标称精度如表 2-1-14 所示;RTK 接收机物理特性如表 2-1-15 所示。

表 2-1-13　RTK 系统配置

内容	配置要求
参考站	(1)双频 GNSS RTK 接收机
	(2)双频天线和天线电缆
	(3)基准站数据链电台套件
	(4)基准站控制(计算机控制、显示和参数设置等)
	(5)脚架、基座和连接器
流动站	(1)GNSS RTK 接收机
	(2)双频 GNSS 天线和天线电缆
	(3)流动站数据链电台套件
	(4)手持计算机控制或数据采集器
	(5)手簿托架
	(6)2 m 流动杆、流动站背包
	(7)仪器运输箱
数据链	(1)电台
	(2)发射天线

表 2-1-14　RTK 接收机标称精度

内容	精度指标
RTK 定位精度	平面精度:10 mm$+2\times10^{-6}D$
	高程精度:20 mm$+2\times10^{-6}D$
RTK 作业距离	标称:15 km
	一般:6～10 m
	信标地区实时差分 GNSS 定位精度 1 m,差分 GNSS 作业距离 50 km

表 2-1-15　RTK 接收机物理特性

内容	物理特性
电源	标准 12 V,功耗低
体积和重量	体积小,重量轻
工作条件	工作温度范围大,并防水、防尘、防晒、防震
软件	处理功能强大
冷启动	60 s
热启动	10 s
再捕获	1 s
存储器容量	内存和 PC 卡都有,容量要求大
定位数据更新速率	10 次/秒
数据输出格式	PTCM-SC104、NMEA0183 两种

(3)RTK 作业流程。

RTK 作业流程是架设配置参考站、架设和配置流动站、流动站初始化、点校正、RTK 定位测量、RTK 定位精度析。

——参考站系统设置。

在进行野外工作期间,要检查参考站系统的设备是否齐备、电源是否充足。下面主要介绍 RTK 参考站设置步骤。参考站的点位选择必须严格,因为参考站接收机每次卫星信号失锁将会影响网络内所有流动站的正常工作。选择参考站站点主要考虑以下几点。

参考站 GNSS 接收机天线与卫星之间应无或少有遮挡物,也即截止高度角应超过 15°。截止高度角是为了削弱多路径效应、对流层延迟和电离层延迟等卫星定位测量误差影响所设定的角度值,低于此角度视野域内的卫星不予跟踪。

参考站 GNSS 接收机最好安置在开阔的地方,周围无信号反射物(大面积水域、大型建筑物等),以减少多路径干扰。并要尽量避开交通要道、过往行人的干扰。

用电台进行数据传输时,参考站宜选择在测区相对较高的位置,以方便播发差分改正信号。用移动通信进行数据传输时,参考站必须选择在测区有移动通信接收信号的位置。

参考站要远离微波塔、电视发射塔、雷达电视、手机信号发射天线等大型电磁辐射源 200 m 外,要远离高压输电线路、通信线路 50 m 外。

基准站最好选在地势相对高的地方,以利于电台的作用距离。

地面稳固,易于点的保存。

RTK 观测期间的作业过程中不得在天线附近 50 m 内使用电台、10 m 内使用对讲机。

RTK 作业期间,参考站不允许下列操作:关机又重新启动;进行自测试;改变卫星截止高度角或仪器高度值、测站名等;改变天线位置;关闭文件或删除文件等。

RTK 工作时,参考站可记录静态观测数据,当 RTK 无法作业时,流动站转化快速静态或后处理动态作业模式观测,以利于后处理。在流动站作业时,接收机天线姿态要尽量保持垂直(流动杆放稳、放直)。一定的斜倾度将会产生很大的点位偏移误差,如当天线高 2 m,倾斜 10°时,定位精度可影响 3.47 cm,计算公式如下

$$\Delta S = 20 \times \sin 10° = 3.47 \text{ mm}$$

RTK 观测时要保持坐标收敛值小于 5 cm。

——RTK 流动站初始化。

流动站进行任何测量工作之前,首先必须进行初始化工作。初始化是接收机在定位前确定整周未知数的过程。这一初始化过程也被称作 RTK 初始化、整周模糊度解算、动态(on the fly,OTF)初始化等。在初始化之前,流动站系统只能在较高的精度下计算位置坐标,其精度在 0.15 m 到一两米之间。初始化就是要求解整周模糊度的过程,这对于流动站系统是必不可少的工作。一旦初始化成功,流动站将以预定的精度(厘米级)工作,除非整周模糊度丢失。初始化状态与当前的精度水平均可在 RTK 应用软件中获取。

有的类型的接收机的初始化过程是自动进行的,如 Ashtech 接收机;也有的类型的接收机的初始化过程要手动来启动,如华测 GNSS 接收机、天宝 GNSS 接收机。初始化所需时间与当时流动站周围是否有遮挡物、当时接收机是否观测到足够卫星数、距参考站的距离有关。如果测站点没有遮挡物影响,且能观测到至少 5 颗卫星,通常可在 5 s 内完成初始化。

测量点的类型有单点解(single)、差分解(DGNSS)、浮点解(float)和固定解(fixed)。浮动解是指整周模糊度已被解出,测量还未被初始化。固定解是指整周模糊度已被解出,测量已被初始化。只有当流动站获取到了固定解后初始化过程才完成。

比率是初始化过程中,接收机确定每颗卫星与 GNSS 天线相位中心之间的波长整数。对于特定的一组整数,可算出其正确组的概率。然后,计算机计算当前最好一组整数的正确性概率与下一组最好的整数的正确性概率之比。高比率说明最好的一组整数远远优于其他任何组。对于新点 OTF 初始化,比率必须大于 5。

均方根(root mean square,RMS)用来表示点的测量精度。它是在大约 70% 的位置固定点内的误差椭圆半径。它可用距离单位或波长周数表示。RTK 的定位精度一般要求为平面精度是 $10\ \text{mm}+2\times10^{-6}D$,高程精度是 $20\ \text{mm}+2\times10^{-6}D$;只有流动站的定位精度满足作业要求后,才能进行 RTK 测量工作,一般均方根数值可在手簿 RTK 应用软件中获取。

——点校正。

GNSS RTK 卫星定位系统采集到的数据是 WGS-84 坐标系数据,目前测量成果普遍使用的是 1954 北京坐标系、1980 国家坐标系、地方或是(任意)独立坐标系为基础的坐标数据。因此必须将 WGS-84 坐标转换到 1954 北京坐标系或地方(任意)独立坐标系。

点校正的目的是为现有坐标系加改正值转换。这使得一个特定区域(或点)上,可以最好地与数据相符。由于坐标系被应用于很大的区域,则必须有改正值转换。但不允许在地方坐标系内转化。

做点校正前应至少有 3 个控制点的三维已知地方平面坐标和相对独立的 WGS-84 坐标。公共控制点均匀分布在测区范围内。

已知点最好分布在整个作业区域的边缘,能控制整个区域。例如,如果用 4 个点做点校正的话,那么测量作业的区域最好在这 4 个点连成的四边形内部。

一定要避免已知点的线形分布。例如,如果用 3 个已知点进行点校正,这 3 个点组成的三角形要尽量接近正三角形。如果是 4 个点,就要尽量接近正方形,一定要避免所有的已知点的分布接近一条直线,这样就不会严重地影响测量的精度,特别是高程精度。

如果在测量任务里只需要水平的坐标,不需要高程,建议用户至少要用 2 个点进行校正,但如果要检核已知点的水平残差,那么至少要用 3 个点。

如果既需要水平坐标,又要高程,建议用户至少用 3 个点进行点校正,但如果要检核已知点的水平残差和垂直残差,那么至少需要 4 个点进行校正。

已知点之间的匹配程度也很重要,比如 GNSS 观测的已知点和国家的三角已知点,如果同时使用的话,检核的时候水平残差有可能会很大。

点校正做完后,检查水平残差和垂直残差的数值,看其是否满足用户的测量精度要求,一般水平残差和垂直残差都不应超过 2 cm,如果超过 2 cm,则说明参与点校正的已知点不在同一系统下,或者有粗差(最大可能就是参差最大的那个点)。检查已知点输入是否有误或输错,如果无误的话,就是已知点的匹配有问题,要更换已知点了。

——RTK 的工作范围。

移动站离开基准站的最大距离称作 RTK 的作业半径,它的大小取决于基准站电台信号的传输距离,且对 RTK 测量的速度和精度有着直接影响。随着 GNSS 技术的不断完善,仪器不断进步,有效地扩大了 RTK 的作业范围。如果在建筑物或树木比较多的地区作业,移动站接收电台信号会比较弱且容易失锁,而且高程精度较差。因此,RTK 的作业半径控制在 10 km 以内为宜。当信号受影响严重时,还应进一步缩短作业半径,以提高 RTK 测量的精度和速度。

RTK 作用距离与参考站 GNSS 接收机架设高度的关系如表 2-1-16 所示。

表 2-1-16 RTK 作用距离与参考站接收机架设高度的关系

高度/m	典型距离/km	理想距离/km
>30	9～11	10～12
20	7～9	8～10
10	5～7	6～8
2	3～5	4～6

注:典型距离指一般的电磁条件下的作用距离。

RTK 流动站系统要和参考站系统保持通信畅通,才能做到精确定位。当流动站接近电台的最大作用域时,通信会变得不稳。达到或超过电台的作用域,由于不能接收来自基准站的数据,也就不可能实现精确定位。

发射距离与电台天线的高度也有关系。由于参考站电台天线发射特高频(ultra high frequency,UHF)波段差分信号电波,天线的高度对 RTK 测量距离影响很大,天线高与作用距离满足

$$D = 4.24 \times (\sqrt{H_1} + \sqrt{H_2}) \tag{2-1-13}$$

式中,D 为数据链覆盖范围的半径,单位为 km,H_1 为电台的天线高;H_2 为流动站的天线高。

[例题]天宝 4800 GNSS 接收机使用的 TRIMMRK Ⅱ 无线电数据链电台发射功率为 25 W,电台天线高为 9 m,流动站的天线高为 2 m,试计算流动站工作的最远距离。

解:已知 $H_1 = 9$ m,$H_2 = 2$ m,根据式(2-1-13)可计算出流动站在开阔地带工作的最远距离为:发射距离(半径)$= 4.24 \times (\sqrt{9} + \sqrt{2}) = 18.72$(km)。

注意,该距离是在无任何遮挡物的空旷地带的理论值,实际上要根据实地情况来确定,要有余量,根据经验,在城市要将电台天线架设在高楼顶上,才可能达到 10 km 左右的距离。

通信问题。RTK 流动站系统要和参考站系统保持通信畅通,才能做到精确定位。当流动站接近电台的最大作用域时,通信会变得时断时续。达到或超过电台的作用域,由于不能接收来自基准站的数据,也就不可能实现精确定位。RTK 应用软件可随时提供通信链接状态信息,用户向远离基准站的方向行进时,可随时监测通信质量。

参考站和流动站之间的可允许距离在很大程度上取决于选用的电台系统和测点的环境状况。树林、山岭和建筑物会缩小电台系统的作用域。在良好状况下,特高频或甚高频电台系统的作用域可达 20 km 左右。在最佳状况下,扩频电台系统的作用域只有 2~3 km。目前,常用的单、双频 RTK 系统的数据链电台多为 28 W(参考站)和 2W(移动站)。实验表明,当两山顶之间能够通视时,移动站距基准站 47 km 时,也可收到差分信号。但是,在城镇作业时,如果两点之间有较高的房屋遮挡,即使相距 1 km 也很难进行 RTK 测量。

精确度问题。随着参考站和流动站之间距离的增大,流动站定位的精确度会降低。流动站的精确度以参考站至流动站距离的百万分之一或二($1\times10^{-6}D$~$2\times10^{-6}D$)的比例折减。

——RTK 定位的精度与可靠性。

不同类型的 GNSS 接收机 RTK 定位都有各自的出厂精度,可据此估算 RTK 定位的精度。如华测 X90RTK 定位的水平精度为 $10\text{ mm}+1\times10^{-6}D$,垂直精度为 $20\text{ mm}+1\times10^{-6}D$,$D$ 为参考站 GNSS 接收机至流动站 GNSS 接收机的水平距离。

为了保证流动站的测量精度和可靠性,应在整个测区选择高精度的控制点进行检测校对,选择的控制点应有代表性,均匀地分布在整个测区,如图 2-1-2 所示。RTK 定位测量的精度与测区内已知控制点的等级和个数有关。

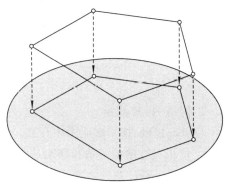

测区内仅有 1 个已知控制点的情况:定位测量时,仅已知点上的精度最高,以本点为圆心,离此点越远,精度越低。理论上讲,在半径为 10 km 的范围内,精度可达 2~5 cm。其坐标转换的方法是 WGS-84 和 1954 北京坐标系的坐标相减而得 ΔX、ΔY、ΔZ。

图 2-1-2　RTK 定位的控制点分布要求

测区附近有 2 个已知控制点的情况(必须为整体平差结果):定位测量时,仅 2 个已知控制点和两点的连线上的精度最高,远离此直线则精度越低。

测区附近有 3 个已知控制点的情况(必须为整体平差结果):定位测量时,仅 3 个已知控制点和三角形内部的精度最高,远离此三角形则精度越低。

测区附近有 4 个已知点的情况(必须为整体平差结果):定位测量时,若 4 个已知点均匀分布在测区四周,仅 4 个已知控制点和四边形内部的精度最高,远离四边形则精度越低,如图 2-1-3所示。当然还有多于 4 个已知控制点的情况,可根据以上内容进行分析。

控制点还应采用常规的方法进行边长、角度或导线联测检核,导线联测按一个等级的常规导线测量的技术要求执行,RTK 平面控制点检核测量技术要求应符合表 2-1-17 的规定。

表 2-1-17　RTK 平面控制点检核测量技术要求

等级	边长检核		角度检核		导线联测检核	
	测距中误差 /mm	边长较差的相对中误差	角度中误差 /(")	角度较差限差 /(")	角度闭合差 /(")	边长相对闭合差
一级	15	1/14 000	5	14	$16\sqrt{n}$	1/10 000
二级	15	1/7 000	8	20	$24\sqrt{n}$	1/6 000
三级	15	1/4 000	12	30	$40\sqrt{n}$	1/4 000
图根	20	1/2 500	20	60	$60\sqrt{n}$	1/2 000

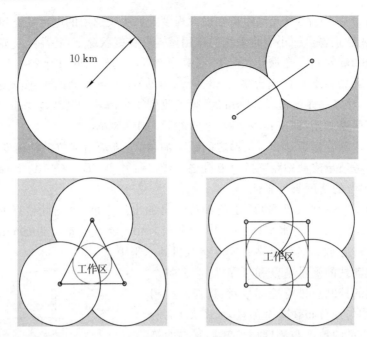

图 2-1-3　测区已知点分布对 RTK 定位的影响

3）网络 RTK 测量

GNSS RTK 技术在应用中存在一些问题，如参考站的校正数据有效作用距离，GNSS 误差的定位相关性随参考站和移动站距离的增加而逐渐失去线性，因此在较长距离下（一般双频大于 30 km），经过差分处理后的用户数据仍然含有误差。而网络 RTK 在一定区域内建立多基准站（一般为 3 个或 3 个以上），反算出基准站间的残余误差项，然后用户根据自己的概略坐标内插自己与基准站间的残余误差项（常规 RTK 将其视为零）。进行实时厘米级精度的定位方式，又称多基准站 RTK。网络 RTK 系统就是利用网络 RTK 技术建立起来的实时 GNSS 连续运行卫星定位服务网络。

随着 GNSS 技术的飞速进步和应用普及，它在城市测量中的作用也越来越重要。当前，利用多基准站网络 RTK 技术建立的连续运行基准站（continuously operating reference stations，CORS）已成为城市 GNSS 应用的发展热点之一。CORS 是卫星定位技术、计算机网络技术、数字通信技术等高新科技多方位、深度结晶的产物。CORS 由基准站网、数据处理中心、数据传输系统、定位导航数据播放系统、用户应用系统五个部分组成，各基准站与监控分析中心通过数据传输系统连接成一体，形成专用网络。

（1）使用网络 RTK 的有关事宜。

——网络 RTK 的用户应在城市 CORS 系统服务中心进行登记、注册，以获得系统服务的授权。

——网络 RTK 测量应在 CORS 系统的有效服务区域内进行。

——网络 RTK 测量与单基准站测量时的技术要求基本一致。

（2）网络 RTK 数据处理与检验。

——应及时将外业采集的数据从数据采集器中导入计算机，并应进行数据备份、数据处理，同时应对数据采集器内存进行整理。

——数据输出内容应包含点号、三维坐标、天线高、三维坐标精度、解的类型、数据采集时的卫星数、PDOP 值及观测时间等。

——外业观测数据不得进行任何剔除、修改，应保存外业原始观测记录。

——地心三维坐标成果可通过验证后的软件转换为参心坐标成果。

——RTK 测量成果应进行 100% 的内业检查和 10% 的外业抽检。

——内业数据检查应符合下列规定：外业观测数据记录和输出成果内容应齐全、完整；观测成果的精度指标、测回间观测值及检核点的较差应符合规定；外业检核点应均匀分布于作业区的中部和边缘，可采用已知点比较法、重测比较法、常规测量方法等进行，检核点的平面点位中误差计算式为

$$M_P = \sqrt{\frac{[\text{d}P\text{d}P]}{2N}} \tag{2-1-14}$$

式中，M_P 为检核点的平面点位中误差（单位为 cm），$\text{d}P$ 为检核点两次测量平面点位的差值（单位为 cm），N 为检测点个数。

三、高程控制测量作业方法

1. 四等水准观测前的工作

四等水准测量可沿城市各等级导线亦可沿城市道路、河流布设，但应尽可能避免跨越水域、沼泽、山谷等障碍，并应避开土质松软的地段。水准点应选在土质坚实、稳定、安全，便于施测、寻找和长期保存的地方。四等水准点的埋石规格参见 CJJ/T 8—2011《城市测量规范》的相关规定。点位埋设后应画点之记。

四等水准观测作业前应对水准仪和水准标尺进行检验与校正。四等水准一般采用 DS3 型水准仪和木质双面标尺。

2. 四等水准观测

四等水准路线观测时，测站至前视标尺转点的位置可步测确定。观测应在标石埋设稳定后进行。施测时每站的顺序为"后—后—前—前"。

四等水准观测作业应遵守下列规定。

(1)四等水准测量可采用中丝读数法直读距离，当水准路线为附合路线或闭合环时，可采用单程观测，水准支线应进行往返测或单程双转点法观测。

(2)每一测段均应为偶数站。

(3)每一测站的水准观测应符合表 2-1-18 的要求。

(4)观测记录中的下列数据不得同时更改。

——同一水准标尺上同一红黑面的米以下读数。

——红黑面读数更改后，相应的高差计算不能更改。

(5)严禁在仪器不动的情况下，将上一站的前视读数充作下一站的后视读数。

(6)不得将尺垫放置在低凹处，以试图增大标尺读数来掩盖视线离地面高度的不足。

(7)当观测至需计算高程的点时，记录员必须亲自查看点号。

(8)后尺员必须在得到施测员明确的通知后，方可取走尺垫。

(9)水准测量观测应用规定的手簿记录，并统一编号，手簿中记载项目和原始观测数据必须字迹清晰端正，填写齐全。手簿中任何原始记录（包括文字）不得擦改或涂改，更不得转抄复制。观测可用计算机记录。记录程序应具有测站自检报错功能。

表 2-1-18　每站水准观测

等级	标尺类型	视线长度		前后视距差/m	前后视距累积差/m	视线高度	基、辅分划（黑红面读数之差）/mm	基、辅分划（黑红面所测高差之差）/mm	检测间歇点高差之差/mm
		仪器类型	视距/m						
四等	双面、单面	DS3	≤80	≤5.0	≤10.0	三丝能读数	3.0	5.0	5.0
	因瓦	DS1	≤100						

注：①当成像清晰、稳定时，四等水准观测视线长度可以放长 20%；②前后视距累积差指由测段开始至每一测站的前后视距累积差。

3.水准网平差

四等水准网平差可采用等权代替法、逐渐趋近法、多边形法等进行平差，并作出精度评定。对单一附合或闭合水准路线可采用简易平差法。平差后应计算路线（或环线）闭合差、每千米水准测量高差中数的偶然中误差和全中误差。计算取位应符合表 2-1-19 的规定。

表 2-1-19　水准平差计算取位

等级	往（返）测距离总和/km	往返测距离中数/km	各测站高差/mm	往（返）测高差总和/mm	往返测高差中数/mm	高程/mm
四等	0.01	0.1	0.1	1.0	10	10

4.电磁波测距三角高程测量

电磁波测距三角高程测量与一般三角高程测量的垂直角观测方法是相同的，两者的区别在于，一般三角高程测量是利用平面控制点间的已知边长计算高差，而电磁波测距三角高程测量则是用电磁波测距仪直接测定两点间斜距来计算高差。

电磁波测距三角高程路线宜按高程导线的形式布设。三角高程网和高程导线的边长不超过 1 km，边数不超过 6 条，当边长短于 0.5 km 时，边数可适当增加。四等电磁波测距三角高程测量的垂直角可用 DJ2 级仪器对向观测，采用中丝法观测 3 个测回或三丝法观测 1 个测回。四等以下可用中丝法观测 1 个测回。四等边长应用不低于Ⅱ级测距仪往返观测，各观测 2 个测回，四等以下边长可单程观测。

垂直角观测应在成像清晰、稳定时进行。当垂直角和边长一次设站，且观测无法兼顾垂直角和边长的有效观测时间时，应在有利于垂直角观测的时间段内进行垂直角观测。

四等电磁波测距三角高程测量，各测回垂直角互差均不得大于 $7''$；对向观测高差的互差不得劣于 $\pm 40\sqrt{D}$ mm（D 为测距边边长，以 km 为单位）；附合路线或环线闭合差不得劣于 $\pm 20\sqrt{L}$ mm（L 为路线长度，以 km 为单位）；电磁波测距三角高程测量进行内业计算时，垂直角取至 $0.1''$，边长取至 mm。

5.RTK 高程控制点测量

RTK 高程控制点的埋设一般与 RTK 平面控制点同步进行，标石可以重合。RTK 高程点控制测量主要技术要求应符合表 2-1-20 的规定。

表 2-1-20　RTK 高程控制点测量主要技术要求

等级	高程中误差/cm	与基准站的距离/km	观测次数	起算点等级
五等	≤±3	≤5	≥3	四等水准及以上

注：①高程中误差指控制点高程相对于起算点的误差；②网络 RTK 高程控制测量可不受流动站到参考站距离的限制，但应在网络有效服务范围内。

RTK 控制点高程的测定,是将流动站测得的大地高减去流动站的高程异常获得。流动站的高程异常可以采用数学拟合、似大地水准面精化模型内插等方法获取。使用拟合方法时,拟合的起算点平原地区一般不少于 6 点,拟合的起算点点位应均匀分布于测区四周及中间,间距一般不宜超过 5 km,地形起伏较大时,应按测区地形特征适当增加拟合的起算点数。当测区面积较大时,宜采用分区拟合的方法。

RTK 高程控制点测量高程异常拟合残差应不劣于 ±3 cm。RTK 高程控制点测量设置高程收敛精度应不劣于 ±3 cm。RTK 高程控制点测量流动站观测时应采用三脚架对中、整平,每次观测历元数应大于 20 个,各次测量的高程较差应不劣于 ±4 cm,然后取中数作为最终结果。当采用似大地水准面精化模型内插测定高程时,似大地水准面模型内符合精度应优于 ±2 cm。如果当地某些区域高程异常变化不均匀,拟合精度和似大地水准面模型精度无法满足高程精度要求时,可对 RTK 测量大地高数据进行后处理,或用几何水准测量方法进行补充。

子学习情境 2.2 已有管线的测量

教学要求：掌握已有管线点的平面位置和高程测量方法及要求。

2.2.1 地下管线点测量

地下管线点测量指测量各类地下管线或其附属设施上的特征点位置。特征点位置可在管线竣工复土前直接确定,对于隐蔽管线可采用地下管线探测仪探测确定。

一、管线点测量的工作内容及精度要求

1. 管线点测量的准备

(1)收集资料:管线测量开始前,收集测区已有城市三级以上导线点的控制资料、四等以上水准成果、测区地形图、管线点位草图及调查表,并对收集的资料进行全面分析。

(2)实地踏勘:在已有资料分析的基础上,应到实地踏勘,核实各级控制点、水准点、管线点的现状、位置及保存完好情况,了解测区的交通、通视、地形情况。

(3)编制作业计划:在对已有资料分析和测区现状踏勘的基础上,可着手编制作业计划,包括作业方法、选用仪器、人员组织、仪器的检验校正等。

2. 管线特征点位置的确定

确定特征点位置应根据管线的结构状况,一般可分为以下几种类型。

(1)叉型管:分叉管线应取各叉管轴线交点位置。

(2)弯型管:取圆弧中轴线上起、中、终三点,如圆弧长度较长,应适当增加点数,以能准确表示弧形为原则。

(3)井型:用符号表示的各类井状(方形、圆形)管线设施,应取井面中心;用实地形状表示的,取井边缘折角。

(4)变径:两种管径变换处两端各取一点。

(5)管沟(道)型:应分依比例尺和不依比例尺两种情况。当依比例尺时,应在管沟(道)两侧各取一点;当不依比例尺时,应在管沟(道)主轴线上取一点。

(6)对直线段中没有特征点的点位确定,应按 CJJ 61—2003《城市地下管线探测技术规程》

的规定,在管线主轴线上定位。

　　3.管线点测量基本精度规格

　　CJJ 61—2003《城市地下管线探测技术规程》中规定,测量管线点的解析坐标中误差(指测点相对于邻近解析控制点)不得劣于±5 cm;高程中误差(指测点相对于邻近高程控制点)不得劣于±3 cm。根据这个基本要求,此规程中规定"地下管线平面位置应直接利用解析图根点及其以上等级控制点作为测量地下管线的依据。"也就是说,地下管线点的平面位置测定,可直接利用已有的一级图根以上等级控制点作为测量地下管线点的依据,其主要技术要求见表 2-2-1和表 2-2-2。

表 2-2-1　图根光电测距导线的主要技术要求

比例尺	附合导线长度/m	平均边长/m	测回数(DJ6)	方位角闭合差/(″)	导线相对闭合差	测距	
						仪器类型	测回数
1:500	900	80	1	$\pm 40\sqrt{n}$	1/4 000	Ⅱ级	1
1:1 000	1 800	150	1	$\pm 40\sqrt{n}$	1/4 000		
1:2 000	3 000	250	1	$\pm 40\sqrt{n}$	1/4 000		(单程观测)

　　注:n 为测站数。

表 2-2-2　地下管线导线的主要技术要求

比例尺	附合导线长度/m	平均边长/m	测角中误差/(″)	测回数(DJ6)	方向角闭合差/(″)	导线全长相对闭合差	测距中误差/mm	导线全长绝对闭合差/cm
1:500	1 200	120	±20	1	$\pm 40\sqrt{n}$	1/3 000	±15	40
1:1 000	1 800	180	±20	1	$\pm 40\sqrt{n}$	1/3 000	±15	60
1:2 000	3 600	300	±20	1	$\pm 40\sqrt{n}$	1/3 000	±15	120

　　注:① n 为测站数;②钢尺量距相对误差为 1/4 000;③在特殊困难地区,导线总长超长时,应相应提高测角、量边的精度,导线全长绝对闭合差不得劣于本表的规定。

　　关于地下管线测量主要技术要求的论证,详见 CJJ 61—2003《城市地下管线探测技术规程》中的有关规定。

2.2.2　管线点测量的基本方法和要求

　　管线点测量分平面位置测量和高程测量。平面位置测量宜采用解析法;高程测量宜采用直接水准。

一、管线点的平面位置测量方法与要求

　　管线点平面位置测量,可采用解析法、图解法等联测方法。管线点精度最低不应低于二级图根点精度。在城市已有控制点较多情况下,可在已有三级以上导线点上布设图根导线或地下管线导线,采用导线串连法、支导线法和极坐标法直接测出管线点的平面坐标。当城市已有控制较少时,应补测管线首级控制,以满足管线点测量所需的起始成果。在补点基础上再按地下管线导线的要求,用导线串连法、支导线法、极坐标法等方法,测出管线点坐标。在地形图精度较好,现势性较强,且不要求直接提供管线点坐标数据的情况下,亦可采用图解法。

　　1.导线串连法

　　导线串连法通常用于图根点稀少或没有图根点而需要重新加密或布设图根点时,可直接将管线特征点全部或部分纳入图根导线或地下管线导线中,并在施测导线的同时,将未纳入的

管线点按极坐标法或解析交会法,同时测出所有管线点。导线串联法应起闭于不低于城市三级导线以上的控制点上,如图 2-2-1 所示,其中,A、B、C、D 分别为已知等级控制点,P_3、P_5、P_8 分别为解析交会法或极坐标法测设的管线点,P_1、P_2、P_4 等分别为串连导线上的管线特征点。

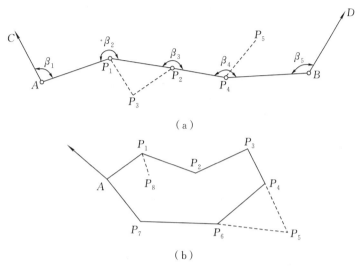

（a）

（b）

图 2-2-1　导线串连法

2. 支导线法

在导线测量中,如受条件限制无法闭合时,可布设不多于四条边的支导线,如图 2-2-2 所示。当边长使用测距仪测距时,长度不得超过表 2-2-1 规定长度的 1/2;当边长使用钢尺量距时,总长不应超过表 2-2-2规定长度的 1/3。

图 2-2-2　支导线法

3. 结点导线网

由于受控制点分布关系,为提高导线精度,增加检核条件,加长导线长度,扩大控制面积,可采用含有一个或多个结点的结点导线网,如图 2-2-3 所示。导线网中结点与高级点、结点与结点之间的长度分别不得超过表 2-2-1 和表 2-2-2 规定的导线长度的 0.7 倍。

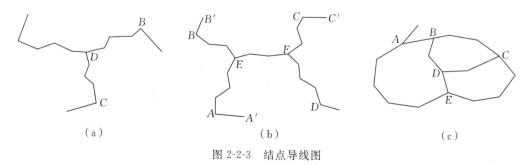

（a）　　　　　　　　（b）　　　　　　　　（c）

图 2-2-3　结点导线图

4. 极坐标法

如图 2-2-4 所示,如测区已有控制点较多,且精度已满足测量管线点所需的起始点精度等级,可直接在已知点上测定管线点坐标。光电测距极坐标法测量技术要求见表 2-2-3。

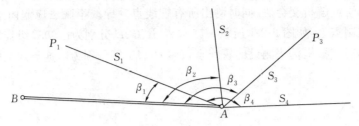

图 2-2-4　极坐标法

表 2-2-3　光电测距极坐标法测量技术要求

项目	仪器类型	观测方法	测回数	最大边长/m			固定角
				1：500	1：1 000	1：2 000	不符值/(″)
测距	Ⅱ级	单程观测	1	200	400	800	—
测角	DJ6	方向法联测 2 个已知方向	1	—	—	—	±10

注：①边长不应超过定向边长；②采用双极坐标测量时，每测站只联测一个已知方向，测角测距均为一测回，两组坐标较差不超限时，取其中数。

5.GNSS RTK 测量

当管线点的周围无障碍物遮挡，且视野开阔时，可以使用 GNSS RTK 测量技术对管线点直接测量。

RTK 测量系统的构成，主要包括 GNSS 接收设备、数据传输系统、软件系统三部分。

(1)GNSS 接收设备。

该系统中至少应包含两台 GNSS 接收机，其中一台安置在基准站上，另一台或若干台分别安置在不同的流动用户站上，基准站应设在坐标已知的点上，且观测条件较好。作业期间，基准站的接收机应连续跟踪全部可见的 GNSS 卫星，并将观测数据通过数据传输系统，实时地发给用户站。GNSS 接收机可以是单频或双频，当系统中包含多个用户接收机时，基准站上的接收机宜采用双频接收机。

(2)数据传输系统。

基准站与用户之间的联系是由数据传输系统(数据链)完成的，数据传输设备是实现动态测量的关键设备之一，由调制解调器和无线电台组成。在基准站上，调制解调器将有关的数据进行编码和调制，然后由无线电发射台发射出去。用户上的无线电接收台将其接收下来，并由解调器将数据解调还原，进入用户站的 GNSS 接收机中。

(3)软件系统。

软件系统的质量与功能，对于保证实时动态测量的可行性、测量结果的精确性与可靠性，具有决定性的意义。实时动态测量的软件系统应具有如下主要功能：①整周未知数的动态快速解算；②实时解算用户站在 WGS-84 地心坐标系的三维坐标；③求解坐标系之间的转换参数；④根据转换参数，进行坐标系统的转换；⑤解算结果质量分析与精度评定；⑥测量结果的显示与绘图。

RTK 能够在野外实时得到厘米级定位精度，它采用了载波相位实时动态差分方法，是GNSS 应用的重大里程碑。它的出现为工程放样、地形测图、各种控制网加密带来了新曙光，极大地提高了外业作业效率。高精度的 GNSS 测量必须采用载波相位观测值，RTK 定位技术就是基于载波相位观测值的实时动态定位技术，它能够实时地提供测站点在指定坐标系中的三维定位结果,并达到厘米级精度。在 RTK 作业模式下,基准站通过数据链将其观测值和测站坐标信息一起传送给流动站。流动站不仅通过数据链接收来自基准站的数据,还要采集 GNSS 观测数据,并在系统内组成差分观测值进行实时处理,同时给出厘米级定位结果,历时不到 1 s。流动站可处于静止状态,也可处于运动状态;可在固定点上先进行初始化后再进入动态作业,也可在动态条件下直接开机,并在动态环境下完成整周模糊度的搜索求解。在整周未知数解固定后,即可进行每个历元的实时处理,只要能保持四颗以上卫星相位观测值的跟踪和必要的几何图形,流动站则可随时给出厘米级定位结果。

二、管线点的高程测量方法与要求

管线点高程测量宜采用直接图根水准,也可采用电磁波测距三角高程。管线点高程精度不得低于图根水准精度。高程起始点的精度最低不得低于四等水准精度。水准测量宜采用附合水准路线、闭合水准路线或水准支线。水准路线应沿地下管线走向布设。

(1)直接水准测量应以测区已有四等以上水准高程点为起闭点,布设成通过各管线特征点的地下管线附合水准或闭合水准路线。对起始高程点稀少的平坦地区可布成结点水准网。附合或闭合路线不得超过 8 km,结点网结点间长度不得超过 6 km,支线水准长度不得超过 4 km。使用不低于 DS3 级水准仪(i 角应小于 30″),按中丝读数法单程观测(支线需往返观测),估读至毫米。仪器至标尺的距离不宜超过 100 m,前后视距应大致相等。路线闭合差不得超过 $\pm 40 \sqrt{L}$ mm(L 为路线长度,以 km 为单位),每千米水准测量高差中误差不应超过 ± 20 mm。

(2)电磁波测距三角高程,可直接起闭于四等水准以上高程控制点,按电磁波测距导线和解析交会法形式测设,垂直角可单向观测,交会点可用不少于三个方向(直反觇按两个方向计算)单向观测的三角高程推算。使用 DJ6 级经纬仪垂直角中丝法观测 2 个测回,垂直角较差与指标差较差不超过 $\pm 25″$,对向观测高差较差不应超过 $4 \times 10^{-4} S$ mm(S 为边长,以 m 为单位),各方向推算的高差较差不应超过 $0.2H$(H 为基本等高距),附合路线或环线闭合差不应超过 $\pm 40 \sqrt{|D|}$ mm(D 为测距边边长,以 km 为单位)。在采用电磁波三角高程时,应尽量提高仪器高、觇标高的量测和垂直角观测精度,以确保高程精度。

子学习情境 2.3　新建地下管线施工测量

教学要求:掌握新建地下管线定线作业方法和地下管线点测量成果整理和验收。

新建地下管线施工测量,包括管线规划放线、施工过程测量和管线竣工测量,而施工测量通常由管线施工单位承担,管线放线和竣工测量要求由专业测绘单位实施。下面主要讨论管线施工放线的有关技术方法和要求。

城市管线与城市道路一样,是城市基础设施的重要组成,是城市人民生产、生活和工作不可缺少的物质基础,是城市经济建设发展的必备条件。城市管线种类繁多,如给水、排水、电力、电信、工业等不同功能的专业管线,其敷设状况不外乎地面、地下和架空三种。随着现代化城市建设步伐的加速,城市空间环境净化要求的提高,大量架空管线逐步有计划的转入地下,将使本来已相当拥挤的城市地下空间,变得更加拥挤。而地面或架空管线建设测量,可通过管线与周围地面建(构)筑物的关系,很容易得出定线位置的准确与否,但对地下管线放线来说,原有地下管线的情况在没有开挖前是无法直接看出新建管线位置以及与原地下管线间的关系,很难确定放线位置是否准确,尤其在城市建成区,街巷狭窄、管线密集,部分地段容量更大,管线走向时上时下、纵横交错。因此加强新建地下管线规划放线,越来越显示出其重要性。

城市地下管线一般沿城市道路、街巷敷设,所以管线定线与城市规划道路定线就测量条件和方法是一致的,都是以城市规划部门给定的规划位置和放线条件为依据。

2.3.1　放线准备

地下管线工程建设放线与城市建(构)筑物放线比较,管线工程放线具有线路长,点位分散,自检条件差的特点。由于这些特点,给城市地下管线放线带来了不少困难,为做好这项工作,必须在放线前做好充分的准备,以保证放线工作顺利进行。准备工作包括以下内容。

(1)明确规划意图。

地下管线不仅有直线、曲线,而且还有各类附属设施,如阀门井、检修井、人孔、手孔、消防栓、加压泵等;此外还有平行、交叉、上下等各类管线并存的管线形式。设计人员在进行设计时,对各类情况作了综合考虑,用图件和文字形式提出了相关要求和定线条件。定线条件是定线测量的技术文件,不得擅自改动。所以测量人员在接受任务后,首先要认真仔细地阅读规划设计部门下达的放线条件,熟识规划意图,核对相关数据,如发现有矛盾或错误时,应主动与规划设计部门联系更正。

(2)收集资料。

应全面收集放线范围内的基本控制成果、地形图、已有管线竣工图或管线施工图等资料。

(3)实地踏勘。

对已收集的定线条件、测量起始点成果、地形图等进行实地核对,检查给定的条件有无变化、控制点是否保存完好、地形图是否与现状一致、定线测量的交通情况、通视条件,以及定线导线如何布设等第一手材料。

(4)制定作业计划。

根据规划意图、资料情况和踏勘结果,拟订作业计划,包括实施方案、人员组织、仪器设备的准备和测前检验等工作。

2.3.2　地下管线定线作业

管线定线方法依给定的条件,可分为图解法相关地物放线和解析法坐标放线两种。图解法相关地物放线:是根据规划设计部门在设计图上确定的点的位置和周边现状地物的相对距离进行放线。解析法坐标放线:是以规划设计部门确定的管线起讫点、转折点、分支点、交叉点等管线特征点的坐标数据进行放线。

一、图解法相关地物放线

图解法相关地物放线与图解法测定管线点位置的原理完全一样,只是前者是将图上设计好的点位放到实地,后者则是将管线点测设到图纸上。图解法相关地物放线一般是按管线设计图上管线点与现状地物的距离关系来确定管线点的实地位置。管线点与现状地物间距离可以由规划设计部门提供,也可由测绘人员在图纸上量取。图解法定线的精度取决于设计管线用的地形图比例尺大小、地形图中相关地物的相对精度和图纸的伸缩大小等因素,一般适用于地下管线稀小、地面控制缺乏的地区。图解放线工作主要步骤为确定放线数据和实地定点。

1. 确定放线数据

放线数据有两种来源,一是规划设计图上已明确的管线与现状地物的尺寸;二是设计图上的设计点位(或线位),测量人员根据提供的图上线位(点位)量取与现状地物的距离。图解法定线图上量距点数不能小于 3 个方向,量测误差不应大于图上 0.1 mm。

2. 实地定点

按设计部门直接提供的数据或测量人员图上量取的数据,用钢尺在实地量取相应地物点,用距离交会方法交会出管线点。距离交会形成的示误三角形内切圆在实地应在 5 cm 之内,取圆心作为交会点。

二、解析法坐标放线

解析法坐标放线就是利用城市已有控制点,将规划设计部门提供的管线点坐标,通过联测手段,将管线中线上的起讫点、转折点、分支点、交叉点数据放置到实地的方法。

1. 条件坐标的确定

条件坐标按来源可分为由规划设计部门直接提供管线特征点坐标和测量人员从设计图上量取坐标两种形式。前者由规划设计人员在设计管线规划时,在设计图上注出点的坐标值;后者是由测量人员根据设计图上所确定的点位,按格网线或图廓线的关系位置量出坐标值,或在实地通过采集道路中线、沿街主要建筑物坐标,推算出管线点坐标,后一种方法所确定的坐标数据,实质上都是图解坐标。图解坐标的量测精度不应低于图上 0.1 mm。

2. 管线点测设方法

管线点测设方法应根据已知条件和现场实际情况来确定,通常采用极坐标法、导线法、直角坐标法、前方交会法等。

(1)极坐标法。

这种作业法简单方便,在一个控制点上设站,可同时测设几个待测管线点,每个管线点只需测设 一个角度和一条边,就可确定管线点位置,所以在管线放线作业中应用较多。图 2-3-1 中,A、B 为 2 个已知点,$P_1 \sim P_4$ 为 4 个待设点,我们已知起始点和管线点的坐标,反算出 α_{AB}、α_{AP_1}、α_{AP_2}、α_{AP_3}、

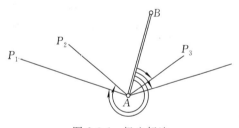

图 2-3-1　极坐标法

α_{AP_4} 坐标方位角和 $S_1, S_2, \cdots, S_4$ 的边长,并计算出各个夹角。在 A 点上设站,以 B 点为零方向,此时我们只要分别安置各点的夹角和边长,就能分别定出各所设点的实地桩位。

(2)导线法放线。

导线法作业根据实地情况,可采用管线点串连导线法和导线配合极坐标法。

——管线点串连导线。

就是利用已有控制点坐标和管线起始点坐标,计算出起始点与第一个管线点的边长、方向角,在已知点上设站,放出管线起始点桩位;再计算第一个管线点与第二管线点的边长和方向角,在第一管线点上设站,以已知点为零方向,按 $\angle A_{12} = \alpha_{12} - \alpha_{1A}$,量出距离 L_{12},就可定出第二个管线点,依次类推,直至闭合(附合)到另一已知点。若附合精度在限差以内,所放置点位即完成。由于管线导线线路较长,再加上每个定桩误差影响,所以采用管线串连导线时,应尽量将管线附近可见的控制点联测进去,以减少串连导线的误差累积,如图 2-3-2 所示。

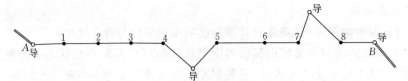

图 2-3-2　管线点串连导线法

——导线配合极坐标放线。

当管线经过地形复杂、控制稀少,又不宜采用管线串连和极坐标法作业时,可先布设管线图根导线,再在图根点上按极坐标法测出管线点位置(见图 2-3-3)。由于极坐标法缺乏检核条件,所以作业时应尽可能进行现场检核,防止粗差。检核的方法可采用:检查理论边长与实地距离的误差值,第二站复测前一站所测位置误差,利用点周围的地物间距离复核等。

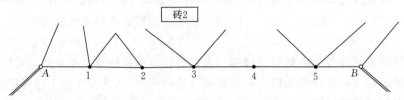

图 2-3-3　导线配合极坐标法

(3)直角坐标法。

当极坐标法的测设方向遇障碍物时,可改用直角坐标法。如图 2-3-4 所示,AP 方向不通视,可先计算出 P 点对 A 点的纵横坐标增量,$\Delta X = X_P - X_A$,$\Delta Y = Y_P - Y_A$,再视 ΔX、ΔY 的大小和通视情况,确定是先测设 ΔX 或 ΔY,若 ΔX、ΔY 方向均通视,且 ΔY 较长,那么就应先测设 ΔY,根据 ΔX、ΔY 的正负号就知道 P 点所在的象限,以确定 ΔY 的测设方向。图 2-3-4 中 ΔY 为正东方向,方位角为 90°,A 点安置经纬仪后视 B 点,测设正东方向,在此方向上测设距离 ΔY 得 P_1,再将经纬仪安置 P_1 点后视 A 点,拨正北方向,并测设 ΔX,定出 P 点。若先测 ΔY 不通视,可先测 ΔX 方向,再测 ΔY 方向,定出 P 点。

(4)前方交会法。

如图 2-3-5 所示,先根据待设点的设计坐标和控制点 A、B 的坐标反算方位角计算夹角 α、β。测设时分别在 A、B 点上安置经纬仪互为后视点,分别测设 360°−α 和 β 角的方向线,两方向线的交点即为 P 点。此法适用于不便于量距或待控制点较远的地方。交会角接近 90°时精度较好。

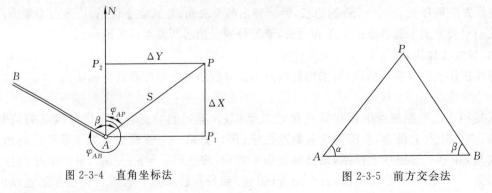

图 2-3-4　直角坐标法　　　　　　　　　　　图 2-3-5　前方交会法

三、直线段测设方法

CJJ 61—2003《城市地下管线探测技术规程》要求在没有特征点的直线管线点间距离宜按相应比例尺地形图上每 15～30 cm 设一个管线点,亦就是说,按 1:500 比例尺测量时,若管线直线长度超过 150 m(1∶1 000 比例尺为 300 m)时,管线中间应加测管线点。直线段上加测管线点的方法有直视法、正倒镜延线法、正倒镜投点法、垂距法、移轴法等。

1. 直视法

当直线段两端点目标清晰、通视良好,可在其中一端点设置仪器,准确照准另一点,固定水平度盘,上下转动望远镜大致到定桩员位置,指挥定桩员到线段大致中间位置,再左右移动到十字丝垂直丝上,打完桩后再检查是否偏移,并重新检查原始方向是否变动,检查无误,即可移站。

2. 正倒镜延线法

如图 2-3-6 所示,将经纬仪安置在 B 点,用盘左位置照准 A 点,纵转望远镜定 C_1;再用盘右位置照准 A,纵转望远镜定 C_2;取 C_1、C_2 的中点 C 即为 AB 延长线上的点。为了保证延长直线的精度,延长的长度一般不应大于后视的距离,必要时可增加测回数取其平均位置。当 C 点距离 B 点很近,在 B 点取 C 俯角太大甚至在盲距以内,或 C 点处需钉桩怕震动仪器时,经纬仪宜安置在 A 点照准 B 取 C,可以用一个竖盘位置,但要在取完 C 点后再看 B 点是否仍在十字丝竖丝上,以检验仪器是否被碰动。

3. 正倒镜投点法

当一直线两端点间上面有安置仪器的障碍物影响通视且相距较远,或两端点无法安置仪器时,可采用正倒镜投点法(或称为试验定位法)。其作业方法如图 2-3-7 所示,A、B 为两端点,首先可以目估 A、B 的位置,将仪器大致安置在两点的连线上(如有障碍物,则在其上安置仪器),例如,近旁的某点 P',使其与两端通视,以 A 点为后视,用正倒镜延线法在 B 点附近定出 B',这时可以估计其差距,将仪器向 AB 线移动一段距离,并重复操作趋近直至 B' 落于 B 点,这样使仪器位于 AB 直线上,即可投点确定 P 点。如果能知道仪器到两端的距离,BB' 又可在实地量得,则仪器移动的距离为

$$PP' \approx (AP'/AB') \cdot BB'$$

若 BB' 不可量得,则可观测 β 角,按下式可求得 PP'

$$PP' \approx (AP' \cdot BP')/AB \times [(180° - \beta)/\rho'']$$

这样可以使重复操作的次数大为减少。

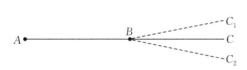

图 2-3-6　正倒镜延线法

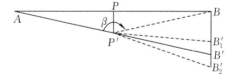

图 2-3-7　正倒镜投点法

4. 垂距法

若已知待测设直线的方位角和该直线上一点的坐标时,可采用垂距法测设直线。先沿该直线近旁布设相应精度的导线,如图 2-3-8 中,AB 为待测设直线,已知其方位角 φ_{AB} 和 A 点的坐标(X_A, Y_A),点 1、2、3 为导线点,按垂距计算公式分别计算各导线点至 AB 的垂距 $d_1, d_2, d_3, \cdots$,测设垂足 $P_1, P_2, P_3, \cdots$ 的拨角 $\beta_1, \beta_2, \beta_3, \cdots$ 时,可由各垂线的方位角减去导线边方位角求得,而各垂线的方位角可根据各导线点与 AB 线的相对位置而定,即

$$\beta_1 = (\varphi_{AB} + 90°) - \varphi_{1-2}$$

$$\beta_2 = (\varphi_{AB} + 270°) - \varphi_{2-3}$$

$$\beta_3 = (\varphi_{AB} + 270°) - \varphi_{3-2}$$

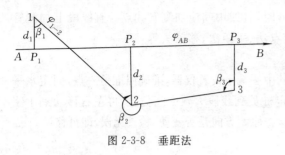

图 2-3-8　垂距法

如果仅拨定 2 个垂足 P_1、P_2 来测设直线 AB,则须验证 $\angle AP_1 1$ 和 $\angle P_1 P_2 2$ 确为直角后,方可延线,这一般用于短直线段的测设。长直线段的测设应至少拨定 3 个垂足点,由于测量误差的影响,3 个或多个垂足点不可能正好在一条直线上,因此需要验测各点的偏差数,以便适当调整。

5. 移轴法

在管线测设过程中,我们还会遇到障碍物,使管线上点无法直接通视,我们可以采用矩形移轴法、直角移轴法、平行四边形法等,避开或绕过障碍物。各种测量方法的具体操作办法,可参照《城市测量手册》中有关章节,这里不作重复。

四、GNSS RTK 放样

在空旷的场地,管线点可以利用 GNSS RTK 进行放样。启动 GNSS RTK 放样的作业模式,正常连接和配置基准站和流动站,GNSS 接收机可以获得差分解。在正常的作业模式下,接收机可以实时获取接收机所处位置坐标。另外,将待放样管线点数据导入手簿:如果数据量少可以直接输入;如果数据量大可以编辑成数据文件直接导入手簿中。现假设待放样点的坐标为 $(X_放, Y_放, H_放)$,而 GNSS 接收机在时间 t 时的位置为 (X_t, Y_t, H_t),则接收机和待放样点之间的关系为

$$\left.\begin{array}{l} \Delta X = X_放 - X_t \\ \Delta Y = Y_放 - Y_t \\ \Delta H = H_放 - H_t \\ D = \sqrt{(X_放 - X_t)^2 + (Y_放 - Y_t)^2} \end{array}\right\} \tag{2-3-1}$$

式中,D 为接收机距待放样点的距离。

1. 以北方向为作业指示方向

由于测量坐标 X 轴正方向指向北方向,Y 轴正方向指向东方向。当 $\Delta X > 0$ 时,说明 $X_放 > X_t$,也即接收机在 X 轴方向向北移动,移动的数量就是 $|\Delta X|$;当 $\Delta X < 0$ 时,说明 $X_放 < X_t$,也即接收机要在 X 轴方向向南移动,移动的数量就是 $|\Delta X|$。具体情况如表 2-3-1 所示。

表 2-3-1　RTK 放样分析

坐标差值	情况	移动方向	数值
ΔX	>0	北	$|\Delta X|$
	<0	南	$|\Delta X|$
	=0	不移	0
ΔY	>0	东	$|\Delta Y|$
	<0	西	$|\Delta Y|$
	=0	不移	0
ΔH	>0	上	$|\Delta H|$
	<0	下	$|\Delta H|$
	=0	不移	0
D	放样点到接收机当前位置的直线距离		

如果 ΔX、ΔY、ΔH 三个量等于零,那就说明接收机当前的位置就是待放样点位。

2.以箭头方向为作业指示方向

箭头指向的标准要确定前进方法,假设 GNSS 接收机在时间 t_1 时刻的位置记为 $P_1(X_{t_1},$ $Y_{t_1}, H_{t_1})$。如果测量员向前移动了一个位置,在时间 t_2 时刻 GNSS 接收机位置记为 $P_2(X_{t_2},$ $Y_{t_2}, H_{t_2})$。则 P_1 至 P_2 的矢量就可作为前进方向,而与该方向垂直的方向为左右方向。这样就如同建立了一个独立坐标系。有些软件会直接表示为前后或左右。

3.GNSS RTK 放样具体过程

(1)放样数据的获取。

在管线点放样之前,如果放样点数量较少,可以将放样点的坐标信息直接手工输入到测量控制器中。如果放样点数量大,可采用台式电脑制作数据文件,然后将文件导入至测量控制器中。

(2)野外放样作业。

当初始化完成后,在测量控制器软件主菜单上点击打开"测量"图标,选择"放样"命令,即可进行放样作业。在作业时,在测量控制器上显示箭头及目前位置到放样点在东、西、南、北四个方向上的水平距离及垂直距离,观测者只需根据箭头的指示放样。当流动站距放样点的距离小于设定值时,测量控制器上显示同心圆和十字丝,它们分别表示放样点位置和天线中心位置。当流动站天线整平后,十字丝与同心圆圆心重合时,即初步完成点的放样。按"测量"键对该放样点进行实测检核,并保存观测值。

(3)放样误差分析。

点放样的误差,有可能是 RTK 系统自身的误差,也可能是测量环境对 RTK 的影响产生的误差,或许是由我们自身操作的不正确造成的。但通常情况下是由于放样时测量环境影响中的多路径误差或信号干扰误差造成的。

在放样过程中如果点位误差超限,可以根据误差的原因,采取措施消除或减小误差,如改变基准站的位置,选择地形开阔的地点,远离无线电发射源、雷达装置、高压电线等,或采用有削弱多路径误差的各种技术的天线等。对于误差较大,RTK 又难以削弱其误差的点,可采用其他的测设方法。

(4)RTK 放样的优缺点。

RTK 放样的优点如下:使用 RTK 进行放样,能减少人力费用;定位精度高,测站间无须通视,只要对空通视即可;操作简便、直观、容易使用;能全天候、全天时地作业。

GNSS RTK 也存在着一些不利因素,GNSS RTK 并不能完全替代全站仪等常规仪器,在影响 GNSS 卫星信号接收的遮蔽地带,可在附近用流动站及时做出两个控制点,再用全站仪、测距仪、经纬仪等测量工具弥补 GNSS RTK 的不足。

2.3.3　地下管线点测量成果整理和验收

一、测量成果整理

测量成果整理包括以下内容。

(1)任务合同书。

(2)技术设计书。

(3)所利用的已有成果、图表、仪器检校资料。

（4）管线现况调绘图、管线点调查表、控制点成果表、管线点成果表。

（5）各种观测记录（含电子版原始记录）、计算资料、检查记录等。

（6）检查报告及精度统计表、质量评价表。

（7）技术总结报告书，包括以下内容。

——工程概况，包括工程的依据、目的和要求，工程的地理位置、地形条件，开工、竣工日期及完成的工作量。

——测量技术措施，包括作业技术标准，坐标、高程的起始数据，采用的仪器和方法。

——质量评定。

——作业中遇到问题及处理情况，待说明的其他问题。

——附图、附表。

二、测量成果验收

各级检查工作必须独立进行，不得省略或代替。各级检查的比例应按现行测绘产品检查验收标准的规定执行。包括以下验收内容。

（1）测量技术措施应满足规程和经批准的技术设计书。重要技术方案变动应提供充分的论证材料和充足的原因说明，并经有关职能部门批准。

（2）所利用的原有成果资料应有来源单位的出证和经质量确认单位或责任人的鉴证。

（3）各项测量的原始记录、计算资料和起算数据的引用均应履行过检查复核，并符合质量要求。

（4）各种管线调查表、成果表的登记和转录均有登记人和校核人签名。

（5）各项仪器检查记录齐全，发现的问题已做过处理和改正。

（6）对规定要由计算机介入和产生的成果（如管线点成果表），各类原始记录应经检查合格后方可验收。

（7）技术总结报告书内容齐全且能反映工程的全貌，结论正确、建议合理可行。

（8）成果资料组卷装订应符合档案管理的有关规定。

（9）验收合格后应写出质量评定书。

子学习情境 2.4　地下管线图测绘

教学要求：掌握地下管线图测绘的工作内容和常规测绘方法。

2.4.1　地下管线图测绘的工作内容与要求

地下管线图测绘一般分为地下管线竣工图测量和地下管线普查图测量。围绕地下管线测量所完成的成果统称为地下管线图。地下管线图又可分为专业管线图和综合管线图两种。这两种图主要区别在：专业管线图上除管线周围地形外，只包括单一专业（一条或几条）管线；而综合管线图，除管线周边地形外，还包括该地域内所有各类各专业管线。地下管线图测绘与地形图测绘就测量基本方法而言，是完全相同的，只是内容表述上地下管线图比地形图增加了地下空间的内容（地下管线及其附属设施）。但它们都有一个共同特点，都用本地区统一使用的平面坐标和高程系统、统一的图幅分幅方法和测绘技术标准。地下管线图测绘应包括图根点、管线点和地形测图。

一、资料准备

管线图测绘所需的资料有：

（1）收集和整理测图区域内所有等级控制点成果、点之记和管线点成果、布点位置图；

（2）收集和整理地下管线资料，包括管线探查草图、设计图、施工图、调查表等；

（3）收集测区同比例尺地形图。

二、测图方法选择

选择地下管线图测绘方法，应根据测区已有资料和要求成图规格来确定。一般可分为解析法、部分解析法和图解法三种测图方法。

1.解析法

解析法测图主要针对成图要求较高，且准备建立地下管线数据库的地区。采用全站仪按极坐标方法将管线图上所需的各类点的边长、角度，用人工记录或电子手簿记录方式，记录下所有的原始数据，再经内业计算出各点的坐标，按外业工作草图展绘连线成图，或用计算机辅助成图。

2.部分解析法

部分解析法是解析法和图解法两种测量方法混合成图的方法。其作业形式有两种：一种是将地下管线单独成图后套绘到已有地形图上；另一种是在已有管线点上通过外业补测地形图。两种形式都是以解析管线点为基础，以地形图为载体的成图方法。用第一种套绘方法一般是在原地形图精度较高、现势性很强的情况下，将地下管线按所测管线点坐标单独绘制成专业管线图，然后将该图蒙到相同图号的地形二底图上，按映绘要求将管线两侧地形图转绘到管线图上，即生成地下管线图。第二种方法是利用管线点成果表，按展点要求，将管线点展绘到空白薄膜图纸上，然后按平板仪测图方法，在管线点上设站补测管线两侧地形，生成地下管线图。后一种方法主要用于原地形图资料陈旧，或无图区域。这两种方法所生成的地下管线图的基本精度是一致的。与解析法相比较，地形要素的质量明显低于管线点精度，且不利于管线图数据库建设，因为地形图资料尚需经过图形数据化过程，才能与管线数据一起存入计算机。

3.图解法

图解法不直接测量管线和地形要素数据，以同测绘地形图相同的方法成图。有两种情况：一种是在测绘管线点的同时测绘管线两侧地形，主要用于没有进行过管线点测量和无地形图或地形图太陈旧不能使用时；另一种情况是地形图质量和现势性均很好，但对管线点精度要求不高，且不准备建立数据库时，可以用原地形图上的地物与管线点的关系位置，采用交会法、直角坐标法等将管线点实测尺寸，按比例尺标绘到原地形图上。用图解法测绘管线图，只需配平板仪、皮尺等工具。如测绘比例尺为 1∶1 000 或 1∶2 000 时，为方便视距观测，还应配备经纬仪、标尺等。

三、仪器准备

根据选定的测图方法，准备作业仪器器材，如采用解析法测图时，对所使用的全站仪、经纬仪、测距仪等仪器器材，并按规定进行测前检验、校正。

2.4.2　地下管线图测绘方法

一、内外业一体化测图方法

全站仪是集电子测角、测距于一体的现代化光电测量仪器，外形美观，操作简便。随着电子技术的快速发展，全站仪的类型越来越多，性能越来越好，智能型全站仪已将 MS-DOS 系统植入全站仪中,可以通过编制操作程序来帮助测量,将观测数据拷入数据卡,直接输入计算机中,可处理各类数据和图形文件。

内外业一体化测图,也称解析法测图。解析法管线图测绘一般应在图根导线点及以上等级控制点上设站,测设地下管线点及管线两侧地形点的数据,经过与计算机通信,在绘图软件支撑下成图。全站仪测量的测站工作与测距仪测距的测站工作基本相同,待测点也需要架设反射棱镜。当采用人工记录时,观测值的记录格式和要求也与测距仪测距类同,但全站仪能直接给出平距,而不需要测记垂直角,在进行角度观测时,当精确照准观测目标,角度值就在显示屏上显示,若需直接读取点的坐标值,只需按动相关功能键就会在显示屏上出现 X、Y 值。使用全站仪进行极坐标法测量更为方便,是目前建立地下管线数据库的主要途径。

城市地下管线带状地形图的测图比例尺一般为 1:500 或 1:1000。大中城市的城区一般为 1:500,郊区为 1:1000;城镇一般为 1:1000。测绘范围和宽度要根据有关主管部门的要求来确定,对于规划道路,一般测出两侧第一排建筑物或红线外 20 m 为宜。测绘内容按管线需要取舍,测绘精度与相应比例尺的基本地形图相同。地下管线大比例尺带状地形图测绘的作业规范和图式主要有 CJJ/T 8—2011《城市测量规范》、GB/T 14912—2005《1:500 1:1000 1:2000 外业数字测图技术规程》、CJJ 61—2003《城市地下管线探测技术规程》、GB/T 20257.1—2007《国家基本比例尺地图图式 第 1 部分:1:500 1:1000 1:2000 地形图图式》、GB/T 13923—2006《基础地理信息要素分类与代码》等。

数字带状地形图测绘主要包括野外数据采集和图形编辑与输出两大部分。

1. 野外数据采集

带状地形图野外数据采集按数据采集设备分为全站仪法和 GNSS RTK 法。数据采集包括数据采集模式、地形信息编码、碎部点间连接信息以及工作草图绘制等内容,它们是数字成图的基础。

(1)数据采集模式。

数据采集模式按数据记录器的不同一般分为电子手簿、便携机、全站仪存储卡以及 GNSS RTK 等模式。

——电子手簿模式。

电子手簿和全站仪通过电缆进行连接,可以实现观测数据和坐标值的在线采集,在控制点、加密图根点或测站点上架设全站仪,经定向后观测碎部点上的棱镜,得到方向、竖直角和距离等观测值,记录在电子手簿中。在测碎部点时要同时绘工作草图、记录地形要素名称、绘出碎部点连接关系等。也可在电子手簿上生成简单的图形,进行连线和输入信息码。室内作业时,将碎部点显示在计算机屏幕上,采用人机交互方式,根据工作草图提示进行碎部点连接,输入图形信息码和生成图形。

——便携机模式。

在测站上将便携机和全站仪通过电缆进行连接,可以实现观测数据和坐标值的在线采集,便携机和全站仪也可作无线传输数据。在便携机上可即刻对照实际地形地物进行碎部点连接、输入图形信息码和生成图形。便携机模式可作内外业一体化数字测图,称电子平板法测图。

——全站仪存储卡模式。

采用具有内存和自带操作系统或可卸式 PCMCIA 卡的全站仪,由用户自主编制记录程序并安装到全站仪中,不需电缆连接,野外记录十分方便。可将存储卡或 PCMCIA 卡上的数据方便地传输到计算机,其他过程同电子手簿模式。

——GNSS RTK 模式。

采用 GNSS RTK 模式进行大比例尺数字测图时,仅需一人携带 GNSS 接收机在待测点上观测数秒到数十秒即可求得测点坐标,通过电子手簿或便携机模式,可测绘各种大比例地形图。采用 GNSS RTK 技术测图,可以直接得到碎部点的坐标和高程。在城市作带状地形图测绘时受周围障碍和多路径的影响较大,故 GNSS RTK 模式只适用于较空旷的郊区或规划区,一般还需要采用全站仪方法进行补测。

(2)地形信息编码。

为使绘图人员或计算机能够识别所采集的数据,便于对其进行处理和数据加工,需给碎部点一个代码,称地形信息编码。编码应具有一致性、灵活性、高效性、实用性和可识别性等原则。按照 GB/T 13923—2006《基础地理信息要素分类与代码》的规定进行要素分类和编码。

(3)碎部点间连接信息。

要确定碎部点间的连接关系,特别是一个地物由哪些点组成,点之间的连接顺序和线型,可以根据野外草图上所画的地物以及标注的测点点号,在电子手簿或计算机上输入,或在现场对照地物在便携机上输入。按照所使用的数字测图系统的要求,组织数据并存盘,即可由测图系统调用图式符号库和子程序自动生成图形。

(4)工作草图绘制。

绘制工作草图是保证图形数据质量的一项措施。工作草图是图形信息编码、碎部点间的连接和人机交互生成图形的依据。

如果工作区有相近的比例尺地形图,则可以利用旧图作适当放大复制或裁剪后,制成工作草图的底图。作业人员只需将变化了的地物反映在草图上即可,在无图可用时,应在数据采集的同时人工绘制工作草图。工作草图应绘制地物的相关位置、地貌的地性线、点号标记、量测的距离、地理名称和说明注记等,地物复杂、地物密集处可绘制局部放大图。草图上点号注记标注应清楚正确,并和电子手簿上记录的点号一一对应。

2.图形编辑与输出

(1)图形编辑。

带状数字地形图的编辑是由技术人员操作有关测图系统软件来完成的。将野外采集的碎部数据,在计算机上显示图形,经过人机交互编辑,生成数字地形图。所选用的数字测图系统必须具有如下基本功能:①碎部数据的预处理功能,包括在交互方式下碎部点的坐标计算及编码、数据的检查与修改、图形显示、图幅分幅等;②地形图编辑功能,包括地物图形文件的生成、等高线文件的生成、图形修改、地形图注记、图廓生成等;③地形图输出功能,包括地形图绘制、数字地形图数据库处理和存储等。

目前,国内有代表性的数字测图系统有武汉瑞得信息工程有限公司研制的 RDMS 数字测图系统、山东正元地理信息工程有限公司研制的 ZYDMS 数字测图系统、南方测绘仪器公司研制的 CASS 数字测图系统等。这些系统在生产实践中都有广泛应用。在管线测量中,主要采用 ZYDMS。随着 GIS 的应用和发展,数字测图系统向 GIS 前端数据采集系统方向发展。

(2)图形输出。

图形输出设备主要有绘图仪、打印机、计算机外存(包括光盘、硬盘)等。数字带状地形图在完成编辑后,可以储存在计算机内或外存介质上,或者由计算机控制绘图仪直接绘制地形图。

（3）质量要求。

带状数字地形图的质量要求主要通过其数学基础、数据分类与代码、位置精度、属性数据精度、要素完备性等质量特性来描述。

数学基础是指地形图所采用的平面坐标和高程基准、等高线的等高距等。数据分类与代码应按照 GB/T 13923—2006《基础地理信息要素分类与代码》等标准执行，需要补充的要素与代码应在备注中加以说明。位置精度主要包括：控制点、地形地物点的平面精度，高程注记点和等高线的高程精度等。属性数据精度是指描述地形要素特征的各种属性数据是否正确无误。要素完备性是指各种要素不能有遗漏或重复现象，数据分层要正确，各种注记要完整等。

二、常规测绘方法

1. 图解交会法

当管线所在测区已有可靠的大比例尺地形图，且图的精度和现势性较好时，采用图解交会法成图具有简便、直观、工作量少、相对位置准确的特点。由于这种成图方法的精度取决于原地形图的精度，如地形图中个别地物精度较差或存在错误，将直接影响到管线特征点定位的准确性，所以在使用该方法时，应做好地形图的现场检核。图解交会法作业方法大致有以下几种。

（1）距离交会法。

距离交会通常采用钢（皮）尺，交会距不宜超过一整尺，交会方向不应少于 3 个，交会角尽量好，如图 2-4-1 所示，分别量取 3 个地物点至管线特征点距离，量距误差应小于 5 cm，然后在地形图上用同名地物点和距离，按比例用圆规作出三边交会点，该点就是我们所要求的定位点。但由于量距误差和图上地物点和图上地物点本身误差，往往会出现示误三角形，如图 2-4-2 中 $O_1O_2O_3$，当示误三角形 $O_1O_2O_3$ 的内切圆直径在 1 mm 以内时，可取圆心位置为特征点。当发现示误三角形过大时，应认真检查原因，防止粗差。如碰巧遇到特征点在建筑物的延长线上，则只需检核地物点在图上和实地距离是否相符，如无误则可用直线内插或外延法确定点的位置。当距离误差小于图上 0.4 mm 时，可依比例分配后定出点位。

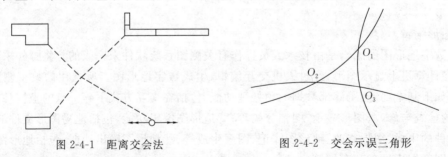

图 2-4-1　距离交会法　　　　　　　图 2-4-2　交会示误三角形

（2）直角支距法。

如要测设的地下管线点在道路一侧或人行道上，可采用直角支距法，支距距离不超过 50 m。如图 2-4-3 所示，Y 为管线特征点，AB 为建筑物边线。量取 Y 至建筑物垂足 OY 及 OA、OB，如 $OA + OB = ab \times M$（ab 为 AB 图上长度，M 为地形图比例尺分母），则在图上先截取 AO（或 BO），确定 O 点，再由 O 点垂直 AB 截取 OY，Y 点就是所求点位。如 AB 实地长度与图上长度在图上小于 0.4 mm 以内时，可采用按比例分配办法，确定 O 点后再定 Y 点。

（3）方向线定位法。

对受地形限制无法直接量取交会距离时，可采用方向线交会法，在图板对中、整平后，在空白图纸上刺出测站点位置 O,不需定向,用测斜仪以 O 点为中心,依次瞄准远方向地形图上存在的地物点,如图 2-4-4 所示。

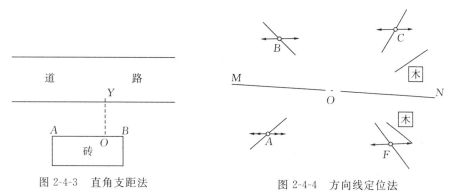

图 2-4-3　直角支距法　　　　　　　图 2-4-4　方向线定位法

$A,B,\cdots,F$ 分别为各类地物点,M,N 为地下管线,O 点为其中一个特征点,在瞄准各方向后可用目估距离绘出各方向线,使方向线略长于实际距离,然后将绘有方向线的图纸套到地形二底图上,使各方向线完全通过图上相应地物点,并将 O 点位置转刺到二底图上,该点即为管线特征点。如果特征点上不能设站,可以在其附近设站,用上述同样方法绘出各条方向线,再增加量取测站至特征点的距离和方向线,并在该方向线上依比例尺截取所量测的距离,该点即为方向线图上的管线点位置。当完成上述工作后,将该图套合到二底图上,并刺出管线点位置(不转刺测站点位置)。由于原地形二底图上有测图误差存在,必然会出现各方向线与二底图的套合偏差,套合时可依最小二乘法原则进行配赋,使各方向线偏差不超过 ±0.2 mm,如发现绝大部分方向线套合良好,只个别方向有较大偏差时,在检查出原因后,可舍弃该方向,用其他方向线准确定出管线点位置。鉴于方向线法确定管线点位置的精度相对要低,所以采用此方法时,应使定位方向线尽量多,最少不小于 4 个。

2.平板仪法测图

平板仪测图是我们常用的传统成图方法。当管线所在地为无图区、新开发区,不便使用各类交会法时,宜采用平板仪法。在图根点及以上等级控制点上设站,按比例将地面上的管线点(或标志)和相关地物、地貌测绘在图上,形成与实地相一致的地下管线图,这种方法也适用于量距困难和开阔地区,具有成图迅速、简便的特点。平板仪测图又可分为小平板仪测图和大平板仪测图两种。小平板仪测图通常采用钢(皮)尺量距,测斜仪定方向;而大平板仪测图一般采用视距,适用于 1:1 000、1:2 000 比例尺地下管线图。不论小平板还是大平板测图,除采集距离方法不同外,其余要求均相同。其工作步骤如下。

(1)将平板安置于控制点上,并准确进行对中、整平、定向。对中误差以对点器上的垂球偏离控制点中心位置的实际距离为准,不应大于 0.05 m;整平以平板仪或测斜仪上的管状水准气泡为准,不得大于 1 格;定向应选择本测站相关已知边中的最长边长为定向方向,用该边定向后,检查其他已知点方向,检查方向线偏差不要超过图上 0.1 mm,如发现偏差较大,应查明原因,直至在限差之内,方可开始下步工作。

(2)测图。按极坐标方式,将平板仪直尺边切准测站位置,用望远镜(或测斜仪)准星和竖线照准所测目标,用皮尺(或视距)量取测站至各地物点的距离。将所测距离按比例尺截取并刺出点位,依次测完所有点后,将相关联的点按图式符号规定绘出符号和线划。量距如采用视距法,还应注意斜距改平距的工作。在结束本站工作前应重新检查图板的定向是否变动,所测内容是否齐全,符号表示是否准确,有无遗漏、测错、连错等问题,在检查无误后,即可迁到新站。

(3)复测检校。在迁入新站并按上述操作完成对中、整平、定向后,应对上一测站和相邻其他测站部分地物点进行复测,复测点误差在 0.2 mm 以内时,即可开始新一站工作,否则应查出原因,直至无误。

(4)图幅接边。管线图测量是分幅进行的,一个测区的图幅应该有机地结合,才能紧密连接成一体。为便于图幅之间的衔接,要求在外业工作中,每幅图的边缘都应测出图边 5～10 mm。由于平板仪测图的基本原理是图解法,其精度相对较低,存在的误差较解析法测图要大得多,相邻两幅图在拼接中会出现同一地物不密合情况,这种接边误差不超过 CJJ/T 8—2011《城市测量规范》规定的中误差的 2 倍,可以取中表示。

值得一提的是,上述两种测绘方法目前已被数字测图取代。即使所测的是地形图和管线图也需要通过矢量化,最终形成电子版的地下管线图。

2.4.3　地下管线图测绘内业成图与整理

一、基本要求

对地下管线测量成果必须进行成果质量检验,质量检验时应遵循均匀分布、随机抽样的原则。一般采用同精度重复测量管线点坐标和高程的检查方式,统计管线点的点位中误差和高程中误差。

检查比例:对地下管线图进行 100% 的图面检查和外业实地对图检查;对地下管线点按测区管线点总数的 5% 进行复测,复测时,地下管线点的平面位置较差不得劣于 ±5 cm,高程的较差不得劣于 ±3 cm。

地下管线图测绘精度的检查:地下管线与邻近的建筑物、相邻管线以及规划道路中心线的间距较差不得劣于图上 ±0.5 mm。

质量检查工作均应填写记录,并在作业单位最高一级检查结束后编写测区质量自检报告,上报给管线办和监理单位,监理单位接到自检报告后方可对该测区进行质量监理。

二、质量评定标准

每一个测区随机抽查管线点按总数的 5% 进行测量成果质量的检查,复测管线点的平面位置和高程。根据复测结果,按式(2-4-1)和式(2-4-2)分别计算测量点位中误差 m_{cs} 和高程中误差 m_{ch}。当重复测量结果超过限差规定时,应增加管线点总数的 5% 进行重复测量,再计算 m_{cs} 和 m_{ch}。若仍达不到规定要求,整个测区的测量工作应返工重测。

$$m_{cs} = \pm \sqrt{\frac{\sum \Delta s_{cl}^2}{2n_c}} \tag{2-4-1}$$

$$m_{ch} = \pm \sqrt{\frac{\sum \Delta h_{cl}^2}{2n_c}} \tag{2-4-2}$$

式中,Δs_{cl}、Δh_{cl} 分别为重复测量的点位平面位置较差和高程较差,n_c 为重复测量的点数。

质量自检报告内容应包括以下几方面。

(1)工程概况:包括任务来源、测区基本情况、工作内容、作业时间及完成的工作量等。

(2)检查工作概述:检查工作组织、检查工作实施情况、检查工作量统计及存在的问题。

(3)精度统计:根据检查数据统计出来的误差,包括最大误差、平均误差、超差点比例、各项中误差及限差等,这是质检报告的重要内容,必须准确无误。

(4)检查发现的问题及处理建议:检查中发现的质量问题及整改对策、处理结果;对限于当前仪器和技术条件未能解决的问题,提出处理意见或建议。

(5)质量评价:根据精度统计结果对该工程质量情况进行结论性总体评价(优、良、合格、不合格),是否提交监理检查或交下一级检查等。

三、二级检查一级验收制度

1. 检查

测绘生产单位对产品质量实行过程检查和最终检查。

过程检查由作业室(或作业员)承担。必须做到全面自检互查,把各类缺陷消灭在作业过程中。作业人员对所完成的产品质量全面负责。最终检查由生产单位的质量管理机构(或负责人)负责实施。质量检查应根据工序特点,作业人员技术素质和作业的难易程度独立进行,在最终检查后,应书面向委托生产单位或任务下达部门申请验收,并提交检查报告和产品质量等级评定。

2. 验收

验收工作应在测绘产品最终检查合格后进行,由任务委托单位组织实施。验收应由当地测绘(质量)管理部门、生产单位技术负责人和委托任务单位有关技术人员组成验收组进行验收。验收应以国家或行业有关法规、技术标准、技术设计书及用户的特殊要求为依据,采取随机抽样的办法,抽检出不少于 5% 的产品进行详查,其余未抽查部分作概查。

四、测绘产品检查验收内容

测绘成果成图检验主要检查验收产品的技术性能、技术指标和外观整饰等质量特性,是否满足(或达到)国家或行业规定的相应技术性能、技术指标和外观整饰等各项要求。每件测绘产品验收内容、标准可参照 CH 1002—1995《测绘产品检查验收规定》中的有关内容。并填写地下管线成果质量检验记录表(见表 2-4-1)。

五、技术报告书编写

工程技术报告即技术总结。技术总结是研究和使用工程成果资料,了解工程施工全貌,作业中存在问题和技术处理、建议的综合性资料,是工程技术资料的重要组成。编写技术报告应突出重点、文理通顺、表达清楚、结论明确。

对小型工程项目的报告书可以从简,或采用列稿填空、填写表格的形式。

六、工程成果整理

系统完整的工程技术成果是档案管理工作的基础,是现代化信息管理的需要,它对保证工程的内在质量,提高存储、利用、更新具有重要的作用。为此,在工程完成后应及时、全面地将工程有关成果资料整理归档,成果整理一般可按工序分段进行,集中编排。其内容包括:

(1)工程依据文件:任务书(合同)、施工许可证(工程执照)等。

(2)工程凭证资料:被利用的已有成果、地形图、管线资料、坐标、高程起算数据、文件、仪器检验文件、技术设计书等。

(3)测量原始资料:管线点调查表、控制点观测记录、计算资料、管线点联测记录和计算手簿,并包括各种检查记录(含作业过程生成的各类存储盘)。

(4)各类图件成果表:控制点成果表、管线点成果表、各种专业管线图、综合管线图、管线断面图等。

(5)技术报告书、工程质量评定表。

七、工程成果装饰

1. 基本规格

各类文件、资料的幅面宜按 8 开或 16 开。图件幅面除条图外,一般选用国际分幅。图纸折叠宜采用手风琴式,图签露在下角,折叠后尺寸应与文件大小一致。卷夹或卷盒宜选耐用质地材料制作,规格为 31 cm×22 cm。卷夹、卷盒正面应有卷案名称、编号和编制单位名称。

2. 装帧顺序

依次为封面(或副封)、目录、工程报告书、质量评定书、工程依据文件、凭证文件、设计书(或纲要)、各工序原始资料、管线成果表、管线调查表、专业图、综合图、断面图、副封底、封底等。案卷装帧可根据资料数量多少,采用整组装、分组装,当采用盒装时,图纸可以散装,但不论用何种形式装帧,卷案所有文件、资料、图表均应按顺序统一编写页码。

封面(含副封)包括卷案名(工程名称)、编制单位、技术(工程)负责人、编制日期、密级、保管期限、档案编号。

目录包括文件、资料名称、文件原编号、编制单位、本卷顺序号。

副封底包括文件数量、总页数、立卷单位、接收单位、立卷人、接收人、日期。

表 2-4-1　地下管线测绘成果质量检验记录表

工程编号			工程主持人		观测		记录	
工程名称			计算		检算		绘图	
质量检验项目			作业者自检记录			队检查记录		
测量成果	1	点号、坐标、边长						
	2	略图、夹角						
	3	高程						
	4	管径、管偏						
	5	构件、小室						
	6	各项成果表						
绘图成果	1	图面整饰						
	2	方格网及注记						
	3	展点						
	4	地物、地类、地貌						
	5	点号、符号						
	6	管径、流向						
	7	管偏、小室						
	8	颜色、连线						
	9	图上高程注记						
	10	展绘管线齐全						
	11	永中、红线、坐标						
	12	接图						
质量评定		等级		检查者		等级		检查者	
检查日期		年　月　日				年　月　日		
队审核意见:							定额工日	
			签字:					

习　题

1. 简述地下管线测量的工作步骤。
2. 简述地下管线平面控制测量作业方法。
3. 简述地下管线高程控制测量作业方法。
4. 管线点测量基本精度规格有哪些？
5. 管线点的平面位置测量方法与要求有哪些？
6. 简述地下管线点测量成果整理和验收内容。
7. 简述地下管线图测绘的工作内容与要求。
8. 地下管线图测绘质量评定标准有哪些？

学习情境 3　管线数据处理与图形编绘

知识的预备和技能的要求

(1)能根据管线的外业测量成果进行数据处理和图形编绘。

(2)能进行管线属性数据库的建立。

(3)能进行管线空间数据库的建立。

(4)能生成管线的图形文件。

(5)能对管线图进行编绘。

(6)能对管线成果进行表格编制。

教学组织

本学习情境的教学为 14 学时,分为 3 个相对独立又紧密联系的子学习情境,教学过程中以小组为单位,每组根据典型工作任务完成相应的学习目标。在学习过程中,教师全程参与指导,对涉及实训的子学习情境,要求尽量在规定时间内完成外业作业任务,个别作业组在规定时间内没有完成的,可以利用业余时间继续完成任务。在整个教学和实训过程中,教师除进行教学指导外,还要实时进行考评并做好记录,作为成绩评定的重要依据。

教学内容

本情境围绕项目载体——地铁工程线路穿越城市主干道范围内地下管线的探测的技术要求,分解为管线数据处理与建库、地下管线图编绘、地下管线数据处理系统实例 3 个子学习情境。

子学习情境 3.1　讲述管线数据处理与建库、管线属性数据和管线图形文件的生成等内容。

子学习情境 3.2　重点介绍地下管线图编制的种类及规格、管线图的编绘及其质量检验等内容。

子学习情境 3.3　以北京九州宏图技术有限公司开发的地下管线录入系统为例,说明管线数据处理和图形编绘的全过程。

子学习情境 3.1　管线数据处理与建库

教学要求:掌握管线属性数据、管线属性数据库和空间数据库的建立及管线元数据的生成。

管线数据处理是指对用不同仪器设备和方法采集的管线原始数据进行转换、分类、计算和编辑等操作,为图形处理提供绘图信息,为管网信息系统提供与管线有关的各种信息。广义上说,数据处理包括:控制测量平差,地下管线点和碎部点坐标生成,地下管线属性数据库和空间数据库的建立,元数据、管线图形文件和其他空间数据文件的生成等。数据处理成果应具有准确性、一致性和通用性。

数据库是以一定的组织方式存储在一起的、相互有关的数据集合,实现数据共享是数据库最本质的特点。数据库也可以看成是有关文件的集合,但并不是个别文件之和,而是对文件的重新组织,以最大限度地减少各文件中的冗余数据,增强文件之间以及文件记录之间的相互联系,实现对数据的合理组织与共享。

管线数据库是某一区域地下管线数据的集合,地下管线数据包括地下管线各要素的空间数据和属性数据。管线数据库的结构和文件格式应满足地下管网信息系统的要求,要便于查询、检索和应用。

建立管线数据库一般分两步进行:管线点测量工作完成前,先由数据处理人员将《地下管线探查记录表》中的信息录入到计算机,完成数据库中的属性数据部分录入;管线点测量工作完成后,将管线点坐标追加(合并)到数据库中,形成完整的管线数据库。

3.1.1　管线属性数据库的建立

一、管线属性数据

地下管线的类别、性质、规格、材质、权属单位和埋设时间等是地下管线的主要属性数据。属性数据库包含的数据字段主要为管线点编号、管线类别(性质)、材质、规格(直径或截面尺寸)、埋深、载体特征、电缆条数、孔数(总数和已占用数)、附属设施、管线的连向(连接关系)、给排水流向、建设年代(埋设时间)等。根据用途和要求不同,不同城市对属性数据的要求也不同。

二、管线属性数据库

在查明地下管线各类属性信息的基础上,按照城市地下管网信息系统的要求建立地下管线属性数据库。建立属性数据库的原始资料应是验收合格的成果,地下管线属性数据输入时应严格对照原始调查、探查和测量记录进行,确保管线的连接关系正确无误,数据输入后应进行 100% 的检查。

地下管线属性数据输入方式有以下几种。

(1)在信息系统的属性数据管理模块中输入属性数据。

(2)在信息系统的图形编辑模块中输入属性数据。

(3)从外系统导入属性数据。

(4)属性数据与图形数据一体化输入。

建立属性数据库的软件系统应满足以下要求。

(1)采用关系型数据库管理软件,支持标准的 SQL 语言,并有良好的用户界面。

(2)建立的属性数据库的数据结构及数据文件格式应满足 CJJ 61—2003《城市地下管线探测技术规程》的有关规定。

(3)对语义型数据有良好的控制功能,并有完整的分层保密控制功能。

(4)具有良好的二次开发和升级功能。

(5)具有良好的数据交换标准格式,且通用性能好。

三、建立管线属性数据库的基本程序

(1)资料准备:全面收集管线探查手簿、外业物探草图、明显点调查表以及管线点数据成果文件。

(2)管线连接信息文件的编辑:按外业物探草图与软件要求编辑连接信息文件。

(3)数据输入与查错:根据所选择的管线属性数据输入方式,按照程序要求批量或手工输入各类管线点数据,程序自动检查管线点成果数据点码与连接信息文件点码是否一致,点之间的间距是否满足设计要求等,并打印错误信息表。

(4)数据修改:根据查错信息修改属性数据。

(5)属性数据合并:在工作区内,管线探查与测量一般要分组实施,各小组负责各自分工范

围内的管线探查、测量与属性数据库的建立。需要将各小组建立的属性数据库通过合并整理，建立整个工作区的属性数据库。

3.1.2　管线空间数据库的建立

空间数据也叫图形数据，用来表示地理物体的位置、形态、大小和分布特征等方面的信息。根据空间数据的几何特点，地下管线空间数据可分为点、线、面和混合性四种类型。管线的空间数据库主要由管线点的坐标数据库构成，此外还包括其他空间数据文件。

关于空间数据文件的生成，不同的地下管线数据处理软件有不同的方法。下面以某种处理软件为例进行说明，该软件的特点是以图幅为单位进行处理。每幅图含有三个文件，即管线点成果表文件、基础图形文件和汉字注记文件。每幅图中的每类专业管线点有独立的管线注记文件和管线数据文件。

汉字注记文件由基础地形标注项组成。每一标注项数据结构形式如图 3-1-1 所示。

X	Y	SP	S	α	β	字符串

数据结构说明

X、Y：注记定位点的 X、Y 坐标值。

SP：字间距。

S：注记汉字大小。

α：注记旋转角度，单位为弧度。

β：注记字符倾斜角度，单位为弧度。

字符串：注记汉字。

图 3-1-1　基础地形标注项数据结构

管线注记文件按管线类分类，记录综合管线图中各类管线点的点号、排水流向、沟边线等，它采用 DXF 文件格式，地下管线探测成果数据文件分类如表 3-1-1 所示。

表 3-1-1　地下管线探测成果数据文件分类

内容	性质	文件名
管线点成果表	管线属性数据库，含三维坐标	×××××××.DBF
基础地形	点、线类非汉字注记	TP×××××.DXF
汉字注记	基础地形图上的汉字注记	×××××××.CHN
给水	管线、管线点、窨井及其他点状符号注记	JL×××××.DAT PT×××××.DXF
排水（雨污水及合流）	管线、管线点、窨井及其他点状符号注记，包括流水方向、宽沟边线	PL×××××.DAT PT×××××.DXF
煤气	管线、管线点、窨井及其他点状符号注记	ML×××××.DAT MT×××××.DXF
电力	管线、管线点、窨井及其他点状符号注记	LL×××××.DAT LT×××××.DXF
电信	管线、管线点、窨井及其他点状符号注记	DL×××××.DAT DT×××××.DXF
工业	管线、管线点、窨井及其他点状符号注记	GL×××××.DAT GT×××××.DXF
有线电视	管线、管线点、窨井及其他点状符号注记	SL×××××.DAT ST×××××.DXF

注：×××××为城市基础地形图分幅图名号。

管线数据文件提供各条管线的连接关系,这种连接关系用一定的数据结构表达,每类管线都有相应的符号编码。

属性数据库和管线点坐标数据库的公共部分是管线点号(物探外业编号)。利用这一特点,采用专业软件提供的数据合并功能,将测量坐标自动追加(合并)到属性数据库中,把物探属性数据库与测量空间数据库按照管线点一一对应的原则合并成一个完整的管线数据库(＊.mdb格式)。

在利用数据库成图之前,对数据进行一致性检查,并对发现的问题查找原因,进行改正。利用专业软件的查错功能,对数据库进行全面检查,检查数据库内部是否有连接关系错误、管径矛盾、代码错误、格式错误、管线点距超长、空项、坐标缺失等,并进行改正,排除数据错误。

查错程序可自动生成错误信息表,作业员根据信息表及时地对数据进行核查,修正错误,为生成管线图做准备。

3.1.3 管线图形文件的生成

管线成图软件应具有生成管线数据文件、管线图形文件、管线成果表文件和管线统计表文件,并绘制地下管线带状地形图和分幅图,输出管线成果表与统计表等功能。当管线碎部记录文件在计算机上显示的管线图形和实地工作草图对照符合后,即可按图幅生成图形文件。

对于图形文件的形式,不同的成图软件有不同的设计。图形文件与数据文件应解决好链接问题,保持对应关系,为建立图形数据库奠定基础。同时,图形文件兼容性要好,以便今后使用和信息共享。

3.1.4 管线元数据的生成

元数据是关于数据的数据。在地理空间数据中,元数据是说明数据内容、质量、状况和其他特征的背景信息。它可以帮助生产单位有效地管理和维护空间数据,方便用户查询和检索。通过提供有关信息,便于用户接收、处理和转换外部数据。元数据质量是数据质量的组成部分和基础,其质量主要从完整性、准确性和结构性要求方面综合考虑。

地下管线元数据的内容和形式应符合 CJJ 100—2004《城市基础地理信息系统技术规范》的有关要求。

地下管线元数据大部分需要人工生成,部分元数据能从图形文件和数据库自动获取。系统具有对元数据进行编辑、查询和统计等功能。地下管线元数据应随着城市基础地理数据库的更新而实时更新。要定期进行元数据备份,建立历史元数据库。

子学习情境 3.2 地下管线图编绘

教学要求:掌握地下管线图编制的原则、管线图的编绘和管线图编绘的质量检验。

地下管线图的编绘是在地下管线数据处理工作完成并经检查合格的基础上,采用计算机编绘或手工编绘成图。随着计算机技术和信息技术的发展,计算机编绘已成为主流方式。地下管线图应以彩色绘制,断面图可以单色绘制。地下管线按管线点的投影中心及相应图例连线表示,附属设施按实际中心位置用相应符号表示。

在编制前应对管线图形文件或数据进行检查,经检查合格时,方可开展编绘工作,否则应先查明不合格的原因,并采取相应的纠正措施,以保证编制所需的管线图形文件或数据满足要求。

城市地下管线普查工作中,专业管线图及综合管线图的比例尺、图幅规格及分幅一般应与城市基本地形图一致,其他类型的地下管线探测工作可根据具体情况进行调整。

3.2.1　管线图的种类

地下管线图主要分为综合管线图、专业管线图、断面图和局部放大示意图。综合管线图表示的要素齐全,包括全部专业管线和沿管线两侧的地形、地物;专业管线图只表示一种专业管线和沿管线两侧的地形、地物;断面图仅指横断面图,表示地下管线在同一截面上的分布、竖向关系和管线与地面建(构)筑物间的相互关系的辅助用图;局部放大图是当区域内管线分布复杂、图载量过重、受综合管线图的图面限制,无法全部表示和注记图面要素,需做局部放大表示局部相对关系的辅助用图。

3.2.2　管线图的规格

各类管线图的比例尺、图幅规格及分幅应与城市及基本地形图一致。一般在主要城区的比例尺采用 1∶500;在城市建筑物和管线稀少的近郊采用 1∶500 或 1∶1000;在城市外围地区采用 1∶1000 或 1∶2000。

局部放大图及管线断面图的比例尺视情况而定,一般以在图面上清楚表示地下管线间及与地上、地下建(构)筑物间的相互关系为原则进行选择。

当地形图比例尺不能满足地下管线成图需要时,需对现有地形图进行缩放和编绘。如果地形图是全野外数字采集获得的:在放大 1 倍时,地物点精度不丢失,但文字注记、高程注记、个别独立地物等需要重新编辑;比例尺缩小时也是如此。如果是原图数字化的地形图,放大后的精度可能较低,不能满足地下管线成图的要求,应慎用。

地下管线图各种文字、数字注记不得压盖管线及附属设施的符号。地下管线图注记按表3-2-1 执行。管线上的文字、数字注记平行于管线走向,字头朝图的上方;跨图幅的文字、数字注记分别注记在两幅图内。

表 3-2-1　地下管线图注记

类型	方式	字体	字大/mm	说明
管线点号	汉字、数字混合	正等线	1	字高单位为 1∶500 实地尺寸
线注记	数字	正等线	1	字高单位为 1∶500 实地尺寸
说明注记	汉字	细等线	2	字高单位为 1∶500 实地尺寸
进房、变径等说明	汉字	正等线	1.5	字高单位为 1∶500 实地尺寸
高程点	数字	正等线	1	字高单位为 1∶500 实地尺寸

图例符号应符合下列规定。

(1)地物、地貌符号应符合 GB/T 20257.1—2007《国家基本比例尺地形图　第 1 部分:1∶500 1∶1000 1∶2000 地形图图式》规定。

(2)管线分层及颜色要求见表 3-2-2。

(3)管线及附属设施的符号要求见图 3-2-1。

(4)地下管线图图廓整饰应按 CJJ 61—2003《城市地下管线探测技术规程》中相关规定执行。

表 3-2-2　管线分层及颜色

种类	层名	颜色号	层名	颜色号
管线	上水	4	上水注记	4
	电力	1	电力注记	1
	热力	30	热力注记	30
	通信	3	通信注记	3
	燃气	6	燃气注记	6
	污水	247	污水注记	247
	雨水	5	雨水注记	5
	工业	7	工业注记	7
	地下通道	7	地下通道注记	7
种类	层名	颜色号	层名	颜色号
红线	红线	1	红线注记	3

注：①若有分层不在此列表内的，另建中文层名以作区分；②属于照明类的归入电力层，不再另建照明层；
③中水归入上水层，不再另建层名。

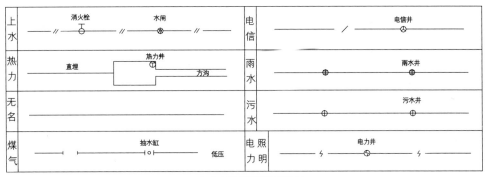

（a）地下管线图示符号

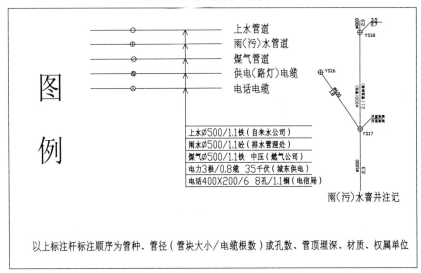

（b）标注杆标注图例

图 3-2-1　管线及附属设施的符号

3.2.3　管线图的编绘

一、综合管线图的编绘

综合地下管线图应表示各类地下管线、附属设施及有关地面建(构)筑物和地形特征。综合地下管线图是市政建设规划、设计、管理等方面的重要图件。综合地下管线图编绘应以外业探测成果资料为依据,以保证图件编绘的完整性和准确性。编绘前应取得下列资料作为编绘参考。

(1)工作区内的大比例尺数字化地形图。

(2)经检查合格的地下管线探测及竣工测量的管线图。

(3)探测成果、外业数据软盘、注记文件和管线点成果表。

(4)附属设施草图和管、沟剖面图。

综合管线图上的管线应以 0.2 mm 线粗进行绘制,当管线上下重叠且不能按比例绘制时,应在图内以扯旗的方式说明。扯旗线应垂直管线走向,扯旗内容应放在图内空白处或图面负载较小处。

综合地下管线图的编绘应包括以下内容。

(1)各专业地下管线一般只绘出干线,干线的确定可以根据具体工程情况及用途要求而定。各专业管线在综合图上应按照 CJJ 61—2003《城市地下管线探测技术规程》规定的代号和色别及图例,用不同符号和着色符号表示。

(2)与干线有关的管线上的地面建(构)筑物和附属设施都应绘出。其建(构)筑物和附属设施如表 3-2-3 所示。

表 3-2-3　地下管线上的建(构)筑物和附属设施

专业	建(构)筑物	附属设施
给水	水源井、给水泵站、水塔、清水池、净化池	水表、排气阀、阀门、消火栓、排泥阀、预留管头、阀门井
排水	排水泵站、沉淀池、化粪池、净化构筑物	检查井、水封井、跌水井、冲洗井、沉淀井、进出水口
燃气、热力及工业管道	抽水井、调压房、煤气站、锅炉房、动力站、储气罐	排水(排气、排污)装置、阀门井、凝水井
电力	变电所(站)、配电室、电缆、检修井、各种塔(杆)、增音站	露天地面变压器、杆上变压器
电信	控制室、变换站、电缆检修井、各种塔(杆)、增音站	分线箱、交接箱

(3)地面建(构)筑物。作为地下管线图的背景图,地形层中应对能够反映地形现状的地面建(构)筑物进行表示,作为管线相对位置的参照。

(4)铁路、道路、河流、桥梁。

(5)其他主要地形特征。

综合管线图的注记应符合下列要求。

(1)图上应注记管线点的编号。管线图上的各种注记、说明不能重叠或压盖管线。地下管线点图上编号在本图幅内应进行排序,不允许有重复点号,不足 2 位的,数字前加 0 补足 2 位。

(2)各种管道应注明管线的类别代号、管线的材质、规格、管径等。

(3)电力电缆应注明管线的代号、电压。沟埋或管理时,应加注管线规格。

(4)电信电缆应注明管线的代号、管块规格和孔数。直埋电缆注明管线代号和根数。目前电信管线又细分为移动、联通、铁通、网通、交警信号等子类,在标注时,应将其分别标注。

二、专业管线图的编绘

专业管线图只表示一种管线及与管线有关的地面建(构)筑物、地物、地形和附属设施。专业管线图的编绘可按一种专业一张图,也可按相近专业组合一张图。编绘原则与综合管线图一致。

采用计算机编绘成图时,专业管线图应根据专业管线图形数据文件与城市基本地形图的图形数据文件叠加、编辑成图。不同专业管线图的编绘内容也不尽相同,有以下几种。

(1)给水管道专业图:主要是进行市政公用管道探测区给水管道专业图的编绘。城市给水管道系统可分为水源池、干管道、支干管道和支管道。在市政公用管道探测区,主要编绘干管道及建(构)筑物和附属设施,支干管道至入户(工厂、小区、企事业单位用水区);在工厂、居住小区等管道探测区,主要编绘从城市接水点开始至工厂、小区内的给水管道系统;施工区和专业管道探测区,编绘内容要根据工程规划、设计和施工的具体要求确定。

(2)排水管道专业图:一是排水管道,主要为主干道、支干道和支管道;二是排水管道上有关的建(构)筑物,主要为排水泵站、沉淀池、化粪池和净化构筑物等;三是管道的附属设施,主要为检查井、水封井、跌水井、冲洗井、沉淀井和进出水口等。

(3)电力电缆专业图:主要为地下电力电缆、附属设施及有关的建(构)筑物,地面上的架空线路应尽量采用。

(4)电信电缆专业图:主要为地下电缆,包括测区内的所有各种电信电缆和与线路有关的建(构)筑物,如变换站、控制室、电缆检修井、各种塔(杆)、增音站等,以及电缆上的附属设施,如交接箱、分线箱等,地面上的架空通信线也应尽量保留。

专业管线图上的注记应符合下列规定。

(1)图上应注记管线点的编号。

(2)各种管道应注记管线规格和材质。

(3)电力电缆应注明电压和电缆根数。沟埋或管理时应加注管线规格。

(4)电信电缆应注明管块规格和孔数。直埋电缆时应注明缆线根数。

三、管线断面图的编绘

地下管线断面图通常分为地下管线纵断面图和地下管线横断面图两种,一般只要求作出地下管线横断面图。管线断面图应根据断面测量的成果资料编绘,管线断面图的比例尺按表 3-2-4 的规定选用。纵断面的水平比例尺应与相应的管线图一致;横断面的水平比例尺宜与高程比例尺一致;同一工程各纵横断面图的比例尺应一致。图上应标注纵横比例尺。

表 3-2-4　断面图比例尺

	纵断面图		横断面图	
水平比例尺	1∶500	1∶1 000	1∶50	1∶100
垂直比例尺	1∶50	1∶100	1∶50	1∶100

横断面图应表示地面线、地面高、管线与断面相交的地上、地下建（构）筑物；标出测点间水平距离、地面和管顶或管底高程、管线规格等。纵断面图应绘出地面线、管线、窨井与断面相交的管线及地上地下建（构）筑物；标出各测点的里程桩号、地面高、管顶或管底高、管线点间距、转折点的交角等。

管线断面图的编号应采用城市基本地形图图幅号加罗马数字顺序号表示。横断面图的编号宜用 A—A 7、Ⅰ—Ⅰ 7、1—1' 等表示；测绘纵断面图的工程，横断面编号应用里程桩号表示。断面图的各种管线应以 2.5 mm 为直径的空心圆表示；直埋电力、电信电缆以 1 mm 的实心圆表示；小于 1 m×1 m 的管沟、方沟以 3 mm×3 mm 的正方形表示；大于 1 m×1 m 的管沟、方沟按实际比例表示。

四、局部放大图的编绘

局部放大图的编绘内容及要求与综合管线图基本一致，但局部放大图在编绘时，任何管线点位及地形、地物要素均不得舍掉，要清晰地表示管线点位及地形、地物相对位置关系。比例尺可根据图面需要而定，以图面内容不作任何取舍、位移且能表示清楚为基本原则。

3.2.4 管线图编绘的质量检验

对地下管线图必须进行质量检验，主要包括过程检查和转序检验。过程检查分为作业员自检和工作台组互检。作业员自检时，应对自己所负责编绘的管线图和成果表进行 100% 的检查校对；台组互检时，技术负责人组织有关人员对已自检的成果资料进行全面检查。检查中发现问题填入检查登记表，对需要修改的问题应及时通知作业施工人员改正。转序检验应由授权的质量检验人员进行，转序检验的检查量一般为图幅总数的 30%。

地下管线图的质量检验应符合下列规定。

（1）管线无遗漏，管线连接无错误。

（2）各种图例符号、有关注记无错误，符合表 3-2-1 的要求。

（3）图幅接边无遗漏、无错误，图廓整饰符合要求。

3.2.5 地下管线成果表编制

（1）编制地下管线成果表，应依据绘图数据文件及地下管线的探测成果进行编制，以保证成果表数据的准确性和完整性。其管线点号应与图上点号一致。

（2）编制成果表时，对各种窨井坐标只标注井中心点坐标，但对井内各个方向的管线情况，应按 CJJ 61—2003《城市地下管线探测技术规程》中相关要求填写清楚，并在备注栏中以邻近管线点号说明方向。

（3）成果表的内容主要包括：管线点号、类型、特征、规格、材质、权属单位、埋设年代、电缆根数、埋深，以及管线点的坐标和高程。地下管线点成果表的样表如图 3-2-2 所示。

（4）成果表应以城市基本地形图图幅为单位，分专业进行整理编制，并装订成册。每一图幅各专业管线成果的装订顺序应按下列顺序进行：给水、排水、燃气、电力、热力、通信（电信、网通、移动、联通、铁通、军用、有线电视、电通、通信传输局）、综合管沟。成果表装订成册后应在封面标注图幅号，并编写制表说明。

工程名称：　　　　　　　　　　　　　　工程编号：
工作区：　　　　　　　　　　　　　　　图幅编号：

图上点号	物探点号	管线点			管线			压强/Pa或电压/kV	流向或根数	平面坐标/m	埋深/cm	地面高/cm	权属单位	埋设		备注
		编码	特征	附属物	类型	材质	规格							方式	年代	

探测单位：　　　　　制表者：　　　　　日期：　　　　第　页共　页

图 3-2-2　地下管线点成果表

子学习情境 3.3　地下管线数据处理系统实例

教学要求：掌握北京九州宏图技术有限公司开发的地下管线录入系统的录入、建库、编辑及查询等功能。

地下管线系统目前市场的商用软件很多，其基本的功能大同小异。下面以北京九州宏图技术有限公司开发的地下管线录入系统为例，说明管线数据处理和图形编绘的全过程。

3.3.1　系统运行环境

一、硬件

CPU 主频：PⅡ233 MHz 以上。内存：32 MB 以上。硬盘空闲空间：40 MB 以上。

二、软件

操作系统：Windows 98 或 Windows 2000 或 Windows NT。

地下管线录入系统安装，一般情况下，将《地下管线录入系统》光盘插入 CDROM 驱动器后，运行位于光盘上的安装程序（setup.exe）。显示界面如图 3-3-1 所示。

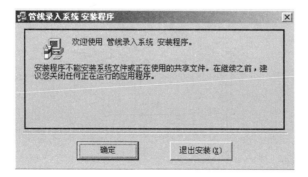

图 3-3-1　安装界面

修改安装目录，然后单击安装图标即可开始安装。如果您的计算机中的文件比本系统拷贝的文件要新，可单击【是】保存原有文件。安装完成后，出现【地下管线录入系统】菜单，选择该菜单即可进入管线录入系统。

3.3.2　系统功能

(1)管线资料数据录入自动成图与管线图形屏幕数字化相结合。

(2)管线数据分层存储、显示。

(3)可处理管偏、小室、方沟等管线数据。

(4)管线矢量图与扫描图套合显示,方便检查。

(5)以数据库方式保存管线图形与属性数据,方便管线数据库数据转换。

(6)可输出管线 CAD 图和管线成果表。

(7)可进行方便的查询和统计,并能以图形化的方式显示统计结果。

3.3.3　系统作业流程

系统作业流程如图 3-3-2 所示。

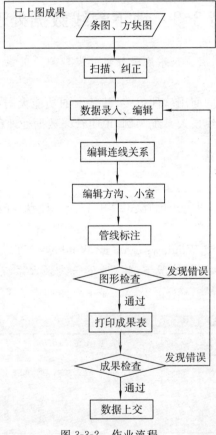

图 3-3-2　作业流程

3.3.4　系统操作

一、界面介绍

1. 界面

菜单条:录入系统所有功能均可在菜单中找到。

工具条：系统常用功能排列在此处，方便用户快捷地调用某功能。

图层控制区：在此管理各种管线图层的显示与否，并指定当前要录入或编辑的管线层。

图形显示区：显示管线图形、地形图或扫描图，所有的图形的编辑修改等均需在图形显示区操作（见图 3-3-3）。

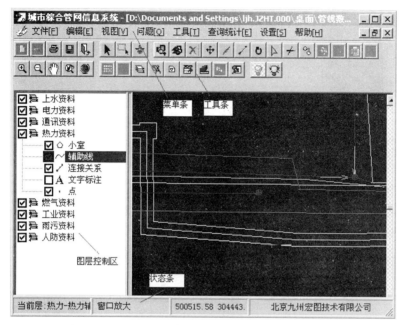

图 3-3-3　图形显示

2. 菜单的基本功能

文件：新建、打开、关闭或保存管线库；打开相邻（交）路管线库；显示或关闭相邻路管线库。

编辑：管线图形或标注的选择、增加、编辑或获取相邻（交）路管线库数据。

视图：控制工具条、图层区、状态条的显示与否；图形的放大、缩小、漫游等操作。

工具：数据录入、方沟生成、CAD 图形及成果表输出、数据检查及屏幕坐标测量等工具。

查询统计：管线数据查询统计。

设置：设置管线缺省信息，加载背景图层等。

3. 管线分层

录入系统将管线按 8 大类分层管理，分别是上水（包括上水、消防、绿化、市政 4 小类）、电力（包括电力、照明、电车 3 小类）、通信（包括通信、市话、长途、军讯、广播、铁讯 6 小类）、热力（包括热力、蒸汽、热水 3 小类）、燃气（包括燃气、低压煤气、中压煤气、高压煤气、低压天然气、中压天然气、高压天然气、液化气 8 小类）、工业（包括工业、排渣、乙炔、乙烯、氧气、氮气 6 小类）、雨污（包括雨水、污水 2 类）、人防。

二、文件操作

1. 确定库名称

点击【文件】下拉菜单中的【新建】，或工具栏中的对应按钮，系统将弹出【新建】对话框。输入新建库的名称（如 173）或工程件号等可以区分其他管线数据的名称。单击【保存】按钮，即可新建一个后缀为.mdb 的库文件，如图 3-3-4 所示。

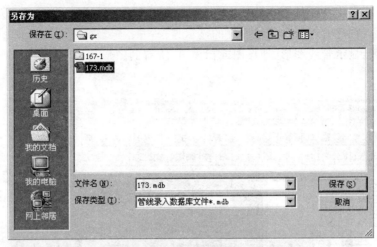

图 3-3-4　新建一个后缀为 .mdb 的库文件

2. 坐标录入

设置当前图层为某类管线的"点"图层,选择菜单【工具】→【批量录入】,或工具条上 ▦ 按钮,显示如下界面(见图 3-3-5),单击【增加】按钮录入新点。

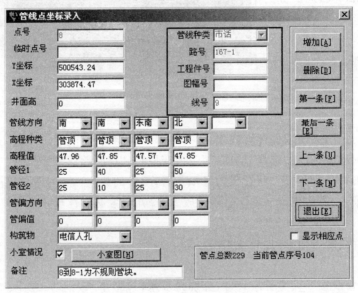

图 3-3-5　坐标录入

(1)输入点号。

在图 3-3-5 中单击【增加】按钮后,出现如图 3-3-6 所示界面,要求录入点号。

图 3-3-6　输入点号

（2）管线种类（小类）。

选择管线小类，如选择上水、消防、绿化或市政，输入本管线点的路号（条图），或工程件号（新测数据），或图幅号（方块图）。

（3）管线点号。

注意，在输入支点号时，输入"-"，而不是"—"（即不输入汉字方式下的"—"符号）。

（4）录入坐标。

录入该管线点的横、纵坐标，如图 3-3-7 所示。

图 3-3-7　录入坐标

如果设置了横坐标大数和纵坐标大数，此处录入坐标尾数即可。例如，已设置横坐标大数为 500 000、纵坐标大数为 302 000，则录入横坐标 522.85 单击回车键，录入纵坐标 1 270.2 单击回车键，即可显示上图结果。

本录入系统设计管线点横坐标数值范围为：$400\,000<Y<600\,000$；纵坐标数值范围为 $200\,000<X<400\,000$。如果录入的坐标超过值域范围，系统将提示错误，此时必须重新录入正确的坐标方可进行其他操作。

（5）录入井面高。

如果资料中有井面高，输入井面高后回车即可。

图 3-3-8　管线方向

（6）管线方向。

在每一个管线点上最多可有 6 个方向（见图 3-3-8），选择管线方向时可用鼠标单击选择，也可将光标定位在【管线方向】列表框后，用滚动条上、下滚动选择，也可输入方向代码 0～9。

当管线方向不明时可选择"无"方向。但必须注意，每个管点上如果有两个以上相同的方向，则系统自动连接时将提示选择一个正确的方向，请检查该管线的属性，以防出现错误。

（7）高程。

高程种类可选择管顶或沟底，选择方式同上，高程值单位为米。本录入系统设计管线点高程数值范围为：20＜高程＜60。

（8）管径。

管径 1 指圆管的管径，或方沟、管块的宽；管径 2 指条数，或方沟、管块的高。例如：在【坐标录入】界面截取的图 3-3-9。

（9）管偏。

管偏方向可选择该管线方向处的管偏方向，选择方法同"管线方向"。当管偏方向与管线方向不匹配时，系统提示错误（见图 3-3-10），此时可重新选择管偏方向。管偏值单位为米。

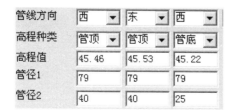

图 3-3-9　录入管径

图 3-3-10　管偏方向与管线方向不匹配

(10)构筑物。

构筑物即管线点(井)的种类。在每一个管线点必须选择构筑物的种类,选择构筑物时可用鼠标单击选择,也可将光标定位在【构筑物】列表框后,用滚动条上、下滚动选择,也可输入方向代码 0~9。当构筑物不明时可选择"管点"。

根据当前管线大类的不同,此选择框内容将发生变化(见图 3-3-11)。

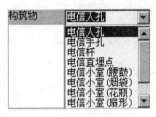

图 3-3-11　选择构筑物

(11)小室情况。

如果该管线点处有小室,则单击选择【小室情况】复选框,显示"√"。

(12)备注。

备注栏用来保存一些特殊信息,例如:如果该点是采用屏幕数字化方法获得,需在备注栏输入"图解"二字;或该点原来的工程件号有"77 维 62"等字样;或在录入过程中发现的问题及处理办法等。

三、图解小室

如果某管线点处有小室(【小室情况】复选框后为打"√"状态),此时单击【小室图】按钮,进入图解小室界面,如图 3-3-12 所示。

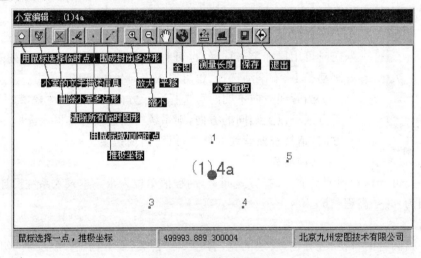

图 3-3-12　图解小室界面

1.推极坐标

可从井位开始用推极坐标的方法推出小室轮廓点。从工具条中选择对应工具,鼠标变为笔的形状,移动鼠标到管线点位附近,光标变成"□"的形状,即捕捉到了点。单击鼠标左键,显示极坐标对话框,如图 3-3-13 所示。

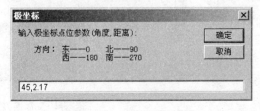

图 3-3-13　极坐标对话框

极坐标方向:东方向为 0,东北方向为 45,依次类推。距离单位为米。例如:输入"45,2"即表示从起点网东北方向推 2 米,得到第一个临时点。极坐标的起点也可为已推出的临时点。经过多次推极坐标即可获得小室轮廓点。

2.绘制小室图

单击工具条上⌂按钮,鼠标变为"+"的形状,移动鼠标到临时点位附近,光标变成"□"的形状,即捕捉到了点,单击鼠标左键开始画小室,移动鼠标连续捕捉临时点并单击鼠标左键画小室多边形,完成后,单击鼠标右键即可结束画小室。

3.屏幕数字化小室

如果在管线资料簿中没有某小室的信息,而已扫描的条图或方块图上有小室图形,则以扫描图为背景,屏幕数字化小室。

步骤:设置小室为当前图层;选择菜单【编辑】→【增加】;移动鼠标到图像小室处,单击鼠标左健,数字化第一点,同理数字化其他点,最后一点处双击鼠标左键结束。

4.小室图形编辑

设置某种管线(如通信)的小室为当前图层;选择菜单【编辑】→【点选择】,设置选择方式为点选,或按菜单【编辑】→【矩形选择】设置选择方式为按矩形框选则;在屏幕上用鼠标选择欲编辑的小室。

四、方沟的形成

1.用程序生成方沟

管线连接正确后,设置"连接关系"为当前层;选择菜单【工具】→【自动方沟】,或选择工具条中的对应工具;移动鼠标,画出要作方沟的连线的范围,即可自动生成方沟。注意检查方沟的位置,防止测量点在沟边而管偏没有录入的情况。

2.屏幕数字化方沟

在特殊的情况下,如某些热力方沟在小室处资料不全,用程序生成的方沟与原图不一致时,可以扫描图为背景,屏幕数字化小室。

3.方沟编辑

如果方沟图形有错,可设置"辅助线"为当前层,用鼠标选定有错的方沟,选择菜单【编辑】中的【增加】、【删除】、【移动】、【移动节点】、【删除节点】、【增加节点】、【延长到交叉点】等子菜单;或者选择工具条上的工具编辑图形。

4.延长到交叉点

如果两条方沟边线应相交而未相交,或出现交叉,可用此功能处理两方沟边线的相交。用鼠标选中第一条方沟边线;选择菜单【编辑】→【延长到交叉点】;按住 Shift 键,同时移动鼠标选择另一条方沟边线,松开。

五、管点(井)编辑

1.属性编辑

第一步:选择欲编辑的管线点,有如下两种方法。

(1)选择菜单【工具】→【批量录入】,弹出管线点对话框,根据点号找出欲编辑的管点:首先设置"点"为当前图层;选择菜单【工具】→【批量录入】,在弹出的对话框中单击【增加】按钮,选择【与上点不连接】;输入相应点号,单击【点号确认】按钮。

(2)编辑相应属性值:用鼠标选中该管线点,选择菜单【编辑】→【编辑属性】,弹出管线点对话框,编辑相应属性值。管线点属性编辑对话框如图 3-3-14 所示。

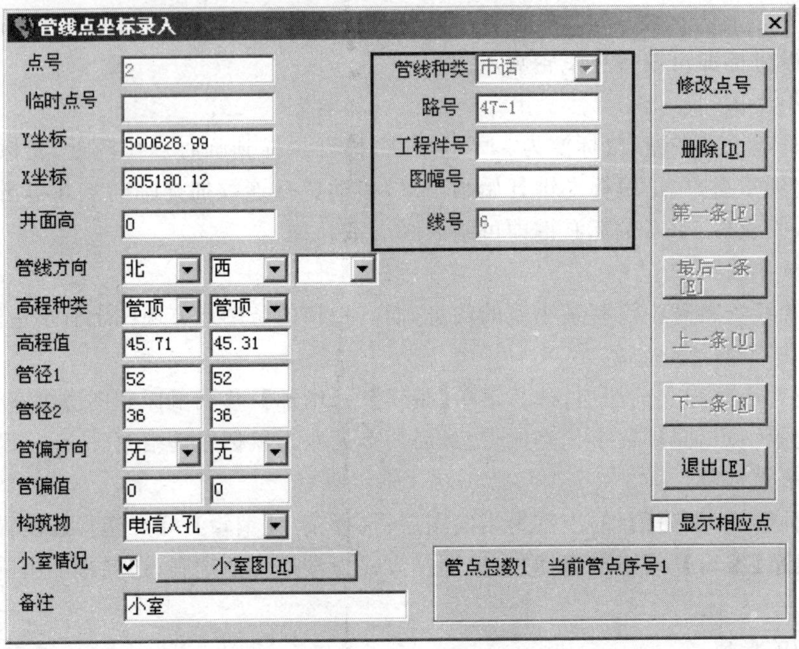

图 3-3-14　管线点属性编辑对话框

第二步:编辑。

在上图中单击【删除】按钮,即可自动删除该管线点数据、图形,以及与该管线点连接的所有管线。

修改点号,在图 3-3-14 中单击【修改点号】按钮,该管线点的种类(小类)、路号(工程件号、图幅号)、线号、点号等文本框变为可编辑,修改即可。

2.屏幕数字化

如果在管线资料簿中没有某管线点的信息,而已扫描的条图或方块图上有按本路编号的管线点图形,则以扫描图为背景,屏幕数字化该管线点。该管点的属性在弹出的对话框中录入。在【备注】中输入"图解"二字。

具体步骤如下。

(1)设置某种管线的"点"为当前图层。

(2)设置该管线的缺省信息;选择菜单【编辑】→【增加】;移动鼠标到图像管点处,单击鼠标左键,数字化此管线点,在弹出的对话框中录入属性,如果需要修改点号,单击【修改点号】按钮,编辑路号、线号、点号等;全部属性录入完毕,单击【保存】按钮结束。

六、管线编辑

1.管线连线的属性编辑

用鼠标选中该管线,选择菜单【编辑】→【编辑属性】弹出管线属性对话框,编辑相应属性值。

设置"管线连接"为当前图层;选择菜单【编辑】→【点选择】,或单击工具条上 ▶ 按钮,设定当前操作为"选择";移动鼠标到该管线,单击鼠标左键选择该管线。

选择菜单【编辑】→【编辑属性】,或单击工具条上 按钮,检查修改弹出的属性框中管线属性。

图 3-3-15 中所有项都可以修改，注意：如果修改了管径值，而管径 1 大于 1 000，则该段管线的方沟必须重新生成。

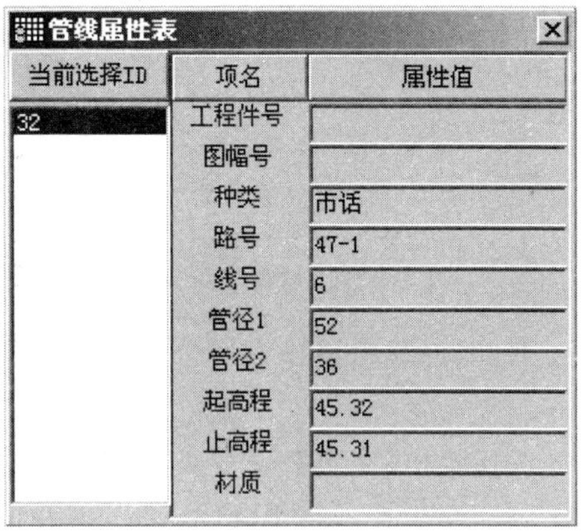

2. 管线连线的图形编辑

如果管线连线图形错误，可在屏幕上选择该管线，删除并用屏幕数字化管线的方法增加连线。

3. 屏幕数字化管线

对于屏幕数字化的管线点，已扫描的条图或方块图上有管线图形，则以扫描图为背景，屏幕数字化该条管线。数字化管线时管线的端点只有已录入的管点可被捕捉到，该段管线的管偏及管径根据两个管线点自动计算。设置某管线的"连接关系"为当前图层。

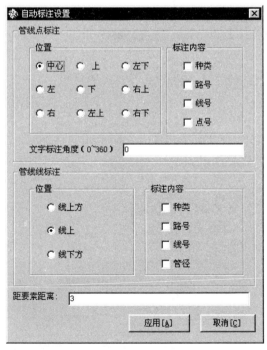

图 3-3-15　管线属性对话框

七、文字标注

1. 自动标注参数设置

选择菜单【设置】→【管线自动标注】，弹出标注参数设置对话框，如图 3-3-16 所示。

图 3-3-16　标注参数设置对话框

2. 管线点标注参数

位置：在本管线点的中心、上、下、左、右等。

标注内容：可以选择种类、路号、线号、点号，如[167]水(1)1；或选择路号、线号、点号，如[167](1)1；或选择线号、点号，如(1)1；或只选择点号，如 1。

文字标注角度:$0°\sim360°$。

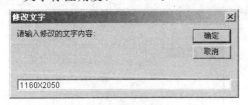

图 3-3-17　修改文字对话框

3.修改内容

单击工具条上■按钮,弹出如图 3-3-17 所示对话框,在对话框中修改标注内容即可。

4.修改字体

单击工具条上■按钮,在弹出的对话框中可修改字号、颜色、字体。

八、图形显示操作

1.放大

选择菜单【视图】→【放大】,或单击工具条上■按钮,屏幕光标箭头变成"放大镜"的形状;按住鼠标左键在屏幕上画"矩形";松开鼠标。

2.缩小

选择菜单【视图】→【缩小】,或单击工具条上■按钮,屏幕光标箭头变成"缩小镜"的形状;用鼠标左键在屏幕上某处点一下,屏幕图形将以点击所在地为中心缩小。

3.漫游

选择菜单【视图】→【漫游】,或单击工具条上■按钮,屏幕光标箭头变成"手"的形状;按住鼠标左键在屏幕上移动;松开鼠标。

4.全图

选择菜单【视图】→【全图】,或单击工具条上■按钮。

5.上一窗口

选择菜单【视图】→【上一窗口】,或单击工具条上■按钮。

九、输出

1.DXF 文件

选择菜单【工具】→【输出 DXF】,弹出图 3-3-18 所示对话框。

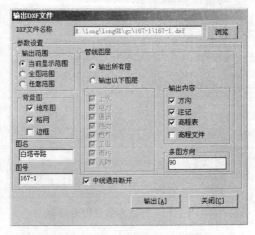

图 3-3-18　输出 DXF 对话框中

具体步骤如下。

(1)确定要输出的 DXF 文件名称。

(2)在【打开文件】对话框中选择 DXF 文件的路径、输入 DXF 文件名称。

（3）在【打开文件】对话框中单击【打开】按钮。

（4）文件存放路径和名称同 DXF 文件，如图 3-3-19 所示。

图 3-3-19　输出 txt 对话框

（5）单击【输出】按钮输出。

2.管线成果表

选择菜单【工具】→【管线成果表】，弹出如图 3 3-20 所示对话框。

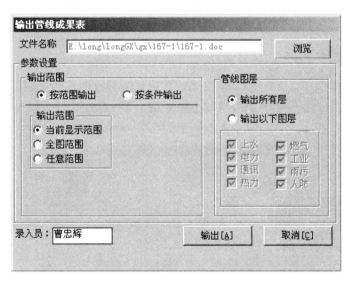

图 3-3-20　管线成果表对话框

具体步骤如下。

（1）确定要输出的 Word 文件名称。

（2）单击【浏览】按钮。

（3）在【打开文件】对话框中选择 Word 文件的路径，输入 Word 文件名称。

（4）在【打开文件】对话框中单击【打开】按钮。

十、管线图接边

选择菜单【文件】→【打开相邻路】，显示如图 3-3-21 所示窗门，通过相邻路选择与本路相邻的数据；弹出【确定获取管线种类】对话框，选择要获取的管线类型。

图 3-3-21　打开相邻路对话框

图 3-3-22　选择要获取的管线类型

选择菜单【编辑】→【获取相邻路数据】,屏幕光标将变成"手"的形状,同时在状态栏上提示"获取相关道路的管线数据";在屏幕上圈定获取数据范围(多边形),双击【结束选择】;在弹出的对话框中选择要获取的管线类型(如图 3-3-22所示)。

单击【应用】按钮,系统将范围内的数据复制到本数据库中;单击【文件】→【关闭相邻路】,关闭相邻数据。

十一、查询统计

1.查询

设置当前要查询的管线图层为"管线连接"或"管线点",选择菜单【查询统计】→【条件查询】,显示查询对话框,如图 3-3-23所示。

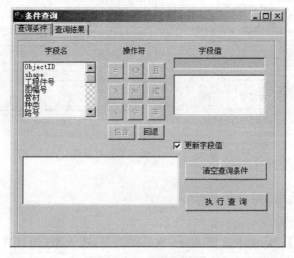

图 3-3-23　查询对话框

2.直方图

统计的结果可用图形方式直观表现。

习　题

1. 地下管线属性数据输入方式有哪几种?
2. 解释空间数据。
3. 简述地下管线图编制的原则。
4. 简述综合管线图编绘内容。
5. 简述地下管线成果表编制内容。
6. 简述北京九州宏图技术有限公司开发的地下管线录入系统的作业流程。
7. 管线信息系统应包含哪些基本功能?
8. 简述管线信息系统的设计原则。
9. 描述一个完整的地下管线探测工程的工作流程及其相应的工作内容。

学习情境4 地下管线探测工程的风险管理与质量控制

知识的预备和技能的要求

(1)掌握城市地下管网探测风险管理的内容。

(2)能对风险的应对措施进行分析。

(3)知道地下管线探测工程风险预防的特性。

(4)能对地下管线探测工程风险进行识别。

(5)掌握地下管线探测质量控制的目标。

(6)能对地下管线探测进行作业过程分析。

(7)能对地下探测作业过程和测量作业过程进行质量控制。

教学组织

本学习情境的教学为4学时,分为2个相对独立又紧密联系的子学习情境,教学过程中以小组为单位,每组根据典型工作任务完成相应的学习目标。在学习过程中,教师全程参与指导,对涉及实训的子学习情境,要求尽量在规定时间内完成外业作业任务,个别作业组在规定时间内没有完成的,可以利用业余时间继续完成任务。在整个教学和实训过程中,教师除进行教学指导外,还要实时进行考评并做好记录,作为成绩评定的重要依据。

教学内容

地下管线探测工程的风险管理与质量控制是地下管线探测工程项目管理的重要内容。地下管线探测工程具有一定的风险性,项目风险管理是指对项目风险从识别到分析乃至采取应对措施等一系列过程,它包括将积极因素所产生的影响最大化和使消极因素产生的影响最小化两方面内容。

质量控制的主要目的是提高数据质量。通过质量控制,保障管线数据完整性、逻辑一致性、位置精度、属性精度、接边精度、现势性等符合国家标准及相关行业标准的要求,使管线探测数据库有较高的应用价值。因此加强管线探测质量管理,是地下管线信息化建设的重要环节。

本情境围绕项目载体——地下管线探测工程地铁工程线路穿越城市主干道范围内地下管线的探测的技术要求,分解为地下管线探测工程的风险管理、地下管线探测工程质量控制2个子学习情境。

子学习情境4.1 讲述地下管线探测的风险管理的内容;风险预防的特性;风险识别方法和风险预防基本工作原则等内容。

子学习情境4.2 重点介绍管线探测质量控制的目标,质量控制的方法;地下管线探测作业过程分析,探测作业过程和测量作业过程质量控制等内容。

子学习情境 4.1　地下管线探测工程的风险管理

教学要求：掌握城市地下管网探测的风险管理的内容；风险预防的特性；风险识别方法和风险预防基本工作原则。

在地下管线综合管理信息系统建设过程中，计划立项、项目实施、项目论证、体系建设运行的任何一个环节都可能存在不同程度、不同层面带来的风险。

4.1.1　风险类型

风险：汉语辞典的解释为"危险、遭受损失、伤害、不利或毁灭的可能性"。而在英文中风险一词用"venture"来表示，其解释则为"含有某种机会、冒险或危险的可能性"。从两种文化对同一概念所作的解释可以看出，汉语中的风险更强调导致某种不利局面（危险）的可能性，而英语中除强调导致负面的可能性外，还蕴含着某种达到成功的机会。可以说，后一种解释更能反映当前的经济环境要求。

1. 技术风险

当今信息技术的发展极其迅速，技术的不断进步导致体系刚刚建成就面临淘汰的风险。

2. 协调风险

项目实施过程中各参与部门的协调一致性存在风险，项目单位与项目合作单位之间的协调存在风险，项目所需软件、设备的招投标亦存在一定风险。

3. 执行风险

项目资金不足往往影响项目建设的正常实施，项目实施核心人员的变动也会造成核心技术无法掌握和交接，此外，由于项目成果需求的变化还会导致项目结构大调整，甚至形成项目无限期延期的风险。

4.1.2　风险管理的概念

一、风险与危险的关系

风险是一种不确定性，是为获取某种收益而不得不承担遭受某种损失的可能性，它有可能会向坏的方向发展（丧失机会），也有可能会向好的方向发展（把握机会），因而损失有可能发生，也有可能不会发生；即使损失发生了，其影响可能大些（有的会导致危险）也可能很小（化解和削弱）。而危险则不一样，它是一种有可能失败、灭亡或遭受损害的境况，它的发生只会产生不利结果，如果不加以解决，会直接导致毁灭。可以说，风险可能会导致危险，但不等同于危险，关键看风险发生的概率和破坏程度。

二、风险与保险的关系

这里的保险是指稳当、可靠、不会发生意外，无论环境发生什么变化，人们都会获取某种利益上的保障。风险不具有这种保证，它的结果常常会出现两种情况，有可能损失，也有可能不损失。承揽城市地下管网探测任务并从中获得收益，需要面临策划、资源配置、技术运用、管理等诸多风险，虽然能够达到预期目标（即所谓的保险），但完全保险的收益只能是一种幻想。

三、风险与收益的关系

风险虽然会导致某种不确定性的损失，但它也会带来不确定性的收益，损失的概率有多大,获取收益的机会就有多大。或者可以说,风险恰恰是获取某种收益的必要条件。关键要看对风险的把握和化解程度,把握得好了,获取收益的概率就会大一些,否则就有可能导致损失。

四、风险与机会成本的关系

人们往往认为获取收益就是成功,就避免了损失,就保证了资源的有效利用。其实这种认识是不全面的,至少忽略了机会成本的存在。机会成本是一种可以被预见和认知,但是又要被放弃或已经被放弃的最佳机会和最高收益。真正的收益不单单只是减掉会计意义上的成本,还须减掉机会成本。在资源配置合理的情况下,若选择一种手段来实现收益,就必须放弃用其他手段获取收益。选择正确,效率很高,则收益就有可能会实现,反之,就会有所损失。通过这些关系的分析,我们可看到,风险具有不确定性,但与危险属于两个概念,风险可能会转化为危险,但绝非必然。风险并非洪水猛兽,它更像一匹时时要脱缰的野马,只要被驯服,就能载你到达成功彼岸。风险与收益相辅相成,若要获取收益,就必须承担一定风险,绝对无风险的收益是不存在的。风险还与机会成本有关,收益的背后往往隐含着机会成本的损失。对于城市地下管网探测工程项目,必须在任务策划前将探测的不确定性考虑进去,并对其进行充分地估计,尽可能地预见和认知同等条件下的各种机会。根据这种不确定性来制定相应的风险识别、风险控制、风险评估等风险管理机制。

4.1.3 风险的应对措施分析

为有效应对和妥善解决或规避上述风险,特建立以风险识别、风险估计、风险缓解和监控三个方面为主要内容的风险管理机制。风险分析与管理在项目的实施前就开始启动,并贯穿项目建设的全过程。

城市地下管网探测的风险管理应包括:风险识别、风险控制和风险评估三个部分,而且,这三部分内容是同工程项目的策划、实施和总结三个阶段相对应的。

一、策划阶段——风险识别

工程项目的策划人员要做到,熟知探测工程项目的收费标准、部门现有技术人员的技术水平、部门现有仪器设备的性能及主要技术参数、部门现有地下管网资料数据情况、行业规范和技术细则的主要精度指标,还应了解工程项目的地理位置、地理环境、交通状况、面积多少等信息,为科学决策、合理规避风险、降低机会成本提供必要的情报。

表 4-1-1 中给出可能造成影响的风险,每一工程项目策划人员应先进行一次风险识别,估算出风险概率或严重度,使决策者对可能风险有一定的认识,以便更好制定风险规避措施。

表 4-1-1　风险表

风险识别	风险描述及其原因	影响严重度	风险类型
项目内容不明确	没有明确的成果标准,使项目随意性太大	进度:严重	支持风险
项目规模超过实际工作技术能力	规模展开过大,超过部门现有技术能力; 在估算失误的情况下安排计划,导致后期时间紧迫,项目进度无法控制; 需求或制订目标很高,但缺乏基础; 产品处理的数据量及产品的用户数很大,需要很高的效率; 在基础较差的情况下,需要工程规模太大,没有正确估算工程规模	进度:严重	规模风险

续表

风险识别	风险描述及其原因	影响严重度	风险类型
项目时间紧	时间估计过于紧张,项目压力太大,可能导致降低目标及质量要求; 因为商业目的而制订了较短的工期; 项目启动太晚; 项目初期缺乏紧迫感,组织不力	支持:严重	进度风险
项目后期需求频繁变动	需求变动,特别是后期的频繁或重大变动导致产品不稳定,加大工作量,影响进度,引入质量下降的隐患; 因为客户需求模糊或未能正确理解需求; 随着项目进展,使用环境发生变化导致需求变化; 客户人员变动	进度:严重 成本:严重 支持:严重	需求变动风险
管理能力不足	项目管理力量不足造成效率损耗,不能发挥完全的效率; 管理人员缺乏较强的管理能力; 缺乏工程管理和工程指导; 管理人员陷入技术事务	进度:严重 成本:严重 支持:严重	管理风险
人员变动、缺乏人力、人员缺乏经验	因为人员变动造成任务的中断、交接,新人培训等需要牵扯大量精力,导致时间和精力分散,且重要人员较难找到合适的人选替代,缺乏人力资源及优秀的人员; 工作环境恶劣、项目缺乏吸引力、报酬不公平等原因造成的人员离职; 缺乏人力资源计划,人员使用不合理; 项目过多,人力分散,管理不善造成人员离职; 人员能力不足或无法管理被清退; 部门人力缺乏造成人员另有调用,或另有其他优先级更高的任务而临时离开; 新技术应用上,理解掌握的人员太少,培训不足	进度:严重	人力资源风险
客户不配合	因客户的不配合可能导致许多任务被拖延,不能被协调; 客户缺乏相应的能力; 没有客户高层管理者支持和协调; 与客户的关系较差	进度:严重 支持:严重	客户风险
技术过于复杂而无法达到目标	技术目标无法达到的风险; 对采用的技术缺乏深刻了解; 缺乏技术支持	支持:严重	技术风险
预算不足	缺乏预算或人力资源保证,甚至不作为项目启动	进度:严重	支持风险
缺乏高层管理支持	缺乏高层管理层的理解、认可和支持,可能导致项目资源得不到保障,作业人员得不到重视而难以激发工作热情,耗费资源太大; 效益不明显; 缺乏有效的沟通	进度:严重	支持风险
关键人员冲突影响整个项目	核心关键人员因各种原因产生严重分歧及冲突,严重影响项目,致使项目无法正常协调,严重影响作业组的团结及凝聚力; 不合理的组织或人事安排,缺乏协同工作的规程,缺乏合作素质	进度:严重	协调风险
关键人员敷衍了事	核心关键人员不积极,敷衍了事,责权不明确,缺乏定义明确的目标及任务	进度:严重	协调风险

续表

风险识别	风险描述及其原因	影响严重度	风险类型
缺乏沟通且问题得不到及时反映和解决	缺乏必要的沟通,使许多问题得不到及时的反映和解决; 企业没有建立完善的沟通渠道,而较原始的沟通方法不适合某些需要; 没有形成沟通的意识,意见及问题因为沟通不畅,转而通过其他不良的方法去表达		沟通风险
工作环境恶劣	缺乏良好的工作环境,对工作效率影响较大; 对工作环境缺乏足够的重视,员工长期野外作业,对员工关心不够		效率风险

二、实施阶段——风险控制

　　管理人员制定工程项目技术设计书、进度安排、工程预算;工程主持人应根据工程所处的地理位置、地理环境选择适宜的探测方法,特别是对于确定管线的埋深,要采用多种方法综合分析、判断,切忌只运用一种方法就确定管线的深度。

　　工程项目的各级检验人员要明白各类管线的性能、材质、铺设方式,综合分析各类地下管线的并行、交叉等高程变化情况,对存在矛盾的管线要及时发现并作出正确判断和处理。表 4-1-2 为风险控制表。

表 4-1-2　风险控制表

风险类型	风险控制措施
规模风险	对产品估算规模,进而估算时间进度及资源,制订可行性计划; 在时间及其他资源允许范围内适当调整目标; 充分考虑利用可复用资源或整合现有成熟技术,将新增加的工作量降低
进度风险	充分估算实际需要时间,同客户协商,争取更合理的工期和进度安排; 尽早启动项目,项目启动后即开始严格进度控制,避免工期前松后紧; 在安排时间表时,各阶段间应留出一段(1/4～1/3)缓冲时间; 紧急的项目可采取增量方式进行,并取得客户的认可; 争取需要的人力资源,并保证人力资源的稳定性,定期检查进度
需求变动风险	在制订需求时考虑工程项目的发展趋势,客户需求变动必须以严格的书面形式递交,并同用户商定风险解决办法,如相应延长成果提交日期
效率风险	建立部门有效的加班环境,改善员工工作及生活条件,消除后顾之忧; 加强任务控制,并给予充分的引导,以帮助提高效率
支持风险	部门给予充分的肯定与支持,充分调动作业人员的积极性
沟通风险	通过活动加强相互交流、增强信任,鼓励大家及时反映意见及建议; 建立完善的沟通渠道,使意见和建议能够及时反映,使问题可以反馈到上层
人力资源风险	针对可能的人员流失原因作相应的避免措施; 加强技术交流、坚持技术文档管理,建立完善的文档机制,保证技术的内部公开,加强技术评审,使更多的人了解该项工作,使新加入人员容易了解技术和任务,尽快赶上进度; 关键任务注意人员的备份,不应技术垄断,核心技术必须做好人员备份; 建立培训体系,扩大知识获得渠道,提高作业人员的素质和技术能力; 人员即将离开时,尽快停止工作,进入交接模式
协调风险	明确责任和权利;明确个人的目标、计划和任务; 协作流程程序化、书面化,责任清晰; 协调共同的利益,确定共同的目标,制订大家必须遵循的行为原则; 强调管理程序和规则,使大家更多依靠制度化工作而尽量减少人为因素

续表

风险类型	风险控制措施
客户风险	要求客户高层管理者参与和负责,明确客户的责任义务,并给予方法上的指导; 同客户间的交流例行化,与客户交流应遵从部门的行为规范; 维护部门形象,建立客户至上的行为规范
技术风险	尽早对相关技术做探索,对选择的关键技术及仪器设备做评审,有足够的能掌握该技术的人员,并取得该技术的足够支持; 做好资料收集、整理和研究工作

三、总结阶段——风险评估

工程项目的技术总结大家都认为它很重要。然而,在实际工作中,人们很少把它与进度、成本等同等对待,总认为它是一项可有可无的工作。因而,在项目实施过程中,项目干系人就很少会注意经验教训的积累,即使在项目运作中碰得头破血流,也只是抱怨运气、环境或者团队配合不好,很少系统地分析总结,或者不知道怎样总结,以至于同样的问题不断出现。从而导致工期进度延误、工程执行成本较高,甚至客户满意度下降等问题。这也是在工程项目中经常会出现的问题。每当问题出现后,大家不知如何做到防微杜渐,通过有效的工程项目技术总结做到亡羊补牢,避免在下一个项目中再出现类似的问题。这实际上就是通过有效的总结使生产过程形成一个闭合的反馈机制,最终避免和减少问题的发生。

因此,做好工程项目技术总结工作是风险管理的关键。要做好工程项目技术总结,首先就应该在项目启动时将其加以明确规定,比如项目评估的标准、总结的方式以及参加人员(如项目策划、工程主持人、各级检验人员、资料管理人)等。除此以外,如果可能,工程项目技术总结大会上还应吸收用户及其他相关项目干系人参加,以保证工程项目技术总结的全面性和充分性。

事实上,工程项目技术总结工作应作为现有工程项目或将来工程项目持续改进工作的一项重要内容,同时也可以作为对项目合同、设计方案内容与目标的确认和验证。正如上文所说的,工程项目技术总结的目的和意义在于总结经验教训、防止犯同样的错误、评估作业团队、为绩效考核积累数据以及考察是否达到阶段性目标等。总结项目经验和教训,也会对其他工程项目和部门的项目管理体系建设和企业文化起到不可或缺的作用。完善的项目汇报和总结体系对项目的延续性是很重要的,特别是项目收尾时的工程项目技术总结,项目管理机构应在项目结束前对项目进行正式评审,其重点是确保能够为其他项目提供可利用的经验,另外还有可能引申出用户新的需求而进一步拓展市场。

1.工程项目技术总结的信息来源

总结项目经验所需的信息应来自哪些方面呢?在项目实施中,项目工程主持人有时会发现,以前项目中的总结信息很零散,每个班组只从本工程出发,总结自己的问题,而没有其他班组或人员的参加。实际上,它应该来自项目的各个方面,其中包括来自管理层、客户及其他项目干系人的反馈。同时,使用这些信息以前,应确保收集这些信息的系统、组织和流程能够正常运行,并且应建立项目信息的收集、发布、存贮、更新及检索系统,确保有效地利用项目中的各种信息资源。

2.工程项目技术总结的阶段性

从管理的观点来说,项目周期的每个阶段或者称之为里程碑,都应该进行评估总结,以确定是否实现了此阶段的目标,项目是否可以正式转入下一个阶段工作。总之,项目的不同阶段都应该有完善的工程项目技术总结,只不过总结的形式、内容、编写者和阅读对象等侧重点不同而已。

3. 工程项目技术总结的框架

在编写工程项目技术总结报告时,应该首先明确编写的目的,同时也应简述项目概况、项目背景和项目进展情况。因为既然叫项目,就有其独有性、时间性,这样工程项目技术总结的内容才能够更具有针对性、时效性和持续改进的意义。工程项目技术总结的框架提纲宜分成以下几个方面来进行:

(1)项目进度。

按照项目整体计划或项目滚动计划编写的计划工期与实际工期之间的差距和原因分析。其间有哪些变化? 对工作量的估计如何? 以便为"项目经验库"提供相应数据,提高下次计划的准确性。

(2)项目质量。

项目的最终交付产品与客户实际需求的符合度。需要注意的是"客户",可以是一般意义上的外部客户,也可以指内部的客户。项目质量管理不但包括对项目本身的质量管理,也包括对项目生产的产品进行的质量管理。具体可以从质量计划、质量控制、质量保证入手,以保证项目质量的持续改进。具体可以采用 ISO9000 质量保证体系,加上完善的质量管理工具、图表等辅助工具加以统计分析,得出改进建议。

(3)项目成本。

就计划成本、实际成本两者对比构成明细的差距,进一步分析原因及提出建议,也包括项目合同款项执行情况的分析总结。项目工程主持人一般可控制的成本主要是人工费,对于未建立项目级核算的组织,可以用加权人天数表示,对不同级别的人员(项目工程主持人、高级工程师、一般工程师)赋予不同的权重。

(4)项目风险。

就风险识别、风险控制和风险监督中的经验和教训进行总结,包括项目中事先识别的风险和没有预料到而发生的风险等应对的措施进行分析和总结,也可以包括项目中发生的变更和项目中发生的问题进行分析统计的总结。

(5)项目资源。

项目资源不但包括人力资源情况,而且还包括设备、材料等其他资源的合理使用、开发情况,特别是项目成员的绩效统计分析和评估,以便更加有效地开发和利用人力资源。通常,可以采用直观的图表形式来反映项目的资源情况。

(6)项目范围。

项目范围包括产品范围和项目范围。其中,产品范围定义了产品或服务所包含的特性和功能;项目范围定义了为交付具有规定特性和功能的产品或服务所必须完成的工作。合同中所规定的产品范围和项目范围以及用户确认的计划等都属于项目中要控制的范畴,另外还包括实际执行情况的差距和原因分析。

(7)项目沟通。

沟通是人员、技术、信息之间的关键纽带,是项目成功所必须的。在国内,不少项目工程主持人对沟通不够重视,或者不知如何做好项目中的沟通工作,这都需要各级项目管理人员对其加以重视。在工程项目技术总结时,可以就项目过程中的内部、外部沟通交流是否充分,以及因为沟通而对项目产生的影响等方面进行总结。

（8）项目采购。

项目工程主持人一般对项目采购接触不多或接触不到，多由设备和财务部门负责。如果是重大工程项目的核算，采购管理是很重要的组成部分，否则可能因采购过程中的成本、风险、进度、技术和资源等方面引起很多问题。

（9）项目文档。

项目文档，包括硬拷贝文档和电子文档，都应该收集、整理、编制、控制和移交，以便统一归档保存和进一步开发利用。文档是过程的踪迹，它提供项目执行过程的客观证据，同时也是对项目有效实施的真实记录。项目文档记录了项目实施轨迹，承载了项目实施及更改过程，并为项目交接与维护提供便利。此外，项目文档还是项目实施和管理的工具，用来理清工作条理、检查工作完成情况，提高项目工作效率。所以每个项目都应建立文档管理体系，并做到制作及时、归档及时，同时文档信息要真实有效，文档格式和填写必须规范，符合标准。

（10）项目评估。

项目评估是对项目交付物的生产率，产品质量，采用的新技术、新方法、项目特点等的总结。另外还应该包括项目客户满意度收集统计和分析。客户满意度调查内容不但包括项目管理或流程层面，也应包括技术层面。同时，有必要说明本项目与以往项目相比的特别之处，例如：特殊的需求、特殊的环境、资源供应、新技术、新工艺等，总之是具有挑战性的、独特的事件，以及关键的解决方案和实施过程。

（11）遗留亟待解决问题。

说明项目有无遗留亟待解决问题。如果有，必须针对这些问题进行深入分析，明确责任，提出解决方案。

（12）经验教训及建议。

不断将实施过的项目中的技术经验、管理经验以及教训等进行总结，积累起来建立"项目经验库"，就可以成为部门的财富。

以上是工程项目技术总结时应该包括或者应该注意的几个方面。总之，工程项目技术总结应该根据不同的汇报对象，提供有针对性的内容。因为不同的报告阅读者需求不一样。例如：部门主管领导可能只关注项目收款及影响收款进度的原因、项目验收计划、项目中的重大事故或问题；部门总工程师可能更关心项目中新技术、新流程、新工艺的采用情况及效果；工程主持人可能更重视项目的质量控制、变更、风险、问题报告。因此，应该尽可能要求项目团队所有成员提交工程项目技术总结报告，因为每个人都会根据自己的知识、经验和能力，就所承担的不同工作、不同项目阶段，提出不同的问题和建议，这样能够从不同侧面来总结项目，更好地为下一阶段或以后的项目提供有意义的参考。

4.1.4　风险预防的特性

风险：是对目前所进行的作业行动，在未来发生失败的可能性。对地下管线探测工程而言，就是具体地下管线探测工程发生失败的可能性。

风险预防：是一种识别和测算风险，并开发选择管理方案来解决这些风险的有组织的措施及手段。风险预防有以下特性。

一、目标性

通过规避项目风险，实现项目在时间和质量成本上的预期目标。衡量项目是否成功的标准就是,是否按约定的时间、质量和成本控制指标完成项目工作。如果达到指标,项目成功;如果未达到指标项目失败,或部分失败。风险预防的工作就是围绕如何及时排除有可能影响上述三项指标顺利完成的风险因素而展开的。

二、分析性

要大量地占用信息,了解情况,通过研究项目执行过程中产生的动态数据、不利事件、异常现象等归纳出其背后的问题本质,有针对性地采取预防措施。项目风险因素的产生,发展过程具有隐蔽性,只有通过分析研究才能抓住本质,采取的措施才能及时有效,一旦等到风险因素显性化,风险预防就转化为危机处理,等于风险预防失败。

三、综合性

必须综合运用多种方法和措施,用最少的成本将各种风险因素有效化解或减少到最低程度。项目时间、质量、成本三项指标背后关联着项目执行过程中的全部必备要素,不能"头痛医头,脚痛医脚",要从项目的合同、设计、组织结构、人员构成、管理程序、制度建设、奖励责罚、文化建设、统计测量等多方面分析判断,采取组合措施。

四、主动性

要求项目管理班子在风险事件发生之前采取行动,而不是在发生之后被动地应付。风险预防就是要避免发生风险,在风险因素的产生、发展,到突显过程中,预见越早、发现越及时、采取措施越快,风险越小、成本越低。因此主动预防是风险预防的必要条件。

五、特殊性

根据不同的项目特性确定不同的防控措施。比如,地下管线探测工程不同于一般的建筑施工项目,其产品形态是地下管线数据,其生产过程大部分是户外、流动作业,大大增加了项目因实施地地理位置造成的不同气候条件给项目执行带来的技术质量、工期及成本等风险,所以因实施地不同,每一个项目就必须采取不同的防范气候风险的措施。

4.1.5　项目风险因素分析

一、合同风险

合同是执行项目管理活动的最主要依据,所有项目都以合同的形式而确立,一切偏离合同规定的权利和义务的行为和作业活动都会给项目造成风险。

经营单位在与发包方签约时要严格按照 ISO9000 标准进行合同评审,项目经理要规避合同风险,必须要了解合同规定条款,要通过合同谈判当事人了解合同谈判的背景及过程,了解约定条款的当时解释。比如 2000 年某公司与山西某煤气公司的签约,其中有一条规定就是"精确查明煤气管线变径点"。就这一条就注定这个项目必然是不可能成功,因为从技术上,物探方法不可能精确查明变径点,最后结果是项目开工不久,双方解约。

往往合同中不可能把项目实施过程中的所有事项进行约定。这些未约定事项都必须在项目实施过程中进行商议和沟通。从此意义上讲,项目实施过程中,项目经理不仅是一个项目合同执行者,而且是一个合同谈判和签约者。因此项目经理要重视合同风险。地下管线项目常常出现实际完成工作量超过合同预计工作量的情况,许多项目经理不及时掌握探测进度,等工作结束时才告知发包方实际工作量远超合同约定量,也就是远超合同预算,实际形成了合同风险。

项目经理要学会以口头沟通,以文字确认的方式来记录沟通过程,以规避合同带来的风险。

二、财务风险

主要是要做好项目预算资金管理，堵塞漏洞，防止出现亏损失控。

项目预算标准是项目管理的最重要资源，一般地下管线探测工程是按完成单位探测千米数核定成本费用，项目预算执行情况涉及项目经理、项目成员的经济利益，一旦失控，必然影响项目工作团队积极性，从而造成项目风险。

项目应制定成本控制计划，要落实成本责任制，做好阶段性成本分析和评估，规避成本风险。

三、信用风险

在项目实施中，信用风险主要指信任风险，这涉及能力与道德问题。

项目信用风险包括项目内信用风险和项目外信用风险，实际上是一个项目经理的个人信用问题，或信用能力问题。

内信用建立要求项目经理用高尚的人格凝聚人心，用高超的管理能力树立权威，用合理有效的制度规范项目团队行为，用公平透明的考核分配制度激励员工，做到令行禁止，说到做到。

外信用建立要求项目经理带领项目团队树立良好的团队工作形象，加强与发包方的沟通，要严格履行双方约定义务，本着对客户高度负责的精神，从细节入手，加强内部施工管理，时时处处说到做到，让客户感到放心。

四、环境风险

对地下管线探测工程来说主要包括社会环境和地理气候环境带来的风险。作为地下管线探测工程，一般以项目团队的组织形态进行工作，工作场地是马路和街道，且是流动作业，所以要遵守当地公序良俗，比如：在回民区，就要尊重他们的禁忌习惯，以免冲突；在南方作业要考虑雨水季节可能给项目带来的不利影响，要采取针对性措施；在北方作业要考虑冰冻季节给项目带来的不利影响，要采取针对性的应对措施。

五、法律风险

对地下管线探测工程而言，一要遵守国家测绘管理的法律法规，严格执行相关技术规程和标准，而且在作业居住地要遵守当地政府社区的相关规定，在探测过程中要遵守各专业管线单位的禁忌性规定，一切依法办事。

同时要在所有民事交往过程中注意留证，以利于在发生纠纷时有效保护自身权益不受侵害。

地下管线探测工程留证内容包括：项目技术设计书审批文件、技术要求变更通知单、会议纪要、文件接签收文据、数据交接收据、成果资料交接文据、验收文据等。

六、安全风险

主要指发生安全事故造成的风险。地下管线探测工程的安全风险因素可能来源于以下几个环节。

（1）生活居住地：项目人员一般是群居，如管理不善，有可能发生火灾、触电、煤气中毒、食物中毒、被盗等事故。

（2）交通过程：管理不善有可能发生交通安全事故。

（3）作业场地：由于地下管线探测测量是在马路、街道作业，管理措施不到位有可能发生人员、设备被撞事故。

（4）作业过程：项目作业对象是地下管线，如预防措施不到位，有可能发生损坏地下管线导致次生事故，也可能发生中毒事故。

七、用人风险

主要指用人不当可能造成的风险。

地下管线探测是通过物理场的信号来判断提取埋藏在地下的管线空间数据的作业过程，不同地段复杂程度不同，对作业组人员技术水平要求不同，因此项目经理在安排任务时要把最适合的人用在最适合的地段，否则可能发生探测质量风险。

事实上，每一项工作在用人上都应当选择最适合的人去做，才能减少降低用人风险。

八、政策风险

主要指政府改变政策可能造成的风险。

比如施工地因某种原因政府发布紧急状态、交通管制命令等措施，项目必须中止，要及时与公司沟通，与发包方沟通并做好善后工作，减少损失，等待时局变化。

九、产品服务质量风险

主要指项目实施的进度控制、技术质量控制问题造成的风险。

十、自然灾害风险

主要指自然灾害可能造成的风险。

自然灾害一般很难预见，但是作为项目经理要注意政府部门发布的预报和预警，做好防范工作，同时承包单位要通过交纳商业保险的方式避险。

4.1.6 风险识别方法

一、统计分析

根据数据的异常情况，追溯原因判断可能产生的风险。

项目要通过统计分析来判断风险，首先要确定预警指标体系。有以下几个方面：①实际完成实物工作量进度指标；②各项技术质量指标；③支出成本指标；④安全评价指标；⑤人员变化指标；⑥劳动效率指标；⑦设备完好指标；⑧其他指标。

二、满意度分析

根据业主、行业管理部门、监理单位的需求满意程度判断是否可能演变为风险。

项目经理要加强与项目相关单位人员的广泛沟通，通过沟通观察，了解调查，或发放满意调查表的方式收集各方对项目工作满意度，并进行分析判断。

三、监理报告

根据监督部门的警示报告判断是否可能演变为风险。

监理评价是项目风险识别的最直接标志，项目经理要非常重视监理报告提出的所有问题，要采取切实措施改进并及时解决。

四、业主报告

根据业主的专题警示报告判断是否可能演变为风险。

项目造成的风险往往也是发包方的风险，发包方对项目工作的评价报告也是项目风险识别的直接标志，必须高度重视。

五、业界反映

根据同行内的评价反映判断是否可能演变为风险。

对业界反映要进行甄别，有的是竞争对手的竞争战术，有的是个人片面观点，但要及时发布事实真相，检讨自身问题，有则改之，无则加勉。

六、媒体报道

根据媒体的负面报道判断是否可能演变为风险。

媒体负面报道常常会无限放大,及时澄清事实真相是最好的办法。

七、用户反馈

根据用户的负面反映判断是否可能演变为风险。

地下管线探测特点是所采集数据不可能百分之百精准,国家技术标准有规定,然而用户使用时,有可能遇到个别点有较大误差,常常因为用户不了解国家标准,就质疑项目成果质量,发生此类情况时要依法规做好解释工作。

八、内部检验

根据公司或项目内检发现的问题,判断是否可能演变为风险。

九、外部检验

根据外部监管部门的专题检验发现的问题,判断是否可能演变为风险。

十、专家建议

根据相关专家的意见,判断是否可能演变为风险。

十一、异常现象分析

根据一些反常现象,通过调查情况判断是否可能演变为风险。项目经理要有敏感性,要高度警觉项目执行工程中的异常现象。比如:有的小组经常发生小事故;有的作业组的质量常常不合格。因此要进行深入调查搞清原因,及时采取针对性措施。

4.1.7　风险预防基本工作原则

一、风险预防

预防通常采取有形或无形手段:一是在项目活动开始之前采取一定措施;二是减少已存在的风险因素;三是将风险因素分离。无形预防手段有教育法和程序法。

1.教育法

就是对有关人员进行风险和风险管理教育。让有关人员了解项目所面临的种种风险,了解和控制这些风险的方法。使他们深刻认识到,个人的任何疏忽和错误行为都有可能给项目造成巨大损失。

2.程序法

就是以制度化的方式从事项目活动,减少不必要的损失。实践表明,如果不按规范办事,就会犯错误,就会造成浪费和损失。所以从战略上减轻项目风险就必须遵循基本程序,任何图省事、抱侥幸心理的想法都是风险发生的根源。

二、风险的回避

彻底规避风险的一种方法,即断绝风险来源,主动放弃。

三、风险转移

将可能的风险转移给他人承担、出售、分包、保险、担保。

四、风险缓解

设计将某一负面风险事件的概率或其后果降低到一种可以承受的限度。

五、风险接受

将风险的后果自愿接受下来,通过应急处理来化解。

4.1.8　项目危机事件管理

危机就是风险已经发生,其表现形式是危机事件,一旦发生危机事件,项目必然要造损失。对危机控制管理的目标,就是把危机事件的影响和损失降低到最低程度,不至造成项目的整体失败,最好能通过危机事件的有效管理转化出新的机会。

一、危机评估

危机评估就是要在危机事件发生后对事件产生的损失和后果,以及假如管控不力,对有可能产生的最大损失和最坏的后果进行估计。危机评估应当包括以下内容。

(1)危机影响面积评估:主要指危机后果影响的范围。

(2)危机损失评估:主要指危机后果影响的损失大小。

(3)危机波及对象评估:主要指危机后果可能造成影响的单位或群体。

(4)危机性质评估:经济性质、社会性质、道德性质、政治性质、民事性质、刑事。

危机评估的结论是确定响应等级和制定应对措施的决策依据,一定要深入一线实事求是。

二、应急管理

应急管理就是危机事件发生后,对其进行决策、控制、处理、转化的全部过程。管理原则是:以人为本,把保障人的生命安全、健康放在第一位,同时要避免因危机影响公共安全和公共利益。避免造成次生灾害,把损失降到最低程度。

从事任何活动都有风险,任何活动通过科学预防都可以减少风险,但不可能保证不发生风险,应急管理就必须成为常态化管理,可以备而不用,但是有备无患。

应从以下几个方面入手。

(1)时时处处树立危机管理意识:要对项目管理和项目成员加强危机意识教育,要让所有项目成员牢记"麻痹出事故,'大意失荆州'"的事经常发生。

(2)建立危机预警及管理机制:一要建立健全危机指挥管理组织机制;二要建立健全应对危机的管理组织机构;三要建立健全应对各项危机的基金和物资保障制度;四要建立健全危机事件信息发布制度;五要建立健全危机事件的善后处理制度。

(3)设定危机预警指标体系,设定危机响应等制度。

子学习情境4.2　地下管线探测工程的质量控制

教学要求:掌握地下管线质量控制的目标、方法;对地下管线探测能进行作业过程分析;掌握探测作业过程和测量作业过程质量控制。

工程质量控制是确保城市地下管线普查探测工程成果质量符合有关规定要求的核心工作。要做到对普查工程质量的有效控制,需要识别地下管线普查的过程,而后按照过程方法对地下管线普查工程实施质量控制。城市地下管线普查工程包括技术准备、地下管线实地调查与仪器探查、地下管线测量、数据处理等过程,对每个过程,应从输入控制、程序和方法控制以及监视和测量控制等方面采取相应的质量控制措施,以满足过程目标和产品要求,最终确保工程质量目标的实现。

4.2.1　质量控制的目的

地下管线资料的获取方式具有多样性,如通过实地调查、管线探测、竣工测量或由已有竣工资料数字化等方式获得。地下管线资料存储的介质类型、数据格式和存储方式多样,从其存储的介质类型可划分为纸介质资料和电子数字资料,纸介质资料包括各种形式的文字、图和表等;电子数字资料包括以电子文件形式存储的文档资料、存储在数据库管理系统中的数据表以及各种专题信息管理系统中存储的数据等,即使以电子形式存储的数据,其数据格式大不相同。地下管线资料分散存储在各管线权属单位、市政管理部门、城建档案馆、城市测绘部门等单位。

由于城市地下管线资料具有多源性、多样性和离散性等特点,而地下管线资料又分散存储在城市多个部门,导致城市地下管线资料存在"谁都在管、谁都不全"的现状,其结果是各部门存储的地下管线资料一致性较差,甚至互相矛盾,地下管线信息共享困难。各城市因施工破坏地下管线的事故频频发生,严重制约了城市的建设和发展。

合理开发利用城市地下空间资源,成功应对城市公共危机管理,提高政府市政建设管理部门的行政效率和市民满意度,降低地下管线信息更新成本和管理成本,整合地下管线信息资源,实现地下管线信息共享,为城市管理、规划设计、建设以及应急管理等提供现势、准确和完整的地下管线信息,避免施工破坏地下管线事故,都迫切需要开展城市地下管线普查工作。

城市地下管线普查是按城市规划建设管理要求,采取经济合理的方法查明城市建成区或城市规划发展区内的地下管线现状,获取准确的管线有关数据,编绘管线图,建立数据库和信息管理系统,实施管线信息资料计算机动态管理的过程。城市地下管线普查探测是城市综合地下管线信息管理系统数据源的主要获取手段之一。

城市地下管线普查的目的是为城市综合地下管线信息系统提供现势、准确和完整的数据源,地下管线数据是城市综合地下管线信息系统的灵魂。由此可见,对城市地下管线普查探测工作实施科学、合理的工程质量控制显得尤为重要。

4.2.2　质量控制的目标

地下管线探测质量控制的目标是确保地下管线探测的成果能够真实地反映地下管线的现状,即:①探测的区域范围符合规定要求;②探测的对象正确;③探测的取舍标准符合规定要求;④在现有的技术条件下,应探测的管线没有遗漏;⑤地下管线探查精度和地下管线图测绘精度符合有关规定;⑥探测的数据采集应满足建立地下管线信息管理系统的数据格式要求;⑦探测成果资料使用的档案载体、装订规格和组卷符合归档要求;⑧提交的图件、表格、图形数据以及入库数据等各类成果保持一致性。

4.2.3　质量控制的方法

质量控制是为达到质量要求所采取的作业技术和活动。从质量控制的定义可以看出,质量控制包括作业技术和活动,作业技术是指专业技术和管理技术结合在一起,作为控制手段和方法总称。

质量控制目的在于以预防为主,通过监视过程并采取预防措施,来排除质量环节各个阶段中导致不满意结果的原因,以获得期望的经济效益。质量控制的对象是过程,使被控制对象达到规定的质量要求,质量控制应贯穿于质量形成的全过程(即质量的所有环节)。质量控制的具体实施主要是对影响产品质量的各环节、各因素制订相应的计划和程序,对发现的问题和不合格情况进行及时处理,并采取有效的纠正措施。既然质量控制的对象是过程,因此,应该采用过程方法对地下管线普查探测工程实施质量控制。过程是一组将输入转化为输出的相互关联或相互作用的活动。过程方法是根据过程输出目标,按照 P-D-C-A 循环(见图 4-2-1),对过程进行策划,建立过程目标和为达到过程目标——期望的结果要求,对所需的程序、采用的方法、过程输入(人、设施、设备和软件等资源、信息、原材料),以及监视测量过程有效性和效率等方面的要求(见图 4-2-2)。根据过程策划的结果实施过程,对照过程目标和产品要求监视和测量过程和产品,并根据监视和测量的结果,采取相应的纠正措施和预防措施,以持续改进过程业绩。需要注意的是,P-D-C-A 循环可用于单个过程,也可用于整个过程网络。

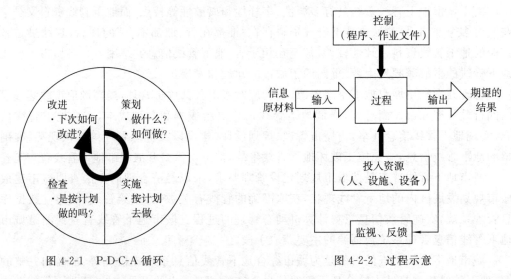

图 4-2-1　P-D-C-A 循环　　　　　　　图 4-2-2　过程示意

4.2.4　地下管线探测作业过程分析

从作业工序划分,城市地下管线普查探测可分为技术准备、地下管线实地调查与仪器探查、地下管线测量、数据处理与管线图编绘以及成果整理与提交等工序,每个工序通常由若干过程组成,通常一个过程的输出构成随后过程输入的一部分。

一、技术准备工序过程分析

探查前的技术准备工作包括资料搜集、现场踏勘、探测方法试验、探测仪器校验(以往多称"一致性校验")、技术设计书编制和技术交底等(见图 4-2-3)。

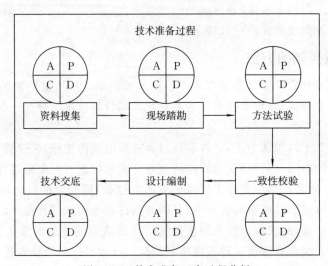

图 4-2-3　技术准备工序过程分析

二、探查工序过程分析

地下管线探查是通过实地调查和仪器探查手段,在现场查明各种地下管线的敷设状况,即管线在地面上的投影位置和埋深,同时应查明管线类别、材质、规格、载体特征、电缆根数、孔数及附属设施等,绘制探查草图并在地面上设置管线点标志。可见,探查工序由地下管线实地调查和仪器探查两大过程组成,每个过程又分别由确定管线点位置、设置管线点地面标志、测量或量测管线点埋深、管线点属性调查、探查成果记录和探查草图绘制等子过程组成(见图 4-2-4)。

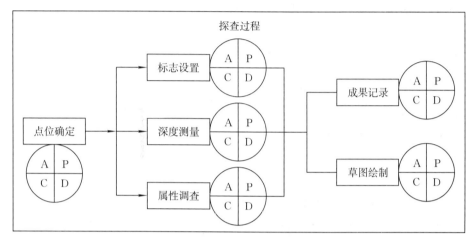

图 4-2-4　探查工序过程分析

三、测量工序过程分析

地下管线测量包括控制测量和管线点测量两大过程。控制测量由选点、标志设置、施测、记录、平差计算等子过程组成;管线点测量由选点、施测、记录、计算等子过程组成(见图 4-2-5)。

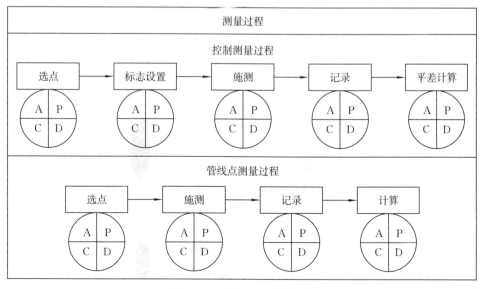

图 4-2-5　测量工序过程分析

四、数据处理与管线图编绘工作过程分析

1.地下管线数据处理包括的子过程

(1)录入或导入工区地下管线探查成果资料；

(2)导入工区地下管线测量成果资料；

(3)对录入或导入的探查或测量成果资料进行检查；

(4)地下管线数据处理；

(5)地下管线图形检查；

(6)地下管线成果表生成；

(7)地下管线图形与属性数据库生成；

(8)元数据录入。

2.管线图编绘工作包括的子过程

(1)地下管线图比例尺的确定；

(2)地下管线图形数据的获取；

(3)地下管线图的编辑；

(4)地下管线图输出等。

五、成果整理与提交工序过程分析

成果整理与提交工序包括工程报告编制、成果分类装订和成果提交等子过程。

4.2.5　技术准备过程质量控制

探查前的技术准备包括资料搜集、现场踏勘、探测方法试验、探测仪器校验、技术设计书编写和技术交底。

一、资料搜集过程质量控制

在地下管线探测工作开展前,探测单位应搜集测区地下管线现状调绘图、测区基本比例尺地形图以及测区测量控制点成果资料。地下管线现状调绘图是方法试验和地下管线探查过程的输入信息；测区基本比例尺地形图是地下管线探查、数据处理和管线图编绘过程的输入信息；测区测量控制点成果是地下管线测量工序的输入信息。此过程质量控制要点包括以下几个方面。

(1)由于通过现行的技术手段还不能查明隐蔽管线的管径、材质、建设年代和权属单位等属性信息,因此,在地下管线探测过程中,对于隐蔽管线,这些信息一般是根据地下管线现状调绘图的内容直接采用。如果业主提供的地下管线现状调绘图未包括这些内容,应要求提供。此外,地下管线现状调绘图上宜注明资料来源方式,以供探查过程参考。

(2)测区基本比例尺地形图是地下管线探测的底图,如果地形图的现势性较差,会影响地下管线草图的编制和外业的工作效率。因此,应该尽可能搜集现势的测区基本比例尺地形图。

(3)应注意测量控制点成果与测区基本比例尺地形图的坐标和高程系统是否一致,应注意所有测量控制点成果是否是同期测量成果,在转抄测区测量控制点成果时,应进行100%比对检查,确保成果转抄无误。

二、现场踏勘过程质量控制

现场踏勘的工作内容包括：核查地下管线现状调绘图与实地是否一致；核查测区内测量控制点的位置和保存情况；察看测区内对地下管线探测可能有影响的各种干扰因素。现场踏勘的目

的是为方法试验和施工技术设计编制提供数据依据,其工作的好坏会直接影响到施工技术设计的编制质量,影响到方法试验是否有针对性。此过程的质量控制要点包括以下几个方面。

(1)应该核查测区内非金属管线的管线种类、材质类型、主要埋设方式和埋深范围,以及为方法试验过程提供输入信息。

(2)应该核查所搜集测量控制点的位置和保存情况,以为地下管线测量过程提供输入信息。

(3)应该察看测区内对地下管线探测可能有影响的各种干扰因素,如交通护栏、交通流量、井盖类型以及地面绿化情况等,以为施工技术设计的编制和工具准备提供输入信息。

三、方法试验过程质量控制

方法试验的目的是为编制项目施工技术设计提供技术依据,其过程输入和输出分析如图 4-2-6 所示。此过程的质量控制要点包括以下几个方面。

(1)方法试验的时间:在项目施工技术设计编制前完成。此外,新技术新方法推广前也需要进行方法试验。

(2)方法试验的内容:方法试验的内容应根据测区内各类地下管线的埋设方式、管线接口类型、埋设深度和材质确定。即方法试验要有针对性,如针对高阻金属煤气管线的电磁法试验;针对 PE、水泥材质的探测方法试验;针对大口径管线、多孔排列电缆组的探测方法试验;针对地面金属交通护栏的探测方法试验等。

(3)方法试验的人员:进行方法试验的人员应是有经验的探测技术人员。

(4)方法试验的仪器:用于方法试验的地下管线探测仪应是经过校验合格的仪器。

(5)过程输出:方法试验报告及相关的过程记录。

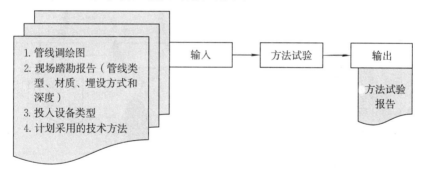

图 4-2-6　方法试验过程输入和输出分析

四、探测仪器检验过程质量控制

探测仪器检验的目的是确保投入工程使用的地下管线探测仪精度符合有关要求。此过程质量控制要点包括以下几个方面。

(1)检验时间:仪器应在投入使用前进行精度检验。对分批投入工程使用的地下管线探测仪,每投入一批(台)时,均应进行精度检验。

(2)检验内容:探测仪器精度检验应包括定位精度和定深精度检验。

(3)检验条件:检验要选择在测区内已知的地下管线上进行。

(4)检验要求:投入工程使用的地下管线探测仪,其定位、定深精度达到规定要求。不能满足要求的地下管线探测仪,不应投入生产应用。

(5)过程输出:探测仪的检验报告及相关的过程记录。

五、技术设计书编制过程质量控制

项目施工技术设计是指导施工作业、质量审核和控制的技术工作文件，项目施工技术设计可实现不限于以下目的和作用。

(1)为跨专业工序提供信息以利于更好地理解相互的关系。

(2)通过将过程形成文件以达到作业的一致性。

(3)说明如何才能达到规定的要求，帮助项目成员理解工作的目的和内容，提供项目明确和有效的运作框架，使项目管理者和员工达成共识。

(4)提供表明已经满足规定要求的客观证据，为项目质量审核提供依据。

(5)为项目新成员培训提供基础。

(6)向项目干系人证实探测单位的能力以及提供明确的内容和目标要求。

因此，在地下管线探测工作开展前应编制项目施工技术设计，其过程输入和输出分析如图 4-2-7 所示。施工技术设计编制过程的质量控制要点包括以下几个方面。

(1)项目施工技术设计应由项目技术总负责人组织各专业负责人编制。

(2)项目施工技术设计应根据合同、国家强制性标准和地方技术标准的要求，以及资料搜集结果、现场踏勘报告、方法试验报告、一致性检验报告等输入信息编制。

(3)项目施工技术设计的内容应是完整的，结构应是恰当的，规定应是明确可操作的。

(4)项目施工技术设计在发布前应进行评审和批准，以确保其清楚、准确、充分、结构恰当。

(5)项目施工技术设计的修订应当履行提出、实施、评审、控制和纳入的过程，更改的过程应当执行与制定相同的评审和批准过程。

(6)项目施工技术设计应当有明确的版本标识和审核、批准标识。

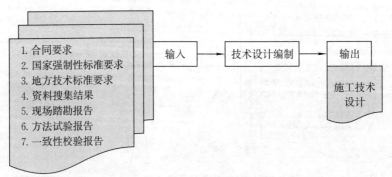

图 4-2-7　项目施工技术编制过程输入和输出分析

六、技术交流过程质量控制

作业前，应对从事过程施工的技术人员进行技术交流，对其进行项目技术设计的培训和考核，并明确其工作职责，确保地下管线探查人员了解项目的目标、工作范围、工作内容、工作程序、有关技术要求以及有关问题的处理方法等。此外，还应建立项目沟通管理体系以及适宜的激励机制。确保有关人员能够实时、实地的获取相关的信息，确保项目成员的目标能够与项目团队目标保持一致，以提高项目的工作质量和工作绩效。

4.2.6　探测作业过程质量控制

地下管线探查是在现有地下管线资料调绘的基准上，采用实地调查与仪器探测相结合的方法，在实地查明地下管线在地面上的投影位置、埋深、管线类别、走向、连接关系、偏距、材质、压力(电压)、电缆条数、管块孔数、权属单位、建设年代以及附属设施等,绘制探测草图,并在地面上设置管线点的标志。地下管线探查过程输入和输出分析如图 4-2-8 所示,其质量控制要点包括输入控制、程序和方法控制以及监视和测量控制三个方面。

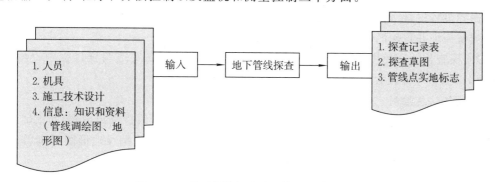

图 4-2-8 　地下管线探查过程输入和输出分析

一、输入控制

1.人员控制

人是地下管线探查工作的主体,探查质量的形成受到所有参加工程项目施工的探查台组的共同作用,他们是形成工程质量的主要因素,只有从事地下管线探查的人具备其工作岗位所需要的能力,其工作成果才可能满足工程质量的要求。人的因素又可细分为:①岗位技能;②职责和权限;③质量意识;④个人和团队目标是否一致;⑤激励机制是否有效;⑤沟通机制是否畅通。

地下管线探查工序人员控制的目标是确保从事地下管线探查的人员能够胜任其岗位,并了解项目的目标、工作范围、工作内容、工作程序、技术要求以及有关问题的处理方法等。

进场前,作业单位应对从事地下管线探查的人员进行技术交底。作业过程中,项目质量审核员通过过程巡视检查的方式;检查探查人员的仪器操作是否规范;所采用的探查方法是否合理,是否采用经方法试验验证合格的探查方法;是否按项目施工技术设计规定的探测范围、工作内容和技术要求进行作业等。作业工区完成后,项目质量检验员应按照 CJJ 61—2003《城市地下管线探测技术规程》的有关规定,通过抽样检验的方式,检查每个探查人员的成果质量。

作业前的技术交底、作业中的过程巡检和作业后的质量检验均应形成相应的纠正措施,不合格的人员不应上岗作业。对相关不合格人员,应针对发现的问题采取有针对性的措施进行纠正,并跟踪评估纠正措施的实施效果。

2.机具控制

机具控制的目标是确保投入工程使用的探查设备的精度指标、稳定性和一致性能够满足工程需要,探查设备的类型和数量能够与工程需要相匹配。

投入工程使用的探查设备类型应该根据现场地下管线的材质、接口类型、埋设方式和埋设深度进行选择,探查设备数量应该根据工程工作量、工期进行选择。一般情况下,工程投入的常规探查设备应该包括:①地下管线探测仪;②探地雷达;③井盖探测仪;④L 型尺;⑤打孔器具;⑥具有计量检验标识的钢卷尺。

地下管线探测仪在投入使用前应进行定位、定深精度校验,不能满足要求的地下管线探测仪,不应投入生产应用。分批投入工厂使用的地下管线探测仪,每投入一批(台)时,都应该进行精度校验。

投入工程使用的探地雷达,其发射天线和接收天线的频率范围应与测区范围内所探测目标管线的埋深和管径相匹配。探地雷达在使用前应在探测点附近的已知管线上作雷达剖面,以获得介电常数和波速参数。

在探测过程中,经常会遇到因道路施工井盖被掩埋的情况,为了探测掩埋井盖的位置,工程需要配备掩埋井盖探测仪。

此外,探查作业所使用的钢卷尺应该具有计量检验标识;在实地调查过程中,应该配备"L"型尺,以测量埋深较大的管线的埋深及其管线规格。

3. 文件与信息控制

文件与信息控制的目标是确保项目施工技术设计和《地下管线探查记录表》的正确版本分发给所有需要文件的人员,确保所搜集的地下管线调绘图和基本比例尺地形图等资料满足地下管线探查的要求。

此阶段对文件的控制主要体现在以下几个方面。

(1)项目施工技术设计在发布前得到评审与批准,确保其内容完整、结构恰当、规定明确可操作。

(2)确保项目施工技术设计的更改和现行修订状态得到识别。

(3)确保在使用处可获得项目施工技术设计和《地下管线探查记录表》的正确版本,防止失效版本的非预期使用。

此阶段对输入信息的控制主要体现在以下几个方面。

(1)所搜集的地下管线现状调绘图上宜标明管线位置、连接关系和管线构筑物或附属物等空间信息,以及管线规格、材质、电缆根(孔)数、压力(电压)、建设年代等管线属性信息。尤其是隐蔽管线,现状调绘图上的管线规格、材质、压力(电压)和建设年代等信息更是不可或缺。

(2)当地下管线现状调绘图上的管线是根据管线竣工测量成果或外业探查成果编制时,应搜集相应的地下管线成果表,以便于核对。

(3)地下管线现状调绘图绘制的图式和颜色应与最终成果一致,以便于查询和使用。

(4)所搜集的测区基本比例尺地形图现势性良好,以便于实地查找,提高地下管线草图编制的效率。

4. 环境控制

影响探查工程质量的环境因素一般包括地电条件、地面金属护栏、地面交通、其他电磁干扰、地面平整性以及地下管线附属物保存状况的好坏等。环境控制的目标是消除或减轻环境因素的不利影响。应针对不同的环境影响因素,采取相应的措施进行探查,以避免或减轻环境因素对探查方法的影响。环境控制的措施可采取但不限于下列内容。

(1)在管线密集地段,可采用两种或两种以上方法进行验证,以及在不同的地点采用不同的信号加载方式进行验证探测。

(2)对非良性传导管线可采用电磁波法、示踪电磁法、打样洞法或开挖法探测。

(3)管线接口采用绝缘方式时,可通过在管线的支管用夹钳施加信号探测。

(4)软土地面宜采用机械探针法探测;硬质路面宜采用电磁波法或打样洞法探测;排水沟渠宜采用电磁波法或示踪电磁法探测。

(5)地面交通影响较大时,可选择在交通影响较小的时段进行探查。

(6)地下管线附属物被掩埋时,可通过井盖探测仪来探测掩埋的井盖,而后探测地下管线。

(7)现行技术方法都不适用时可采用开挖方法,现场条件不允许开挖或钎探时,应将问题记录。

二、程序和方法控制

程序和方法控制的目标是确保程序正确,投入工程使用的方法行之有效,其精度能够满足工程需要。程序和方法控制的内容包括项目边界、管线点点位确定、管线点标志设置、管线点深度测量、管线点属性调查、探查成果记录、探查草图编制和接边八个方面的质量控制。

1. 项目边界的质量控制

项目边界的内容包括测区范围、探查的对象和管线取舍要求。由于各作业单位或各作业人员对技术设计的理解不一致,或由于技术设计对项目边界的定义不清晰,在实际工作过程中,经常会出现探查的作业范围与测区范围不一致、探查的对象与规定要求的管线类型不一致、探查时没有按规定的要求对管线进行取舍,造成无效工作量的增加和工程延期的后果。项目边界的质量控制要点包括以下几个方面。

(1)按施工技术设计编制过程的质量控制要点对技术设计实施控制,确保技术设计对项目边界的定义清晰,无二义性。

(2)作业前的技术交底,应确保所有探查作业人员、探查质量审核员和检验员对项目边界的理解和认知达成一致。

(3)作业过程中,探查质量审核员应通过过程巡视检查或查看记录的方式,检查各作业员对项目边界的理解和认识是否有偏差。

(4)作业过程中,各探查组应随时与周边作业工区进行接边工作,以检查项目边界的一致性。

2. 管线点点位确定的质量控制

管线点点位是通过采用实地调查与仪器探测相结合的方法,实地查明各种地下管线在地面上的投影位置、管线类别、走向和连接关系。确定管线点点位工作的质量控制措施主要体现在以下几个方面。

(1)在项目施工技术设计中规定各类地下管线的管线点点位的设置方法,尤其是针对地下管沟、综合管廊、一井多盖、一井多阀、一井同方向多根管线、管线偏离井中心以及管线的建(构)筑物等情况。项目施工技术设计中应该明确规定:对于矩形断面的管线,管线点点位是设置在断面几何中心,还是设置在断面边线;对于一井多盖、一井多阀、一井同方向多根管线、管线偏离井中心以及管线的建(构)筑物等情况,管线点点位如何设置。

(2)采用电磁法探测隐蔽管线时,应运用峰值法进行管线定位;对于转折点和分支点,应该采用交会法定位。定位前应先查明管线走向和连接关系,在管线走向的各个方向上均应至少测三个点,且三个点位于一条直线上时,方可通过交会确定管线特征点的具体位置。

(3)在项目施工技术设计中规定对管线点间距的要求。对管线点间距的要求应该从管线点的设置能够真实反映管线的三维走向方面来考虑。当增加管线点会损失管线的精度时,就不应该强求管线点间距的要求,如对于大口径排水管线,当两检查井距离为 80 m,中间无转折、分支时,就没有必要在中间另外增加管线点。

(4)作业过程中,各探查组应随时与周边作业工区进行接边工作,以检查管线点点位确定方法是否一致。

(5)作业过程中,探查质量审核员应通过过程巡视检查的方式,检查各作业组的管线点点位方法是否一致。

3.管线点标志设置的质量控制

管线点的地面标志主要有两个作用:一是为地下管线测量工序提供输入信息;二是为工序质量检验和成果验收提供实地依据。因此,管线点的地面标志应能够保证在管线探测成果验收前不宜毁失、不应移位和易于识别,不易设置地面标志的管线点应在实地栓点或做点之记。管线点地面标志的质量控制措施可包括以下几个方面。

(1)车行道上的管线点应该刻"十"字或设置铁钉标记其位置,并用颜色油漆在"十"字或铁钉外围画"O"注记。

(2)人行道上的管线点可用颜色油漆画"十"字,并在"十"外围画"O"注记,标记管线点位置。

(3)杂草丛、垃圾物中的管线点可钉木桩,并在其上涂颜色油漆,标记管线点位置。

(4)不易设置地面标志的管线点应该在实地栓点标记管线点位置。

(5)在设置的管线点附近应该用颜色油漆标记管线点点号,管线点点号应该标记在易于查找、不宜毁失的建构筑物上,并应与探查草图、探查记录表中的管线点点号完全一致。

4.管线点深度测量的质量控制

管线点深度测量包括明显管线点深度量测和隐蔽管线点深度测量。管线点深度测量的质量控制主要体现在以下几个方面。

(1)深度测量位置应该按照规定进行。一般说来:地下沟道和重力自流管线一般测量其沟内底埋深;其他管线一般测量其外顶埋深;不明管线一般测量其管线中心埋深。

(2)管线点深度的计量单位应该一致。一般情况下,管线点深度的计量单位为米(m),读数时精确到小数点后两位。

(3)一般情况下,明显管线点埋深尽可能采用钢尺直接开井量测;不能用钢尺直接量测时,应采用"L"型尺从地面进行量测,"L"型尺的长轴方向应保持与地面线垂直,读数时应在地面拉水平线,水平线与"L"型尺长轴方向的交点即为读数起始位置。深度应量测两次,当两次读数较差小于 3 cm 时,方可将其读数作为成果记录。

(4)不能直接量测深度的明显管线点,如被掩埋物或淤泥等覆盖的检查井、给水管线的阀门手孔以及煤气管线的抽水缸等,应采用仪器探测、打样洞等方法查明地下管线的埋深,同时应在《地下管线探查记录表》中注明定深方法。

(5)采用电磁法探测地下管线埋深时,应在对管线进行精确定位之后进行,且在管线走向变化的各个方向均应测量地下管线的埋深。定深点的位置宜选择在管线点附近至少 3~4 倍埋深范围内单一的直管线,中间无分支或弯曲,且相邻管线之间距离较大的地方;在管线走向的各个方向,用同一方法至少应对管线的埋深进行两次探测:当两次探测的结果较差在 $0.05h$(h 为管线的中心埋深)之内,采用其均值作为管线的埋深值;当两次探测的结果较差大于 $0.05h$ 时,应重新进行探测。当被测管线周围存在干扰时,应采用其他适宜的方法确定管线的埋深。

(6)采用地质雷达探测非金属管线时,要在探测点附近的已知管线上作雷达剖面,以确定介电常数和波速,在一个探测点应做两次以上的往返探测,如探测对象无明显异常,应改变参数重新探测。

5.管线点属性调查的质量控制

管线点属性调查内容包括管线类别调查、规格量测、材质调查、管线上的建(构)筑物和附属设施调查,压力、电压、建设年代和权属单位调查等。

管线类别调查的质量控制措施主要包括以下几个方面。

(1)管线类别要按照从已知到未知的原则调查。

(2)同一条管线的管线类别应该一致。因此,在探查作业过程中,各探查组应随时与周边作业工区进行接边工作,以防止不同台组或不同作业单位将同一条管线确定为不同的管线类别。

管线规格量测的质量控制措施主要包括以下几个方面。

(1)管线规格应用钢卷尺下井量测,并按照相应的标准管线规格记录量测成果。

(2)管线规格的量测位置应该按照规定进行。一般说来,圆形断面量测其内径;排水管沟量测矩形断面内壁的宽和高;电缆沟道量测沟道断面内壁的宽和高;电缆管块或电缆管组量测其外包络尺寸的宽和高;地下综合管廊(沟)量测矩形断面内壁的宽和高;直埋电缆的管线规格用条数表示。

(3)管线规格的计量单位应该一致,管线规格应该取整数表示。一般情况下,电缆管块或管组的计量单位用厘米(cm)表示,其他用毫米(mm)表示。

(4)量测结果应与地下管线现状调绘图进行对照,当两者不一致时,应以实地量测内容为准。

(5)同一规格的地下管线的管线规格量测结果应一致。

(6)隐蔽管线的管线规格应根据地下管线现状调绘图填写。

其他属性调查的质量控制措施主要包括以下几个方面。

(1)调查管线上的建(构)筑物和附属设施以及管线的材质时,应采用统一规范的名称,必要时可采用代码记录。

(2)同一条管线的管线材质应该一致。因此,在探查作业过程中,各探查组应随时与周边作业工区进行接边工作,以防止不同台组或不同作业单位将同一条管线确定为不同的材质类型。

(3)压力、电压、建设年代、权属单位以及隐蔽管线的管线材质等属性调查内容应根据地下管线现状调绘图填写。

6.探查成果记录的质量控制

地下管线探查成果记录的质量控制措施主要包括以下几个方面。

(1)探查成果应该使用规定的记录表在现场记录,不应将成果记录在草图上,而后转抄到《地下管线探查记录表》中,即探查原始记录字迹不应有涂改、擦改和转抄现象,字迹应清楚、整齐。

(2)《地下管线探查记录表》中各数据项和记事项都应根据实地探查的实际结果记录清楚,填写齐全,不得伪造数据。为了保持成果的可追溯性,保证在发现仪器失效时可追溯其在某个时间段生产的数据,因此,在《地下管线探查记录表》中应记录日期、探测所采用的接收机型号和编号。

(3)更正《地下管线探查记录表》中错误时,应将错误数字、文字整齐划去,在上方另记正确数字和文字;更正埋深错误时,应在另行重新记录。

(4)《地下管线探查记录表》中的管线连接关系与探查草图要保持一致;管线点点号应该与探查草图、实地标记点号完全一致。

7. 探查草图编制的质量控制

探查草图编制的质量控制措施主要包括以下几个方面。

(1)探查草图要根据实地探查的结果绘制在基本比例尺地形图上,内容应包括管线连接关系、管线点编号、必要的管线注记和放大示意图等。探查草图上管线点与周围地物的相对位置要准确。

(2)探查草图上的图例符号与颜色应与综合地下管线图相一致;图例符号、文字和数字注记内容应与《地下管线探查记录表》记录的内容相一致。

(3)探查草图上的管线点点号应该与《地下管线探查记录表》、实地标记点号完全一致。

(4)各探测工区应对探查草图进行接边工作,不得在未接边的情况下,将管线画至内图廓线。接边内容应包括管线空间位置接边和管线属性接边。

8. 接边的质量控制

地下管线探查成果接边的质量控制措施主要包括以下几个方面。

(1)作业过程中,各探查组应随时与周边作业工区进行接边工作,以保证各探查组在项目边界范围内作业,保证各探查组管线点点位设置方法一致,防止不同台组或不同作业单位将同一条管线确定为不同的管线类别或不同的材质类型。

(2)工区探查工作完成后,应该与周边相邻工区进行接边工作。接边不但包括管线空间位置接边,还应该包括管线属性接边,以有效防止遗漏探查管线,并确保同一条管线在跨工区时的属性内容保持一致性。

三、监视和测量控制

1. 人员监视的质量控制

项目质量审核员应该通过过程巡视检查或查看记录的方式,检查进场前是否对从事地下管线探查的人员进行了技术交底;作业过程中,检查是否有未经过技术交底培训就进行上岗作业的人员;检查探查人员的仪器操作是否规范,所采用的探查方法是否合理,即是否采用经方法试验验证合格的探查方法进行作业;是否按项目施工技术设计规定的探查范围、工作内容和技术要求进行作业等。

2. 机具监视的质量控制

项目质量审核员应该通过旁站检查的方式,检查地下管线探测仪在投入使用前是否进行了一致性校验;作业过程中,通过过程巡视检查的方式,检查是否有未经过一致性校验的仪器投入使用;所使用的钢卷尺是否具有计量检验标识;工程配置的设备类型是否满足工程需要等。

3. 文件监视的质量控制

项目质量审核员应该通过过程审核的方式,检查在使用处是否可获得项目施工技术设计和《地下管线探查记录表》的正确版本;项目施工技术设计的更改是否及时发放到相关人员,现行修订状态是否容易得到识别。

4. 程序和方法监视的质量控制

作业过程中,探查质量审核员应通过过程巡视检查的方式,检查各作业组质量。程序和方法监视的质量控制要点包括以下几个方面。

(1)对项目边界的理解和认识是否有偏差。

(2)管线点点位设置是否一致,定位方法是否符合要求。

(3)管线点标志设置是否符合要求。

(4)管线点深度测量位置是否一致,深度测量方法是否符合要求。

(5)管线点属性调查内容是否齐全,调查方法是否符合要求。

(6)探查成果记录与探查草图编制是否符合要求。

5.探查成果测量的质量控制

作业工区完成后,项目质量检验员应按照 CJJ 61—2003《城市地下管线探测技术规程》的规定,通过抽样检验的方式,检查各作业工区的成果质量,即每一个工区应在隐蔽管线点和明显管线点中分别抽取不少于各自总点数的 5%,通过重复探查进行质量检查,检查取样应分布均匀,随机抽取,在不同时间,由不同的操作员进行。质量检查应包括管线点的几何精度检查和属性调查结果检查。探查成果测量的质量控制要点包括以下几个方面。

(1)各级质量检查工作是否独立进行,是否省略或代替。

(2)探查质量检验的样本是否具有代表性,数量是否足够。

(3)探查质量检验后是否进行了统计分析。

(4)在现有的探查技术条件下,是否有遗漏探查的管线。

(5)属性调查结果是否进行了检查。

(6)探查质量检验后采取的纠正措施是否适宜。

4.2.7　测量作业过程质量控制

地下管线测量是在地下管线探查和城市基础控制测量工作的基础上,采用测量仪器测绘管线点的三维坐标的过程。地下管线测量过程输入和输出分析如图 4-2-9 所示,其质量控制要点包括输入控制、程序和方法控制以及监视和测量控制三个方面。

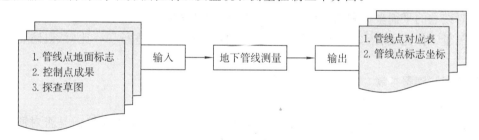

图 4-2-9　地下管线测量过程输入和输出分析

一、输入控制

1.人员控制

作业前,应对从事地下管线测量的人员进行技术交底。作业过程中,项目质量审核员通过过程巡视检查的方式检查测量人员的仪器操作是否规范、所采用的测量方法是否合理。

2.机具控制

投入工程使用的测量仪器应该在其检校有效期内使用,仪器在使用前应按 CJJ/T 8—2011《城市测量规范》的有关规定进行检验和校正,当仪器经检验和校正合格后方可投入工程使用。作业过程中,项目质量审核员应该通过过程巡视检查的方式,检查使用的仪器是否经过检验和校正合格,使用的钢卷尺是否具有计量检验标识。

3.文件与信息控制

此阶段对文件的控制与地下管线探查阶段一致。对输入信息的控制主要体现在以下几个方面：

(1)测量控制点成果与测区基本比例尺地形图的坐标和高程系统是否一致；

(2)所收集的测量控制点成果是否是同期测量成果；

(3)转抄测区测量控制点成果时不应该有转抄错误；

(4)所收集的测量控制点密度是否能够满足管线点测量需要。

二、程序和方法控制

1.图根控制测量的质量控制

如前所述,控制测量由选点、标志设置、施测、记录和平差计算等子过程组成。控制测量过程的质量控制要点包括以下几个方面。

(1)对缺少控制点的测区,基本控制网的建立要按 CJJ/T 8—2011《城市测量规范》的有关规定执行。

(2)导线连测到已知控制点时,应检验测角和边长。已知控制点的已知夹角与实际观测角值之差不应超过 CJJ/T 8—2011《城市测量规范》的有关规定;已知控制点的已知边长与实际观测值边长之差不应超过 20 mm。

2.管线点测量的质量控制

管线点测量由选点、施测、记录、计算等子过程组成。管线点测量过程的质量控制要点包括以下几个方面。

(1)应该根据地下管线探查草图,由在该测区进行探查作业的人员找点。

(2)采用全站仪自动记录时,要记录测量顺序号与管线点外业编号的对应关系。

(3)采用极坐标法同时测定管线点坐标与高程时,测距长度不应超过 150 m。

(4)采用直接水准测量管线点高程时,站数不宜超过 50 站。

(5)管线点的平面坐标和高程均应计算至毫米,取位至厘米。

(6)测量工作完成后,要将已测量的管线点与探查的管线点进行一一比对,以防止遗漏管线点。

三、监视和测量控制

1.人员监视的质量控制

项目质量审核员应该通过过程巡视检查或查看记录的方式,检查进场前是否对测量人员进行了技术交底;作业过程中,检查是否有未经过技术交底培训就进行上岗作业的人员;检查测量人员的仪器操作是否规范,所采用的测量方法是否合理,所利用的已有控制资料是否经过检验。

2.机具监视的质量控制

项目质量审核员应该通过巡视检查或查看记录的方式,检查测量仪器在使用前是否按 CJJ/T 8—2011《城市测量规范》的有关规定进行了检验和校正;检查仪器是否在检校有效期内;作业过程中,通过过程巡视检查的方式,检查是否有未经过检验和校正的仪器投入使用;所使用的钢卷尺是否具有计量检验标识;工程配置的设备数量是否满足工程需要等。

3.程序和方法监视的质量控制

作业过程中,质量审核员应通过过程检查的方式检查以下内容。

(1)导线限差是否符合有关规定的要求。

(2)管线点平面与高程测量的方法是否符合设计要求。

（3）管线点测量是否符合规定的技术要求。

（4）管线点的平面坐标和高程计算、取位是否符合要求。

4. 测量成果测量的质量控制

作业工区完成后，项目质量检验员应按照 CJJ 61—2003《城市地下管线探测技术规程》的规定，通过抽样检验的方式，检查各作业工区的成果质量，即每一个工区应抽取不少于总点数的 5% 进行质量检查，检查取样应分布均匀、随机抽取，在不同时间由不同的操作员进行。测量成果的质量控制要点包括以下几个方面。

（1）各级质量检查工作是否独立进行，是否省略或代替。

（2）探查质量检验的样本是否具有代表性，数量是否足够。

（3）质量检验后是否进行了统计分析。

（4）质量检验后采取的纠正措施是否适宜。

4.2.8 数据处理作业过程质量控制

地下管线数据处理是在地下管线探查和地下管线测量工作的基础上，对地下管线探查成果资料和地下管线测量成果资料进行处理，生成地下管线图、地下管线成果表和地下管线图形与属性数据库的过程。地下管线数据处理包括下列工作内容。

（1）录入或导入工区地下管线探查成果资料。

（2）导入工区地下管线测量成果资料。

（3）对录入或导入的探查或测量成果资料进行检查。

（4）地下管线数据处理。

（5）地下管线图形检查。

（6）地下管线图形与属性数据库生成。

（7）建立元数据库。

4.2.9 数据输入质量控制

由于外业探查或竣工测量的管线数据记录在《地下管线探查记录表》中，因此，在数据处理前需要将数据录入到相应的管线探查成果数据库中。管线点测量成果可直接导入到管线点测量成果库中。为确保录入到管线探查成果数据库中的数据与《地下管线探查记录表》中的数据一致，在录入工作完成后，应对录入的数据进行 100% 核对，并改正录入过程中引起的错误。

在人工检查完成后，应采用地下管线数据检查软件对管线探查成果数据库和管线点测量成果库进行检查，一般包括以下检查内容。

（1）管线探查成果数据库中的重点号。

（2）管线点测量成果库中的重点号。

（3）管线探查成果数据库与管线点测量成果库点号一致性。

（4）测点性质、管线材质的规范性。

（5）管线埋深的合理性。

对检查出的探查错误，探查人员应根据管线探查草图进行原因分析并采取适宜的措施纠正错误，必要时应到现场进行复核、补测和重新探查；对检查出的管线点测量错误，测量人员应进行原因分析并采取适宜的措施纠正错误，必要时应到现场进行补测。纠正错误时应先对《地下管线探查记录表》进行改正,而后对管线探查成果数据库中的数据进行改正,以保证成果的一致性和可追溯性。对数据库中的错误改正后,应重新执行上述程序,直至无错误为止。

4.2.10　数据处理质量控制

数据录入与检查工作完成后,用管线数据处理软件对数据进行预处理,生成管线图形文件、注记文件、管线线属性库和管线点属性库。将管线图形文件和注记文件输出成地下管线图,并由探查人员根据地下管线探查草图检查如下内容。

(1)管线点符号(测点性质)的正确性。

(2)管线连接关系的正确性。

(3)有无遗漏管线。

(4)管线性质的正确性。

(5)管线点的坐标是否正确。

(6)管线属性是否正确。

(7)相邻图幅、相邻测区的管线是否一致,相邻图幅、相邻测区接边处的管线类型、空间位置要一一对应,同一管线的属性内容也一致,无遗漏探查的管线。

在人工检查以及对检查出的错误进行改正后,就可以用管线数据检查软件对管线线属性库和管线点属性库进行检查,其包括以下内容。

(1)重力排水管高程是否有错误。

(2)管线点间距是否超标。

(3)管线间是否存在空间碰撞。

(4)管线拓扑关系检查等。

当发现数据错误时,应根据数据错误的类型对数据进行相应的核查。如果是探查问题且该问题不影响到相邻探查台组的成果质量,则由本探查台组来查明引起错误的原因;如果是探查问题且该问题影响到相邻测区探查台组的成果质量,则由本探查台组会同相邻测区探查台组来查明引起错误的原因。所有错误都应采取适宜的措施加以改正,必要时应到现场进行复核、补测和重新探查,改正错误时应先填写《管线探查数据库错误改正跟踪单》,而后对管线探查成果数据库中的数据进行改正,以确保成果的可追溯性。如果是管线点测量问题,则由本测区测量台组来查明引起错误的原因,并采取适宜的措施纠正错误,必要时应到现场进行补测。改正错误时应先填写《管线点测量成果库错误改正跟踪单》,而后对管线测量成果数据库中的数据进行改正,以确保成果的可追溯性。

对数据库中的错误改正后,应重新进行预处理和检查,此次检查的目的主要是:①原来发现的错误是否得以改正;②改正错误时是否引起新的错误。

在数据预处理工作完成后,由管线数据处理软件对管线探查数据库和管线测量成果数据库的数据进行处理,生成正式的管线图形文件、注记文件、管线线属性库和管线点属性库,并建立图形文件与属性数据库之间的拓扑关系,以便于地下管线信息管理系统对管线信息进行管理。

习　题

1. 城市地下管线探测的风险管理包括哪些？

2. 地下管线探测工程风险预防的特性有哪些？

3. 地下管线探测工程的风险识别方法有哪些？

4. 地下管线探测工程的风险预防基本工作原则有哪些？

5. 地下管线探测质量控制的目标有哪些？

6. 地下管线探测技术准备工序过程包括哪些？

7. 地下管线探测中管线点属性调查的质量控制包括哪些？

参考文献

[1] 洪立波,李学军.2012.城市地下管线探测技术与工程项目管理[M].北京:中国建筑工业出版社.

[2] 栗毅,黄春琳,雷文太.2006.探地雷达理论与应用[M].北京:科学出版社.

[3] 秦长利.2008.城市轨道交通工程测量[M].北京:中国建筑工业出版社.

[4] 田应中,张正绿,杨旭.1997.地下管线网探测与信息管理[M].北京:测绘出版社.

[5] 张正绿,司少先,李学军,等.2007.地下管线探测和管网信息系统[M].北京:测绘出版社.

[6] 周风林,洪立波.1998.城市地下管线探测技术手册[M].北京:中国建筑工业出版社.

[7] 周建郑.2013.GNSS定位测量[M].北京:测绘出版社.

[8] 中国建筑学会工程勘察学术委员会.1993.全国地下管线探测技术研讨会论文集[M].北京:地震出版社.

附录

课程标准

一、课程性质

"管线探测"是为适应城市高速发展的需要,为工程测量技术专业学生所开设的一门集理论和实践于一体的应用性很强的课程。它在专业课程设置中具有重要的地位和作用。此课程内容丰富,涉及面广,是一门综合性课程。

二、学时

60 学时＋1 周实训。

三、学分

3 学分。

四、课程目标

管线是城市基础设施建设的重要组成部分,是城市规划、开发、管理不可或缺的部分。它就像是人体的"神经"和"血管",日夜担负着传输信息、输送物质和能源的工作,被称为城市的生命线,是城市赖以生存和发展的物质基础,是现代城市高质量、高效率运转的保证。

随着城市的高速发展,地下管线将起到越来越重要的作用,它的完整与否直接影响城市规划、建设和管理。由于管线资料与现状不符,缺乏相关数据或精确度不高,往往直接影响规划的科学性、合理性;施工中损坏地下管线的严重事件时有发生,例如某城市因地铁工程施工曾多次打爆、挖爆供水管网,造成大面积停水,给居民带来生活的不便,给政府和企业带来巨大的经济损失。因此,地下管线资料的准确性对城市的规划和管线业主的日常维护管理都非常重要,而管线探测就是一种帮助我们掌握地下管线资料准确性的一种积极的方法。

通过本课程的学习使学生了解和掌握地下管线资料对现代社会的重要性;掌握管线探测的意义,选择合适的管线探测技术和设备开展管线探测的工作;了解管线探测的发展方向。

五、课程内容

学习领域:管线探测	开设时间:第 5 学期	学时:60
职业活动描述	通过对工程案例进行分析,确定案例所涉及的管线探测内容,对课程内容进行了合理的选取。结合工程案例中每个工作过程的能力要求,确定出若干分项技能;同时在课程讲授中,把管线探测的使用和管网数据库的建立融入到课程中。以分项技能的培养为目标建立学习情境,并安排一定数量的实训内容	
学习目标	随着城市不断地发展,地下管线分布也变得越来越密集,对城市的规划、设计和施工产生越来越大的影响。因此掌握地下管线的分布、走向和埋深等信息对城市的规划、设计和施工等都具有非常重要的意义。所以越来越多的城市建立了地下管线管理系统,为城市的规划、设计和施工提供安全保证,大大提高了效率,减少重大事故的发生,具有重要的意义。 通过对本课程的学习,使学生掌握地下管线调查和探测的方法,管线的内、外业测量工作,建立完善的地下管线信息系统并掌握图形编绘,为今后从事管线测量工作打下良好的基础	
学习内容	管线探测的物探方法、各种管线探测仪及应用、管线的外业测量和内业数据处理、数据库的建立和管网图编绘、地下管网探测的风险管理	

学习领域:管线探测	开设时间:第5学期	学时:60
考核方式	基本理论和基本知识考核、基本技能考核、分项技能考核、综合能力考核相结合	
职业资格证书	管线测量工	
教学方法	项目教学,包括任务驱动法、案例教学法、现场教学法、边讲边练法、讨论法	
载体选择确定	工程项目→教学项目,包括项目分析、项目过程分解、功能分析、作业方案、教学实施方案、检查评价	

六、学习情境设计

1. 学习情境设计总体框架

学习领域	管线探测					
学习情境（学时）	子学习情境					
	子学习情境1（学时）	子学习情境2（学时）	子学习情境3（学时）	子学习情境4（学时）	子学习情境5（学时）	子学习情境6（学时）
地下管线调查和探测（20学时）	管线的种类和编号（2学时）	管线探测的技术规定及管线调查（2学时）	频率域电磁法（8学时）	电磁波法（4学时）	国产BK-6A型地下金属管线探测仪的使用（2学时）	SIR-3000型地质雷达的使用和图像解译（2学时）
管线测量的外业工作（22学时）	平面和高程控制测量（4学时）	已有管线的测量（8学时）	新建地下管线的测量（8学时）	地下管线图测绘（2学时）	—	
管线数据处理与图形编绘（14学时）	管线数据处理与建库（4学时）	地下管线图编绘（4学时）	地下管线数据处理系统实例（6学时）	—	—	
地下管线探测工程的风险管理与质量控制（4学时）	地下管线探测工程的风险管理（2学时）	地下管线探测工程的质量控制（2学时）	—	—	—	
管线测量工程实践（24学时）	项目:某单位综合管网探测					

2. 学习情境描述

学习领域:管线探测	总学时:60
学习情境1:地下管线调查和探测 项目载体:某单位地下管网(综合)图	学时:20

学习目标	图形
(1)能根据任务书对管线探测的精度要求选择探测方法; (2)能进行管线的实地调查; (3)能完成探测仪的检验; (4)能灵活使用各种类型的探管仪; (5)能对探测的质量进行检验	

续表

主要内容
(1)接受任务,阅读任务书,分析管线探测的目的,明确探测规程、精度要求等;
(2)管线的种类和编号;
(3)电磁法探测原理;
(4)电磁法管线探测仪的使用;
(5)任务实施;
(6)结果检查与评价

教学方法建议
宏观教学方法:引导文法。
微观教学方法:讲述法、任务教学法、小组讨论法、实践操作法

教学材料	使用工具	学生知识与能力准备	教师知识与能力要求
(1)教材; (2)任务书; (3)设计图纸; (4)探测规程; (5)检查单; (6)评价表; (7)演示视频文件	(1)探测仪; (2)钢尺; (3)小钉; (4)木桩; (5)计算器	(1)具备管线的实地调查能力; (2)具备探测仪的操作能力; (3)具备数学和光电知识	(1)能分析探测任务书; (2)掌握探测仪操作技能; (3)熟悉探测规程和精度要求

考核与评价	备注
评价内容: (1)基本知识技能水平评价; (2)方案设计能力评价; (3)任务完成情况评价; (4)团队合作能力评价; (5)工作态度评价。 评价方式: (1)小组成员互评; (2)教师评价	本学习情境所包含内容为地下管线调查和探测,它是管线探测的重要内容。学生应熟悉电磁法探测原理,熟练使用各种类型的探管仪

学习领域:管线探测	总学时:60
学习情境2:管线测量的外业工作 项目载体:某单位地下管网(综合)图	学时:22

学习目标	图形
(1)能根据任务书选择管线探测的平面控制网和高程控制网; (2)能进行管线带状数字化地形图的测绘; (3)能完成管线点的测量; (4)能进行管线的定线测量; (5)能完成管线的竣工测量; (6)能熟练使用全站仪和水准仪	

续表

主要内容
(1)接受任务,阅读任务书,分析管网探测的目的,明确控制测量规范、精度要求等;
(2)管线平面控制网和高程控制网的设计;
(3)任务实施;
(4)结果检查与评价

教学方法建议

宏观教学方法:引导文法。

微观教学方法:讲述法、任务教学法、小组讨论法、实践操作法

教学材料	使用工具	学生知识与能力准备	教师知识与能力要求
(1)教材;	(1)水准仪、全站仪;	(1)具备建立水平和高程控制网的能力;	(1)能分析探测任务书;
(2)任务书;	(2)花杆;	(2)具备测量仪器的操作能力;	(2)掌握测量仪器操作技能;
(3)设计图纸;	(3)测钎或棱镜;	(3)具备数学和光电知识	(3)熟悉测量规范和精度要求
(4)测量规范;	(4)钢尺;		
(5)检查单;	(5)小钉;		
(6)评价表;	(6)木桩;		
(7)演示视频文件	(7)计算器		

考核与评价	备注
评价内容:	本学习情境所包含内容为管线测量的外业工作、水平和高程控制网的建立。学生必须熟练掌握全站仪和水准仪的使用、数字化测图的原理和方法
(1)基本知识技能水平评价;	
(2)方案设计能力评价;	
(3)任务完成情况评价;	
(4)团队合作能力评价;	
(5)工作态度评价。	
评价方式:	
(1)小组成员互评;	
(2)教师评价	

学习领域:管线探测	总学时:60
学习情境3:管线数据处理与图形编绘 项目载体:某单位地下管网(综合)图	学时:14

学习目标	图形
(1)能根据管线的外业测量成果进行数据处理和图形编绘; (2)能进行管线属性数据库的建立; (3)能进行管线空间数据库的建立; (4)能生成管线的图形文件; (5)能对管线图进行编绘; (6)能对管线成果进行表格编制	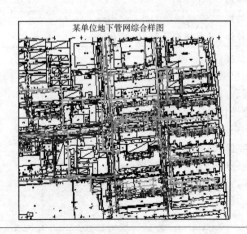 某单位地下管网综合样图

续表

主要内容

(1)接受任务,阅读任务书,分析管线数据处理和数据库的建立等要求;

(2)管线属性库和空间数据库的建立;

(3)管线图形文件的生成;

(4)管线成果表格的编制

教学方法建议

宏观教学方法:引导文法。

微观教学方法:讲述法、任务教学法、小组讨论法、实践操作法

教学材料	使用工具	学生知识与能力准备	教师知识与能力要求
(1)教材; (2)任务书; (3)引导文; (4)作业指导文件; (5)检查单; (6)评价表; (7)演示视频文件	(1)计算机; (2)管线探测软件	(1)具备计算机知识; (2)具备管线探测软件操作的能力; (3)具备数学和光电知识	(1)能分析探测建库任务书; (2)掌握探测软件操作技能; (3)能分析和处理建库所遇到的问题

考核与评价	备注
评价内容: (1)基本知识技能水平评价; (2)软件操作能力评价; (3)任务完成情况评价; (4)团队合作能力评价; (5)工作态度评价; (6)项目完成情况演示评价。 评价方式: (1)小组成员互评; (2)教师评价	本学习情境旨在培养学生团队合作能力、沟通能力、组织能力等。教师需合理引导学生完成小组讨论,确定工作方案。本学习情境是管线探测工作任务起始,引导文设计全面,详细引导学生建立管线数据库的各工作过程

学习领域:管线探测	总学时:60
学习情境4:地下管线探测工程的风险管理与质量控制 项目载体:某单位地下管网(综合)图	学时:4

学习目标	图形
(1)掌握城市地下管线探测的风险管理的内容; (2)能对风险的应对措施进行分析; (3)知道地下管线探测工程风险预防的特性; (4)能对地下管线探测工程风险进行识别; (5)掌握地下管线探测质量控制的目标; (6)能对地下管线探测进行作业过程分析; (7)能对地下探测作业过程和测量作业过程进行质量控制	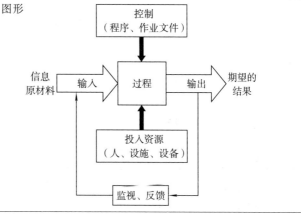

续表

主要内容
(1)接受任务,阅读任务书,能对风险的应对措施进行分析;
(2)风险识别方法和风险预防基本工作原则等内容;
(3)地下管线质量控制的目标;
(4)地下管线探测作业过程和测量作业过程质量控制

教学方法建议

宏观教学方法:引导文法。

微观教学方法:讲述法、任务教学法、小组讨论法、实践操作法

教学材料	使用工具	学生知识与能力准备	教师知识与能力要求
(1)教材; (2)任务书; (3)引导文; (4)作业指导文件; (5)检查单; (6)评价表; (7)演示视频文件	(1)计算机; (2)管线探测软件	(1)具备计算机知识; (2)具备管线探测的技术规程知识; (3)具备语文和逻辑知识	(1)能分析探测建库的任务书; (2)掌握风险的应对措施; (3)能对地下管线探测进行作业过程分析

考核与评价	备注
评价内容: (1)基本知识技能水平评价; (2)软件操作能力评价; (3)任务完成情况评价; (4)团队合作能力评价; (5)工作态度评价; (6)项目完成情况演示评价。 评价方式: (1)小组成员互评; (2)教师评价	本学习情境是管线探测进行地下管线信息化建设的重要环节,引导文设计全面,详细引导学生对地下管线探测项目风险进行识别,对管线探测风险的应对措施进行分析,并进行探测作业过程、测量作业过程质量控制

七、实施建议

1.教学模式(学习情境设计)

是通过对北京测绘设计研究院第六测绘分院、北京地质工程勘察院等在京具有勘探和管线探测资质的测绘企业进行调查分析,以工程应用能力培养为目标,强化实际动手能力的实践教学体系。与企业专家一起进行工作任务分析,获得典型工作任务后,确定了本课程的学习情境。

2.教学实施

(1)激发学生的学习动机,提高学生学习兴趣。

俗语说:"兴趣是最好的老师。"教师在教学实施的阶段里能够利用合理的手段,来促进学生对学习的内容产生兴趣,做到主动去接受知识、学习知识,使教与学从根本上发生变化,变成是学生乐意学,而不是教师的强迫灌输,这样的课堂才会有更好的效果。

(2)教师要改善教学方法,积极参与实践。

对高等职业教育与教学改革,是当前高等职业教育最迫切的问题。要提高教学质量,关键

在于教师。高等职业教育的教师除具有理论知识外,还应具备丰富的实践动手能力。要求在教师定期参加工程实践期间、工程实践锻炼过程中的各方面做出详细总结。通过工程实践锻炼,教师应达到工程系列相应技术等级的实践能力,并能胜任"管线探测"课程的教学工作。

（3）加强校外实训基地建设,巩固实训基地。

管线探测实训室拥有雷迪 8000 探管仪、SIR-3000 型地质雷达,主要设计用于埋设在各种地下管道中信标器的探测和定位;另外,还拥有拓普康 AG2 精密水准仪、索佳 2″级全站仪、Trimble 4800 接收机、索佳电子水准仪、HP500 绘图仪、Contex 工程型扫描仪等先进的测量设备,以及清华山维、山东正元、CASS、MapGIS 等数字测绘和 GIS 软件。

加强校外实训基地的建设,注重校企合作,根据项目导向、任务驱动和企业的工作需要,有计划、有针对性地安排学生参加生产现场的短期实践工作。在工程环境中培养学生的职业岗位能力,使"工学结合,注重历练"的人才培养理念体现在学生学习全过程中,真正做到学生的培养自始至终和生产企业的实践相结合。

（4）教学方法和教学手段。

包括聘请测绘企业技术人员开展工程案例讲座、归纳法教学、启发式教学、提问式教学、多媒体教学、互动式讨论教学。

（5）考核标准。

"管线探测"是一门实践性很强的课程,为了使学生在学完理论课程后,能较全面地具有本学科的实践能力。强化学生职业能力的培养,在人才培养过程中,使全部学生毕业时具有"双证书";在完成 1 周本课程教学实训的基础上,能充分体现高职、高专的办学特点,即上岗即能顶用的原则。

为此,本课程的考核与评价要具有多样性,打破一张考卷定成绩的模式,建议采用笔试（50%）和实际操作（50%）的考核模式。

八、说明

本课程建议采用项目教学法,但不是全部都按项目教学法。根据实际情况,选择几个典型的管线探测工作项目,作为项目教学的载体,开展项目教学。